普通高等教育"十三五"规划教材

PLC 综合实训教程

黄　超　张元涛　主　编
郭利霞　宋乐鹏　副主编

U0323181

北　京

冶金工业出版社

2019

内 容 提 要

本书内容涵盖 PLC 基础知识和应用技术两部分。第一部分内容主要介绍了 PLC 的基础知识以及涉及的相关自动化装置；第二部分内容以在冶金和石油行业中占主导地位的西门子 S7-200 系列和 S7-300 系列 PLC 为例，围绕 PLC 实训项目，阐述了 PLC 控制系统的设计方法，且在基础实训项目中，读者可参考详细的设计步骤，便于学习和掌握 PLC 应用技术。

本书可作为高等院校自动化、电气工程及相近专业的本科实训阶段教材，也可供从事电气控制系统设计、调试的技术人员参考。

图书在版编目 (CIP) 数据

PLC 综合实训教程/黄超，张元涛主编. —北京：
冶金工业出版社，2019.1
普通高等教育"十三五"规划教材
ISBN 978-7-5024-7853-7

Ⅰ. ①P…　Ⅱ. ①黄…　②张…　Ⅲ. ①PLC 技术—
高等学校—教材　Ⅳ. ①TM571.6

中国版本图书馆 CIP 数据核字（2019）第 012145 号

出 版 人　谭学余
地　　　址　北京市东城区嵩祝院北巷 39 号　邮编　100009　电话　(010)64027926
网　　　址　www.cnmip.com.cn　电子信箱　yjcbs@cnmip.com.cn
责任编辑　郭冬艳　美术编辑　吕欣童　版式设计　禹　蕊
责任校对　卿文春　责任印制　李玉山
ISBN 978-7-5024-7853-7
冶金工业出版社出版发行；各地新华书店经销；三河市双峰印刷装订有限公司印刷
2019 年 1 月第 1 版，2019 年 1 月第 1 次印刷
787mm×1092mm　1/16；19 印张；458 千字；293 页
39. 00 元
冶金工业出版社　投稿电话　(010)64027932　投稿信箱　tougao@cnmip.com.cn
冶金工业出版社营销中心　电话　(010)64044283　传真　(010)64027893
冶金工业出版社天猫旗舰店　yjgycbs.tmall.com
（本书如有印装质量问题，本社营销中心负责退换）

前　言

    PLC 综合训练是普通高等院校自动化相关专业的核心实践课程之一。PLC 技术从产生到现在，得到了飞速发展，在冶金、化工、电力、机械制造、交通运输等领域的应用越来越广泛，在实现工业自动化的进程中起到了重要的推动作用。编者结合多年的工程经验和在自动化方面的教学经验，以市场主流机型西门子 S7-200 系列和 S7-300 系列 PLC 为主编写了本实训教程，帮助学生或具备一定自动化基础的工程技术人员快速掌握 PLC 应用技术。

    本书从实际工程应用出发，以西门子 S7-200 系列和 S7-300 系列 PLC 为背景，遵循"结合工程实际，突出技术应用"的编写思想，介绍 PLC 控制系统的实用技术，从应用、实际操作的角度进行分析讲解，理论紧密结合实际，以实际应用为出发点，定性地进行理论分析，在内容安排上侧重于介绍实际应用与调试方法，充分体现科学性、实用性和可操作性。全书内容分为两部分，共 9 章。第 1 部分（第 1~4 章）介绍 PLC 的基础知识，主要包括常用电气技术、西门子 S7-200 系列和 S7-300 系列 PLC 的硬件系统和软件系统、自动化仪表及装置。第 2 部分（第 5~9 章）在介绍编程软件 STEP 7 和人机界面组态软件 WinCC 等的基础上，分析基础实训项目和综合实训项目的设计。

    本书由重庆科技学院黄超负责策划，并执笔编写了第 5~9 章，张元涛编写了第 1~4 章，郭利霞、宋乐鹏对全书进行了统审和校订。本书在编写过程中得到了王华斌、李正中、汤毅和任国梅等老师的大力支持，他们提供了部分资料，同时参考了西门子工业支持中心等网上的部分资料，在此一并表示衷心的感谢！

    由于作者水平有限，尽管付出了很大的努力，但书中仍难免存在不妥之处，恳请读者批评指正。

作者

2018 年 10 月

目　　录

第一部分　基　础　知　识

第二部分　应用技术

第一部分

基 础 知 识

1 绪 论

1.1 常用电气技术基础

电器是能够根据外部信息，自动或手动接通或断开局部或全部电路，以达到改变电路的参数和状态，实现人们对控制对象的控制、保护、调节及传递信息所使用的电气装置。电气控制技术是应用电气设备（包括电器）对生产机械实现控制的一种电气自动化技术，是学习和掌握 PLC 应用技术必需的基础。

1.1.1 常用低压电器

低压电器是指使用在交流额定电压 1200V、直流额定电压 1500V 及以下的电路中，根据外界施加的信号和要求，通过手动或自动方式，断续或连续地改变电路参数，以实现对电路或非电对象的切换、控制、检测、保护、变换和调节的电器，低压电器广泛应用在工业、农业、交通、国防以及人们日常生活中。

1.1.1.1 低压电器的分类

低压电器的种类繁多，按其结构、用途及所控制的对象不同，可以有不同的分类方式，常用的有以下三种分类方式。

（1）按用途和控制对象不同，可将低压电器分为配电电器和控制电器。

1）用于低压电力网的配电电器。这类电器包括刀开关、转换开关、空气断路器和熔断器等。对配电电器的主要技术要求是断流能力强、限流效果在系统发生故障时保护动作准确，工作可靠，有足够的热稳定性和动稳定性。

2）用于电力拖动及自动控制系统的控制电器。这类电器包括接触器、启动器和各种控制继电器等。对控制电器的主要技术要求是操作频率高，寿命长，有相应的转换能力。

（2）按操作方式不同，可将低压电器分为自动电器和手动电器。

1）自动电器。通过电磁（或压缩空气）操作来完成接通、分断、启动、反向和停止等动作的电器称为自动电器。常用的自动电器有接触器、继电器等。

2）手动电器。通过人力做功直接操作来完成接通、分断、启动、反向和停止等动作的电器称为手动电器。常用手动电器有刀开关、转换开关和主令电器等。

（3）按工作原理可分为非电量控制电器和电磁式电器。

1）非电量控制电器。非电量控制电器的工作是靠外力或某种非电物理量的变化而动作的电器，如行程开关、按钮、速度继电器、压力继电器和温度继电器等。

2）电磁式电器。电磁式电器是根据电磁感应原理来工作的电器，如接触器、各类电磁式继电器等。电磁式电器在低压电器中占有十分重要的地位，在电气控制系统中应用最为普遍。

另外，低压电器按工作条件还可划分为一般工业电器、船用电器、化工电器、矿用电器、牵引电器及航空电器等几类，对不同类型低压电器的防护形式，耐潮湿、耐腐蚀、抗冲击等性能的要求不同。

1.1.1.2　低压电器的基本用途

电器是构成控制系统的最基本元件，它的性能将直接影响控制系统能否正常工作。电器能够依据操作信号或外界现场信号的要求，自动或手动地改变系统的状态、参数，实现对电路或被控对象的控制、保护、测量、指示、调节。它的工作过程是将一些电量信号或非电信号转变为非通即断的开关信号或随信号变化的模拟量信号，实现对被控对象的控制。常用低压电器的主要种类及用途如表1-1所示。

表1-1　常用低压电器的主要种类及用途

序号	类别	主要品种	主要用途
1	断路器	框架式断路器	主要用于电路的过负载、短路、欠电压、漏电保护，也可用于不需要频繁接通和断开的电路
		塑料外壳式断路器	
		快速直流断路器	
		限流式断路器	
		漏电保护式断路器	
2	接触器	交流接触器	主要用于远距离频繁控制负载，切断带负荷电路
		直流接触器	
3	继电器	电磁式继电器	主要用于控制电路中，将被控量转换成控制电路所需电量或开关信号
		时间继电器	
		温度继电器	
		热继电器	
		速度继电器	
		干簧继电器	
4	熔断器	瓷插式熔断器	主要用于电路短路保护，也用于电路的过载保护
		螺旋式熔断器	
		有填料封闭管式熔断器	
		无填料封闭管式熔断器	
		快速熔断器	
		自复式熔断器	

续表 1-1

序号	类别	主要品种	主要用途
5	主令电器	控制按钮	主要用于发布控制命令，改变控制系统的工作状态
		位置开关	
		万能转换开关	
		主令控制器	
6	刀开关	胶盖闸刀开关	主要用于不频繁地接通和分断电路
		封闭式负荷开关	
		熔断器式刀开关	
7	转换开关	组合开关	主要用于电源切换，也可用于负荷通断或电路切换
		换向开关	
8	控制器	凸轮控制器	主要用于控制回路的切换
		平面控制器	
9	起动器	电磁启动器	主要用于电动机的启动
		星/三角启动器	
		自耦减压启动器	
10	电磁铁	制动电磁铁	主要用于起重、牵引、制动等场合
		起重电磁铁	
		牵引电磁铁	

1.1.1.3 低压电器的全型号表示法及代号含义

为了生产、销售、管理和使用方便，我国对各种低压电器都按规定编制型号，即由类别代号、组别代号、设计代号、基本规格代号和辅助规格代号几部分构成低压电器的全型号，每一级代号后面可根据需要加设派生代号。产品全型号的意义如图 1-1 所示。

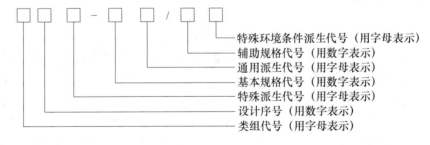

特殊环境条件派生代号（用字母表示）
辅助规格代号（用数字表示）
通用派生代号（用字母表示）
基本规格代号（用数字表示）
特殊派生代号（用字母表示）
设计序号（用数字表示）
类组代号（用字母表示）

图 1-1 低压电器全型号的意义

低压电器全型号各部分必须使用规定的符号或数字表示，其含意如下。

（1）类组代号：包括类别代号和组别代号，用汉语拼音字母表示，代表低压电器元件所属的类别，以及在同一类电器中所属的组别。

（2）设计代号：用数字表示，表示同类低压电器元件的不同设计序列。

（3）基本规格代号：用数字表示，表示同一系列产品中不同的规格品种。

（4）辅助规格代号：用数字表示，表示同一系列、同一规格产品中的有某种区别的不同产品。

其中，类组代号与设计代号的组合表示产品的系列，一般称为电器的系列号。同一系列的电器元件的用途、工作原理和结构基本相同，而规格、容量则根据需要可以有许多种。

1.1.1.4　低压电器的主要技术指标

为保证电器设备安全可靠地工作，国家对低压电器的设计、制造规定了严格标准，合格的电器产品具有国家标准规定的技术要求。在使用电器元件时必须按照产品说明书中规定的技术条件选用。低压电器的主要技术指标有以下几项。

（1）绝缘强度：指电器元件的触头处于分断状态时，动静头之间耐受的电压值（无击穿或闪络现象）。

（2）耐潮湿性能：指保证电器可靠工作的允许环境潮湿条件。

（3）极限允许温升：电器的导电部件，通过电流时将引起发热和温升，极限允许温升指为防止过度氧化和烧熔而规定的最高温升值（温升值＝测得实际温度−环境温度）。

（4）操作频率：电器元件在单位时间（1h）内允许操作的最高次数。

（5）寿命：电器的寿命包括电寿命和机械寿命两项指标。电寿命指电器元件的触头在规定的电路条件下，正常操作额定负荷电流的总次数。机械寿命指电器元件在规定使用条件下，正常操作的总次数。

1.1.1.5　低压电器的结构要求

低压电器产品的种类多、数量大，用途极为广泛。为了保证不同产地、不同企业生产的低压电器产品的规格、性能和质量一致，通用和互换性好，低压电器的设计和制造必须严格按照国家有关标准，尤其是基本系列的各类开关电器必须保证执行三化（标准化、系列化、通用化）、四统一（型号规格、技术条件、外形及安装尺寸、易损零部件统一）原则。我们在购置和选用低压电器元件时也要特别注意检查其结构是否符合标准，防止给今后运行和维修工作留下隐患和麻烦。

1.1.2　电气图基础知识

1.1.2.1　常用电气图形符号和文字符号表

要学会看电路图，必须先学会电气专业常用电气符号，在此基础上，结合电气基础理论识图，结合电器元件的结构和工作原理识图，结合电路图的绘制特点识图，才能理解电路图。电器的图形符号目前执行国家标准《电气图用图形符号》（GB 4728—85），电器的文字符号目前执行国家标准《电气技术中的项目代号》（GB 5094—85）和《电气技术中的文字符号制定通则》（GB 7159—87），这三个标准都是根据 IEC 国际标准而制定的。下面给出常用的电气图形符号和文字符号表供实训过程中参考，见表 1-2。

表 1-2　常用电气图形符号和文字符号

序号	名　称	图形符号		文字符号
		形式一	形式二	
1	普通三相刀开关			QK

续表 1-2

序号	名　称	图形符号		文字符号
		形式一	形式二	
2	三相隔离开关			QS
3	三相负荷开关			QL
4	三相断路器			QF
5	三相熔断式刀开关			QFS
6	接触器动合主触点			KM
7	接触器动断主触点			KM
8	接触器动合辅助触点			KM
9	接触器动断辅助触点			KM
10	中间继电器动合触点			KA
11	中间继电器动断触点			KA
12	热继电器动合触点			FR
13	热继电器动断触点			FR
14	熔断器			FU
15	急停按钮			SB
16	按钮动合触点（启动按钮）			SB
17	按钮动断触点（停止按钮）			SB

续表 1-2

序号	名　　称	图形符号		文字符号
		形式一	形式二	
18	（得电）延时闭合的动合触点			KT
19	（得电）延时断开的动合触点			KT
20	（断电）延时断电的动断触点			KT
21	（断电）延时闭合的动断触点			KT
22	行程开关动合触点			SQ
23	行程开关动断触点			SQ
24	无自复位转换开关			SA
25	接近开关动合触点			SQ
26	接近开关动断触点			SQ
27	压力开关动合触点			SP
28	压力开关动断触点			SP
29	液位开关动合触点			SV
30	液位开关动断触点			SV
31	指示灯（信号灯）		HL	红色-HR 绿色-HG
32	闪光型信号灯		HL	黄色-HY 蓝色-HB 白色-HW

续表 1-2

序号	名 称	图形符号		文字符号
		形式一	形式二	
33	具有动合触点 钥匙操作的按钮开关			SB
34	电压表	(V)		PV
35	电流表	(A)		PA
36	电度表（瓦时计）	Wh		PJ
37	单相插座		(1P)	XS
38	单相带保护接点电源插座		(1P)	XS
39	三相插座		(3P)	XS
40	带接地插孔的三相插座 （三相四孔插座）		(3P)	XS
				1P：单相插座 3P：三相插座 1C：单相 3C：三相 1EX：单相防爆 3EX：三相防爆 1EN：单相密闭 3EN：三相密闭
41	电抗器			L
42	电流互感器			TA
43	电压互感器			TV
44	带灯按钮			
45	空气加热器			
46	流量变送器	FT*		FT（＊为位号）
47	液位变送器	LT*		LT（＊为位号）

续表 1-2

序号	名 称	图形符号		文字符号
		形式一	形式二	
48	压力变送器	PT（*）		PT（＊为位号）
49	温度变送器	TT（*）		TT（＊为位号）
50	电流变送器	IT（*）		IT（＊为位号）
51	电压变送器	XT（*）		XT（＊为位号）
52	电能变送器	ET（*）		ET（＊为位号）
53	压力表	PI（*）	PI（*）	PI（＊为位号）
54	压力表（带报警）	PIA（*）	PIA（*）	PIA（＊为位号）
55	热电阻、热电偶	TE（*）		TE（＊为位号）
56	温度表	TI（*）	TI（*）	TI（＊为位号）
57	温度表（带报警）	TIA（*）	TIA（*）	TIA（＊为位号）
58	流量积算仪表（带调节 C、报警 A）		FQCA（*）	FQCA（＊为位号）
59	压力信号配电器位号			PX＊（＊为位号）
60	温度信号配电器位号			TX＊（＊为位号）
61	流量信号配电器位号			FX＊（＊为位号）
62	电动执行机构配电器位号			HX＊（＊为位号）
63	流量测量元件	FE（*）		FE（＊为位号）

序号	名 称	图形符号		文字符号
		形式一	形式二	
64	温度传感元件			
65	压力传感元件			
66	流量传感元件			
67	湿度传感元件			
68	液位传感元件	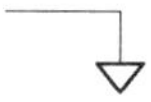		
69	功率因数表	 cosψ		cosψ
70	无功功率表	 Var		Var

1.1.2.2 电气原理图

用图形符号和项目代号表示电路各个电器元件连接关系和电气工作原理的图称为电气原理图。由于电气原理图结构简单、层次分明，适用于研究和分析电路工作原理，在设计部门和生产现场得到广泛的应用，但它并不反映电器元件的实际大小和安装位置。电气原理图一般按功能分为主电路、控制电路和辅助电路 3 个部分，如图 1-2 所示。其绘制原则是：

（1）电气原理图一般按功能分开画出。

（2）电气原理图上的电器应是未通电时的状态，二进制逻辑元件应是置零时的状态，机械开关应是循环开始前的状态。

（3）电气原理图上应标出各个电源电路的电压值、极性或频率及相数，某些元器件的特性（如电阻、电容的数值等），不常用电器（如位置传感器、手动触点等）的操作方式和功能。

（4）原理图上各电路的安排应便于分析、维修和寻找故障。

（5）动力电路的电源电路绘成水平线，受电的动力装置（电动机）及其保护电器支路，应垂直电源电路画出。

（6）控制和信号电路应垂直地绘在两条或几条水平电源线之间。耗能元件（如线圈、电磁铁、信号灯等）应直接接在接地的水平电源线上，而控制触点应连在另一电源线。

（7）为阅图方便，图中自左至右或自上而下表示操作顺序，并尽可能减少线条和避免线条交叉。

（8）在原理图上将图分成若干图区，标明该区电路的用途与作用；在继电器、接触器线圈下方列有触点表以说明线圈和触点的从属关系。

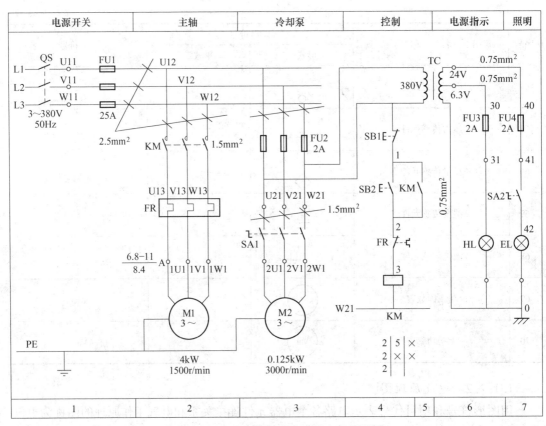

图 1-2　CW6132 型普通车床的电气原理图

1.1.2.3　电器元件布置图

电器元件布置图反映各电器元件的实际安装位置，在图中电器元件用实线框表示，而不必按其外形形状画出；图中往往还留有 10% 以上的备用面积及导线管（槽）的位置，以供走线和改进设计时用；图中还需要标注出必要的尺寸。

电器位置图详细绘制出电气设备零件安装位置。图中各电器代号应与有关电路图和电器清单上所有元器件代号相同，在图中往往留有 10% 以上的备用面积及导线管（槽）的位置，以供改进设计时用，图中不需标注尺寸。图 1-3 为 CW6132 型普通车床电器位置。图中 FU1 ~ FU4 为熔断器、KM 为接触器、FR 为热继电器、TC 为照明变压器、XT 为接线端板。

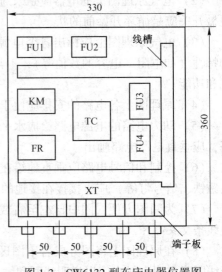

图 1-3　CW6132 型车床电器位置图

1.1.2.4　接线图

电气接线图反映的是电气设备各控制单元内部元件之间的接线关系。它清楚地表明了电气设备外部元件的相对位置及它们之间的电气连接，是实际安装接线的依据，在具体施工和检修中能够起到电气原理图所起不到的作用，在生产现场得到广泛应用。

（1）单元接线图：表示成套装置或设备中一个结构单元内的各元件之间的连接关系的一种接线图。在此，结构单元是指在各种情况下可独立运行的组件或某种组合体，如电动机等。

（2）互连接线图：表示成套装置或设备的不同单元之间连接关系的一种接线图。

（3）端子接线图：表示成套装置或设备的端子以及接在端子上外部接线的一种接线图。

（4）电缆连接图：表示电缆两端位置，必要时还包括电缆功能、特性和路径等信息的一种接线图。

图 1-4 为 CW6132 型普通车床电气互连图。

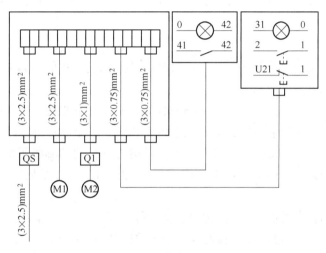

图 1-4　CW6132 车床电气互连图

1.1.3　电气控制线路的分析方法

电气控制线路的分析通常按照由主到辅，由上到下，由左到右的原则进行分析。对于较复杂图形，通常可以化整为零，将控制电路化成几个独立环节的细节分析，然后再串为一个整体分析。电气控制线路阅读分析的一般方法和步骤是：

（1）阅读设备说明书，了解设备的机械结构、电气传动方式、对电气控制的要求、电机和电器元件的布置情况以及设备的使用操作方法，各种按钮、开关等的作用，熟悉图中各器件的符号和作用。

（2）在电气原理图上先分清主电路或执行元件电路和控制电路，并从主电路着手，根据电动机的拖动要求，分析其控制内容，包括启动方式、有无正反转、调速方式、制动控制和手动循环等基本环节，并根据工艺过程，了解各用电器设备之间的相互联系、采用的保护方式等。

（3）控制电路由各种电器组成，主要用来控制主电路工作。在分析控制电路时，一般根据主电路接触器主触头的文字符号，到控制电路中去找与之相应的吸引线圈，进一步弄清楚电动机的控制方式。

（4）了解机械传动和液压传动情况。

（5）阅读其他电路环节，比如照明、信号指示、监测、保护等各辅助电路环节。

阅读和分析电气控制线路图的方法主要有查线读图法和逻辑代数法。

1.1.3.1　查线读图法

查线读图法也称跟踪追击法，或者直接读图法，是目前广泛采用的一种看图分析方法。查线读图分析法以某一电动机或电器元件线圈为对象，从电源开始，由上而下，自左至右，逐一分析其接通断开关系，并区分出主令信号、联锁条件、保护环节等，从而分析出各种控制条件与输出结果之间的因果关系。

查线读图法在分析电气线路时，一般应先从电动机着手，根据主电路中有哪些控制元件的主肋点、电阻等大致判断电动机是否有正反转控制、制动控制和调速要求等。

查线读图法的优点是直观性强，容易掌握，因而得到了广泛采用；其缺点是分析复杂线路时容易出错，叙述也较长。

1.1.3.2　逻辑代数法

逻辑代数法又称间接读图法，是通过对电路的逻辑表达式的运算来分析控制电路的，其关键是正确写出电路的逻辑表达式。

应用逻辑代数法分析的电气控制线路的具体步骤是：首先写出控制电路各控制元件、执行元件动作条件的逻辑表达式，并记住逻辑表达式中各变量的初始状态；然后发出指令控制信号，通常是按下启动按钮或某一开关；紧接着分析判别哪些逻辑式为"1"（"1"即为得电状态），以及由于相互作用而使其逻辑式为"1"者；最后再考虑执行元件有何动作。

在继电接触器控制线路中逻辑代数规定如下：继电器、接触器线圈得电状态为"1"，线圈失电状态为"0"；继电器、接触器控制的按钮触点闭合状态为"1"，断开状态为"0"。为了清楚地反映元件状态，元件线圈、常开触点（动合触点）的状态用相同字符（例如接触器为 KM）来表示，而常闭触点（动断触点）的状态以 $\overline{KM}$ 表示。若 KM 为"1"状态，则表示线圈得电，接触器吸合，其常开触点闭合，常闭触点断开。得电、闭合都是"1"状态，而断开则为"0"状态。若 KM 为"0"状态，则与上述相反。在继电接触器控制线路中，把表示触点状态的逻辑变量称为输入逻辑变量，把表示继电器、接触器等受控元件的逻辑变量称为输出逻辑变量。输出逻辑变量是根据输入逻辑变量经过逻辑运算得出的，输入、输出逻辑变量的这种相互关系称为逻辑函数关系，也可用真值表来表示。

逻辑代数法读图的优点是，只要控制元件的逻辑表达式写得正确，并且对式中各指令元件、控制元件的状态清楚，则电路中各电气元件之间的联系和制约关系在逻辑表达式中一目了然。通过对逻辑函数的具体运算，各控制元件的动作顺序、控制功能一般也不会遗漏，而且采用逻辑代数法后，对电气线路采用计算机辅助分析提供方便。该方法的主要缺点是，对于复杂的电气线路，其逻辑表达式很繁琐冗长，分析过程也比较麻烦。

总之，上述两种读图分析法各有优缺点，可根据具体需要选用。逻辑代数法是以查线分析法为基础，因而首先应熟练掌握查线读图分析法，在此基础上，再去理解和掌握其他各种读图分析法。

1.2　PLC 应用基础知识

1.2.1　可编程序控制器的产生

20 世纪 60 年代，计算机技术已开始应用于工业控制了。但由于计算机技术本身的复杂性，编程难度高，难以适应恶劣的工业环境以及价格昂贵等原因，未能在工业控制中广泛应用。当时的工业控制，主要还是以继电-接触器组成控制系统。

1968 年，美国最大的汽车制造商——通用汽车制造公司（GM），为适应汽车型号的不断翻新，试图寻找一种新型的工业控制器，以尽可能减少重新设计和更换继电器控制系统的硬件及接线、减少时间，降低成本。因而通用汽车公司设想把计算机的完备功能、灵活及通用等优点和继电器控制系统的简单易懂、操作方便、价格便宜等优点结合起来，制成一种适合于工业环境的通用控制装置，并把计算机的编程方法和程序输入方式加以简化，用"面向控制过程，面向对象"的"自然语言"进行编程，使不熟悉计算机的人也能方便地使用，即硬件减少，软件灵活简单。

针对上述设想，通用汽车公司提出了这种新型控制器所必须具备的十大条件，即有名的"GM10 条"：（1）编程简单，可在现场修改程序；（2）维护方便，最好是插件式；（3）可靠性高于继电器控制柜；（4）体积小于继电器控制柜；（5）可将数据直接送入管理计算机；（6）在成本上可与继电器控制柜竞争；（7）输入可以是交流 115V；（8）输出可以是交流 115V，2A 以上，可直接驱动电磁阀；（9）在扩展时，原有系统只要很小变更；（10）用户程序存储器容量至少能扩展到 4k 字节。

1969 年，美国数字设备公司（DEC）首先研制成功第一台可编程序控制器，并在通用汽车公司的自动装配线上试用成功，从而开创了工业控制的新局面。接着，美国 MODI-CON 公司也开发出可编程序控制器。1971 年，日本从美国引进了这项新技术，很快研制出了日本第一台可编程序控制器。1973 年，西欧国家也研制出了他们的第一台可编程序控制器。我国从 1974 年开始研制，1977 年开始工业应用。早期的可编程序控制器是为取代继电器控制线路、存储程序指令、完成顺序控制而设计的，主要用于：（1）逻辑运算；（2）计时、计数等顺序控制，均属开关量控制。所以，通常称之为可编程序逻辑控制器（Programmable Logic Controller，PLC）。进入 20 世纪 70 年代，随着微电子技术的发展，PLC 采用了通用微处理器，这种控制器就不再局限于当初的逻辑运算了，功能不断增强。因此，实际上应称之为 PC——可编程序控制器。

至 20 世纪 80 年代，随大规模和超大规模集成电路等微电子技术的发展，以 16 位和 32 位微处理器构成的微机化 PC 得到了惊人的发展，使 PC 在概念、设计、性能、价格以及应用等方面都有了新的突破。微机化 PC 不仅控制功能增强，功耗和体积减小，成本下降，可靠性提高，编程和故障检测更为灵活方便，而且随着远程 I/O 和通信网络、数据处理以及图像显示的发展，使 PC 向用于连续生产过程控制的方向发展，成为实现工业生产自动化的一大支柱。

1.2.2　可编程序控制器的定义

可编程序控制器一直在发展中，所以至今尚未对其下最后的定义。国际电工学会（IEC）曾先后于 1982 年 11 月、1985 年 1 月和 1987 年 2 月发布了可编程序控制器标准草案的第一、二、三稿。在第三稿中，对 PLC 作了如下定义：可编程序控制器是一种数字运算操作电子系统，专为在工业环境下应用而设计。它采用了可编程序的存储器，用来在其内部存储执行逻辑运算、顺序控制、定时、计数和算术运算等操作的指令，并通过数字的、模拟的输入和输出，控制各种类型的机械或生产过程。可编程序控制器及其有关的外围设备，都应按易于与工业控制系统形成一个整体、易于扩充其功能的原则设计。

该定义强调了 PLC 是：（1）数字运算操作的电子系统——也是一种计算机；（2）专为在工业环境下应用而设计；（3）面向用户指令——编程方便；（4）逻辑运算、顺序控制、定时计算和算术操作；（5）数字量或模拟量输入输出控制；（6）易与控制系统联成一体；（7）易于扩充。

1.2.3　可编程序控制器的特点

为适应工业环境使用，与一般控制装置相比较，PC 机有以下特点。

（1）可靠性高，抗干扰能力强。工业生产对控制设备的可靠性要求为平均故障间隔时间长，故障修复时间（平均修复时间）短。任何电子设备产生的故障，通常为两种：1）偶发性故障，即由于外界恶劣环境如电磁干扰、超高温、超低温、过电压、欠电压、振动等引起的故障。这类故障，只要不引起系统部件的损坏，一旦环境条件恢复正常，系统也随之恢复正常。但对 PC 而言，受外界影响后，内部存储的信息可能被破坏。2）永久性故障，即由于元器件不可恢复的破坏而引起的故障。如果能限制偶发性故障的发生条件，使 PC 在恶劣环境中不受影响或能把影响的后果限制在最小范围，使 PC 在恶劣条件消失后自动恢复正常，这样就能提高平均故障间隔时间；如果能在 PC 上增加一些诊断措施和适当的保护手段，在永久性故障出现时，能很快查出故障发生点，并将故障限制在局部，就能降低 PC 的平均修复时间。为此，各 PC 的生产厂商在硬件和软件方面采取了多种措施，使 PC 除了本身具有较强的自诊断能力，能及时给出出错信息，停止运行等待修复外，还使 PC 具有了很强的抗干扰能力。

硬件措施：主要模块均采用大规模或超大规模集成电路，大量开关动作由无触点的电子存储器完成，I/O 系统设计有完善的通道保护和信号调理电路。

1）屏蔽——对电源变压器、CPU、编程器等主要部件，采用导电、导磁良好的材料进行屏蔽，以防外界干扰。

2）滤波——对供电系统及输入线路采用多种形式的滤波，如 LC 或 π 型滤波网络，以消除或抑制高频干扰，也削弱了各种模块之间的相互影响。

3）电源调整与保护——对微处理器这个核心部件所需的+5V 电源，采用多级滤波，并用集成电压调整器进行调整，以适应交流电网的波动和过电压、欠电压的影响。

4）隔离——在微处理器与 I/O 电路之间，采用光电隔离措施，有效地隔离 I/O 接口与 CPU 之间电的联系，减少故障和误动作；各 I/O 口之间亦彼此隔离。

5）采用模块式结构——这种结构有助于在故障情况下短时修复。一旦查出某一模块出现故障，能迅速更换，使系统恢复正常工作；同时也有助于加快查找故障原因。

软件措施：有极强的自检及保护功能。

1）故障检测——软件定期地检测外界环境，如掉电、欠电压、锂电池电压过低及强干扰信号等，以便及时进行处理。

2）信息保护与恢复——当偶发性故障条件出现时，不破坏 PC 内部的信息。一旦故障条件消失，就可恢复正常，继续原来的程序工作。所以，PC 在检测到故障条件时，立即把现状态存入存储器，软件配合对存储器进行封闭，禁止对存储器的任何操作，以防存储信息被冲掉。

3）设置警戒时钟 WDT（看门狗）——如果程序每循环执行时间超过了 WDT 规定的时间，预示了程序进入死循环，立即报警。

4）加强对程序的检查和校验——一旦程序有错，立即报警，并停止执行。

5）对程序及动态数据进行电池后备——停电后，利用后备电池供电，有关状态及信息就不会丢失。

PC 的出厂试验项目中，有一项就是抗干扰试验。它要求能承受幅值为 1000V，上升时间 $1\mu s$，脉冲宽度为 $1\mu s$ 的干扰脉冲。一般，平均故障间隔时间可达几十万~上千万小时，制成系统亦可达 4 万~5 万小时甚至更长时间。

（2）通用性强，控制程序可变，使用方便。PLC 品种齐全的各种硬件装置，可以组成能满足各种要求的控制系统，用户不必自己再设计和制作硬件装置。用户在硬件确定以后，在生产工艺流程改变或生产设备更新的情况下，不必改变 PC 的硬设备，只需改编程序就可以满足要求。因此，PC 除应用于单机控制外，在工厂自动化中也被大量采用。

（3）功能强，适应面广。现代 PLC 不仅有逻辑运算、计时、计数、顺序控制等功能，还具有数字和模拟量的输入输出、功率驱动、通信、人机对话、自检、记录显示等功能，既可控制一台生产机械、一条生产线，又可控制一个生产过程。

（4）编程简单，容易掌握。目前，大多数 PC 仍采用继电控制形式的"梯形图编程方式"，既继承了传统控制线路的清晰直观，又考虑到大多数工厂企业电气技术人员的读图习惯及编程水平，所以非常容易接受和掌握。梯形图语言的编程元件的符号和表达方式与继电器控制电路原理图相当接近。通过阅读 PLC 的用户手册或短期培训，电气技术人员和技术工很快就能学会用梯形图编制控制程序。同时，梯形图编程方式还提供了功能图、语句表等编程语言。

PLC 在执行梯形图程序时，用解释程序将它翻译成汇编语言然后执行（PC 内部增加了解释程序）。与直接执行汇编语言编写的用户程序相比，执行梯形图程序的时间要长一些，但对于大多数机电控制设备来说，是微不足道的，完全可以满足控制要求。

（5）减少了控制系统的设计及施工的工作量。由于 PLC 采用了软件来取代继电器控制系统中大量的中间继电器、时间继电器、计数器等器件，控制柜的设计安装接线工作量大为减少。同时，PLC 的用户程序可以在实验室模拟调试，更减少了现场的调试工作量。并且，由于 PLC 的低故障率及很强的监视功能、模块化等等，使维修也极为方便。

（6）体积小、重量轻、功耗低、维护方便。PLC 是将微电子技术应用于工业设备的产品，其结构紧凑、坚固、体积小、重量轻、功耗低，并且由于 PLC 的强抗干扰能力，易于装入设备内部，是实现机电一体化的理想控制设备。以三菱公司的 F1-40M 型 PLC 为例，其外型尺寸仅为 305mm×110mm×110mm，质量 2.3kg，功耗小于 25VA，而且具有很好的抗振、适应环境温、湿度变化的能力。现在三菱公司又有 FX 系列 PLC，与其超小型品种 F1 系列相比，面积为 47%，体积为 36%，在系统的配置上既固定又灵活，输入输出可达 24~128 点。

1.2.4 可编程序控制器的应用

随着 PLC 的性能价格比不断提高，微处理器的芯片及有关的元件价格大大降低，PC 的成本下降，PLC 的功能大大增强，因而 PLC 的应用日益广泛。目前，PLC 在国内外已广泛应用于钢铁、采矿、水泥、石油、化工、电力、机械制造、汽车、装卸、造纸、纺织、环保等各行各业。其应用范围大致可归纳为以下几种：

（1）开关量的逻辑控制——这是 PLC 最基本、最广泛的应用领域。它取代传统的继电器控制系统，实现逻辑控制、顺序控制。开关量的逻辑控制可用于单机控制，也可用于多机群控，亦可用于自动生产线的控制等等。

（2）运动控制——PLC 可用于直线运动或圆周运动的控制。早期直接用开关量 I/O 模块连接位置传感器和执行机械，现在一般使用专用的运动模块。目前，制造商已提供了拖动步进电机或伺服电机的单轴或多轴位置控制模块，即把描述目标位置的数据送给模块，模块移动一轴或多轴到目标位置。当每个轴运动时，位置控制模块保持适当的速度和加速度，确保运动平滑。运动的程序可用 PLC 的语言完成，通过编程器输入。

（3）闭环过程控制——PLC 通过模拟量的 I/O 模块实现模拟量与数字量的 A/D、D/A 转换，可实现对温度、压力、流量等连续变化的模拟量的 PID 控制。

（4）数据处理——现代的 PLC 具有数学运算（包括矩阵运算、函数运算、逻辑运算），数据传递、排序和查表、位操作等功能，可以完成数据的采集、分析和处理。数据处理一般用在大中型控制系统中，具有 CNC 功能，把支持顺序控制的 PLC 与数字控制设备紧密结合。

（5）通讯连网——PLC 的通讯包括 PLC 与 PLC 之间、PLC 与上位计算机之间和它的智能设备之间的通讯。PLC 和计算机之间具有 RS-232 接口，用双绞线、同轴电缆将它们连成网络，以实现信息的交换，还可以构成"集中管理，分散控制"的分布控制系统。I/O 模块按功能各自放置在生产现场分散控制，然后利用网络联结构成集中管理信息的分布式网络系统。

并不是所有的 PLC 都具有上述的全部功能，有的小型 PLC 只具上述部分功能，但价格比较便宜。

1.2.5 可编程序控制器的分类

由于 PLC 的品种、型号、规格、功能各不相同，要按统一的标准对它们进行分类十分困难。通常，按 I/O 点数可划分成大、中、小型三类；按功能强弱又可分为低档机、中档机和高档机三类。一般，按 I/O 点数分类如下：

（1）小型 PLC——I/O 点数小于 256 点，单 CPU，8 位或 16 位处理器，用户存储器容量 4K 字以下。例如，美国通用电气（GE）公司的 GE-I，美国德州仪器公司的 TI100，日本三菱电气公司的 F、F1、F2，日本立石公司（欧姆龙）的 C20、C40，德国西门子公司的 S7-200，日本东芝公司的 EX20、EX40，中外合资无锡华光电子工业有限公司的 SR-20/21 等。

（2）中型 PLC——I/O 点数 256～2048 点，双 CPU，用户存储器容量 2～8K。例如，德国西门子公司的 S7-300，中外合资无锡华光电子工业有限公司的 SR-400，德国西门子公司的 SU-5、SU-6，日本立石公司的 C-500，GE 公司的 GE-Ⅲ 等。

（3）大型 PLC——I/O 点数大于 2048 点，多 CPU，16 位、32 位处理器，用户存储器容量 8～16K。例如，德国西门子公司的 S7-400，GE 公司的 GE-Ⅳ，日本立石公司的 C-2000，三菱公司的 K3 等。

1.2.6　可编程序控制器的发展

1.2.6.1　国外 PLC 发展概况

PLC 自问世以来，经过 40 多年的发展，在美、德、日等工业发达国家已成为重要的产业之一。PLC 世界总销售额不断上升、生产厂家不断涌现、品种不断翻新，产量产值大幅度上升而价格则不断下降。目前，世界上有 200 多个厂家生产 PLC，较有名的是美国的 AB 通用电气、莫迪康公司，日本的三菱、富士、欧姆龙、松下电工等，德国的西门子公司，法国的 TE 施耐德公司，韩国的三星、LG 公司等。

1.2.6.2　技术发展动向

PLC 产品规模向"大""小"两个方向发展，"大"即 I/O 点数达 14336 点、32 位为微处理器、多 CPU 并行工作、大容量存储器、扫描速度高速化，"小"即由整体结构向小型模块化结构发展，增加了配置的灵活性，降低了成本；PLC 在闭环过程控制中应用日益广泛；通信功能不断加强；新器件和模块不断推出，高档的 PLC 除了主要采用 CPU 以提高处理速度外，还有带处理器的 EPROM 或 RAM 的智能 I/O 模块、高速计数模块、远程 I/O 模块等专用化模块；编程工具丰富多样，功能不断提高，编程语言趋向标准化，有各种简单或复杂的编程器及编程软件，采用梯形图、功能图、语句表等编程语言，亦有高档的 PLC 指令系统；发展容错技术，采用热备用或并行工作、多数表决的工作方式；追求软硬件的标准化。

1.2.6.3　国内发展及应用概况

我国的 PLC 产品的研制和生产经历了 3 个阶段：顺序控制器（1973～1979 年）——一位处理器为主的工业控制器（1979～1985 年）—8 位微处理器为主的可编程序控制器（1985 年以后）。在对外开放政策的推动下，国外 PLC 产品大量进入我国市场，一部分随成套设备进口，如宝钢一、二期工程就引进了 500 多套，还有咸阳显像管厂、秦皇岛煤码头、汽车厂等。现在，PLC 在国内的各行各业也有了极大的应用，技术含量也越来越高。

1.2.7　可编程序控制器的基本结构

可编程序控制器种类繁多，但其基本结构和工作原理基本相同，PLC 的基本结构由中央处理器（CPU）、存储器、输入和输出接口、电源、扩展接口、通信接口、编程接口、智能 I/O 接口、智能单元等组成。其总体结构图如图 1-5 所示。

（1）CPU（中央处理器）。CPU 是整个 PLC 的运算和控制中心，它在系统程序的控

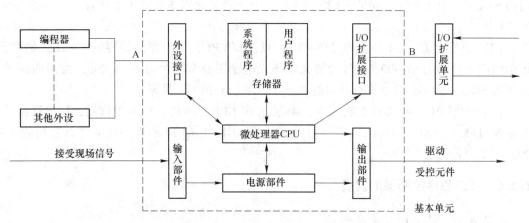

图 1-5　可编程序控制器的结构框图

制下，完成各种运算和协调系统内部各部分的工作，相当于大脑和心脏。不同型号的 PLC，其 CPU 芯片是不同的，有采用通用 CPU 的，也有采用厂家自行设计的专用 CPU 芯片的。CPU 芯片的性能关系到 PLC 处理控制信号的能力与速度，CPU 位数越高，系统处理的信息量越大，运算速度也越快。PLC 的功能是随着 CPU 芯片技术的发展而提高和增强的。

（2）存储器。PLC 的存储器包括系统存储器和用户存储器两部分。系统程序存储器的类型是只读存储器（ROM），PLC 的操作系统存放在这里，程序由制造商固化，通常不能修改。存储器中的程序负责解释和编译用户编写的程序，监控 I/O 口的状态，对 PLC 进行自诊断，扫描 PLC 中的程序等。用户存储器包括用户程序存储器（程序区）和功能存储器（数据区）两部分。用户程序存储区存放用户根据实际控制要求或生产工艺流程编写的具体控制程序；用户功能存储器是用来存放用户程序中使用各种器件的 ON/OFF 状态、数值数据等。

（3）输入和输出接口。PLC 的输入和输出信号类型可以是开关量、模拟量和数字量。输入和输出接口是 PLC 内部弱电信号和工业现场强电信号联系的桥梁。输入、输出接口主要有两个作用：1）利用内部的电隔离电路将工业现场和 PLC 内部进行隔离，起保护作用；调理信号，可以把不同的信号（强电、弱电信号）调理成 CPU 可以处理的信号。

（4）电源。PLC 的供电电源一般是市电，有的也用 DC24V 电源供电。PLC 对电源稳定性要求不高，一般允许电源电压在 -15% ~ +10% 内波动。PLC 内部含有一个稳压电源，用于对 CPU 和 I/O 单元供电，小型 PLC 的电源往往和 CPU 单元合为一体，大中型 PLC 都有专门的电源单元。有些 PLC 还用 DC24V 输出，用于对外部传感器供电，但输出电流往往只是毫安级。

（5）通信接口。目前主流的 PLC 一般都具有 RS485（或 RS232）通信接口，以便连接编程设备、监视器、打印机等外围设备，或连接诸如变频器、温控仪等简单控制设备进行简单的主从式通信，实现"人—机"或"机—机"之间的对话。一些先进的 PLC 上还具有工业网络通信接口，可以与其他的 PLC 或计算机相连，组成分布式工业控制系统，实现更大规模的控制，另外还可以与数据库软件相结合，实现控制与管理相结合的综合扩展控制。

（6）扩展接口。扩展接口用于扩展 I/O 单元，它使 PLC 的点数规模配置更为灵活。

这种扩展接口实际上为总线形式，可以配接开关量单元，也可配置如模拟量、高速脉冲等单元以及通讯适配器等，在大中型 PLC 中，扩展接口为插槽扩展基板的形式。

（7）编程器接口。PLC 本体上通常是不带编程器的，为了能对 PLC 编程及监控，PLC 上专门设置有编程器接口，通过这个接口可以连接各种型式的编程装置，还可以利用此接口做一些监控的工作。

PLC 在工作时采用循环扫描的工作方式。集中输入处理，逐条执行程序，集中输出处理。顺序扫描工作方式简单直观，程序设计简化，并为 PLC 的可靠运行提供保证。有些情况下也插入中断方式，允许中断正在扫描运行的程序，以处理紧急任务。

PLC 有运行和停止两种基本工作模式。PLC 在 RUN 工作模式时，执行一次扫描操作所需的时间称为扫描周期，其典型值约为 1~100ms。扫描周期与用户程序的长短、指令的种类和 CPU 执行指令的速度有很大的关系。当用户程序较长时，指令执行时间在扫描周期中占相当大的比例。

从 PLC 外部信号发生变化起至它控制的有关输出信号发生变化的时刻止，之间的间隔为输入、输出滞后时间，称为系统响应时间。它由输入电路滤波时间、输出电路的滞后时间和因扫描工作方式产生的滞后时间这三部分组成。因此系统最短响应时间=输入延迟时间+一个扫描周期+输出延迟时间，最长响应时间=输入延迟时间+两个扫描周期+输出延迟时间。

西门子 S7-200 系列 PLC

2.1 S7-200 系列 PLC 的硬件系统

2.1.1 S7-200 系列 PLC 的硬件构成

S7-200 系列 PLC 是西门子公司推出的一种小型 PLC。它以紧凑的结构、良好的扩展性、强大的指令功能、低廉的价格，已经成为目前各种小型控制工程的理想控制器。S7-200 系列 PLC 由基本单元（CPU 模块）、扩展单元、个人计算机（PC）或编程器、STEP7-Micro/WIN32 编程软件及通信电缆等组成，见图 2-1。

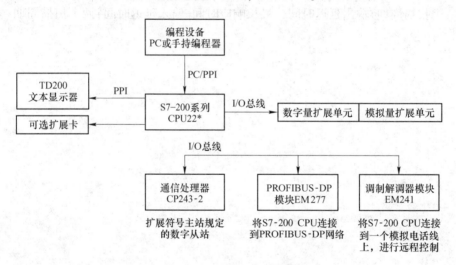

图 2-1　S7-200 系列 PLC 系统基本构成

2.1.1.1 CPU 模块

A　CPU 模块的外形结构

S7-200 系列 PLC 采用整体式结构，可由主机（基本单元）加扩展单元构成，其外形及扩展连接如图 2-2 所示。

B　CPU 模块的技术性能

S7-200 CPU22X 系列产品有 CPU221 模块、CPU222 模块、CPU224 模块、CPU224XP 模块、CPU226 模块、CUP226XM 模块，主要技术指标参考相关手册，这里给出 CPU226 模块的技术性能。CPU226 模块 I/O 总点数为 40 点（24/16 点），可带 7 个扩展模块；用户程序存储器容量为 6.6K 字；内置高速计数器，具有 PID 控制的功能；有 2 个高速脉冲输出端和 2 个 RS-485 通信口；具有 PPI 通信协议、MPI 通信协议和自由口协议的通信

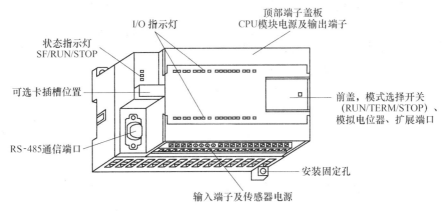

图 2-2 S7-200 系列 PLC 外形及扩展连接

能力。

C CPU 模块的工作方式

CPU 的前面板即存储卡插槽的上部，有 3 盏指示灯显示 CPU 当前工作方式。指示灯为绿色时，表示运行状态；指示灯为红色时，表示停止状态；标有 "SF" 的灯红色亮表示系统故障，PLC 停止工作。CPU 处于停止工作方式时，不执行程序。进行程序的上传和下载时，都应将 CPU 置于停止工作方式。停止方式可以通过 PLC 上的旋钮设定，也可以在编程软件中设定。CPU 处于运行工作方式时，PLC 按照自己的工作方式运行用户程序。运行方式可以通过 PLC 上的开关设定，也可以在编程软件中设定。

D CPU 模块的接线

在 PLC 接线图中 L 有两个，一个就单一的一个字母 L，它常和字母 N 在一起出现，这个 L 是接交流电源的，就是我们常说的零线和火线（L \ N）。

另外一个 L 经常伴随数字出现，如 1L、2L 之类的，这是用来给 PLC 提供操作电源的，一般为直流+24V。M 也一样，如 1M、2M 等等，也是用来给 PLC 提供电源的，如直流+24V，当 1L、2L 段子为+24V 输入时，1M、2M 等端子直接通过导线连通即可，反之当 1M、2M 端子为+24V 输入时，1L、2L 等端子用导线连接即可，L 和 M 的电源极性可随意接，主要通过使用源型（M 接负）还是漏型（M 接正）接法来区别。

（1）CPU22X 的输入端子的接线。CPU 输入端必须是直流电源。"1M" 和 "2M" 是输入端的公共端子，24VDC 电源相连，电源有两种连接方法对应 PLC 的 NPN 型和 PNP 型接法。当电源的负极与公共端子相连时，为 PNP 型接法，如图 2-3 所示。

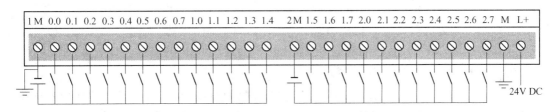

图 2-3 CPU226 输入端子的接线图（PNP）

而当电源的正极与公共端子相连时，为 NPN 型接法，如图 2-4 所示。"M" 和 "L+"

端子可向传感器提供 24V DC 电压，注意这对端子不是电源输入端子。

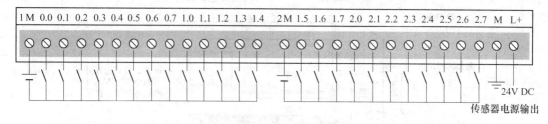

图 2-4　CPU226 输入端子的接线图（NPN）

（2）CPU22X 的输出端子的接线。S7-200 系列 PLC 中，每种 CPU 有晶体管和继电器两种输出形式，其输出电路内部结构如图 2-5 所示，在电源电压和输出特性方面也有较大区别，所以应用领域各有所长。晶体管型输出所需电源为直流，具有最大 20kHz 的高速脉冲输出功能，可直接驱动步进电机或对伺服电机控制器发送控制脉冲进行准确定位，但其驱动能力不足。继电器型输出电源为范围较宽的交流，也可以为直流，单口驱动能力达到 2A，但不能输出高速脉冲，而且输出有 10ms 的延迟，所以多用于直接驱动。

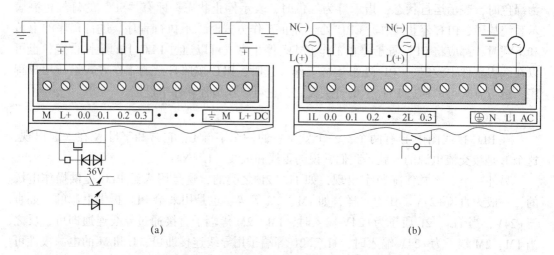

图 2-5　晶体管型和继电器型 CPU 模块输出端子的接线
(a) 晶体管型 CPU 模块输出电路；(b) 继电器型 CPU 模块输出电路

PLC 控制系统的 CPU 模块工作电压一般是 5V，而 PLC 的输入/输出信号电压一般较高，如直流 24V 和交流 220V 等。PLC 一般使用 220V 交流电源或 24V 直流电源。内部的开关电源为各模块提供 DC 5V，正负 12V、24V 等直流电源。在给 CPU 进行供电接线时，一定要特别小心分清是哪一种供电方式，如果把 220V AC 接到 24V DC 供电的 CPU 上，或者不小心接到 24V DC 传感器的输出电源上，都会造成 CPU 的损坏。

2.1.1.2　数字量输入/输出模块

S7-200 主机的输入、输出点数不能满足控制的需要时，可以选配各种数字量 I/O 模块来扩展，包括数字量输入模块、数字量输出模块和数字量输入输出混合模块。部分数字量 I/O 模块的规格见表 2-1。

表 2-1　数字量 I/O 扩展模块规格

模 块 名 称	输入点	输出点	功耗/W	电源要求	
				+5 VDC	+24VDC
EM221 DI8×24VDC	8	0	2	30mA	32mA
EM221 DI8×120/230VAC	8	0	3	30mA	—
EM222 DO 8×24VDC	0	8	2	50mA	—
EM222 DO8×120/230VAC	0	8	4	110mA	—
EM222 DO8 ×继电器	0	8	2	40mA	36mA
EM223 24VDC8 入/8 出	8	8	3	80 mA	
EM223 24VDC8 入/8 继电器	8	8	3	80 mA	32mA/36 mA

　　数字量输入模块分为直流输入模块和交流输入模块，每一个输入点可接收一个来自用户设备的离散信号（ON/OFF）。输入设备有按钮、限位开关、选择开关、继电器触点等；数字量输出模块分为直流输出模块、交流输出模块、交直流输出模块三种（晶体管、晶闸管、继电器输出方式）。数字量输出模块的每一个输出点能控制一个用户的离散型（ON/OFF）负载，典型的负载包括继电器线圈、接触器线圈、电磁阀线圈、指示灯等。数字量输入输出组合模块即在一块模块上既有数字量输入点又有数字量输出点，使系统配置更加灵活。

2.1.1.3　模拟量输入/输出模块

　　S7-200 提供了专用的模拟量模块来处理模拟量信号。模拟量模块有模拟量输入模块、模拟量输出模块、模拟量输入输出模块。比如，EM231：模拟量输入模块，4 通道电流/电压输入；EM232：模拟量输出模块，2 通道电流/电压输出；EM235：模拟量输入/输出模块，4 通道电流/电压输入、1 通道电流/电压输出。

2.1.1.4　温度测量扩展模块

　　温度测量模块是模拟量模块的特殊形式，可以直接连接 TC（热电偶）和 RTD（热电阻）以测量温度。它们各自都可以支持多种热电偶和热电阻，使用时只需简单设置就可以直接得到摄氏（或华氏）温度数值。比如，EM231 TC：热电偶输入模块，4 输入通道；EM231 RTD：热电阻输入模块，2 输入通道。

2.1.1.5　特殊功能模块

　　S7-200 提供了一些特殊模块，用以完成特定的任务。例如，定位控制模块 EM235，它能产生脉冲串，通过驱动装置带动步进电机或伺服电机进行速度和位置的开环控制，每个模块可以控制一台电机。

2.1.1.6　通信模块

　　S7-200 提供了以下几种通信模块，以适应不同的通信方式。EM277：PROFIBUS-DP 从站通信模块，同时也支持 MPI 从站通信；EM241：调制解调器（Modem）通信模块；CP243-1：工业以太网通信模块；CP243-1 IT：工业以太网通信模块，同时支持 Web/E-mail 等 IT 应用功能；CP243-2：AS-Interface 主站模块，可连接最多 62 个 AS-Interface

从站。

2.1.2　S7-200 系列 PLC 的系统配置

2.1.2.1　S7-200 系列 PLC 的基本配置

S7-200 系列 PLC 任何一种型号基本单元（主机），都可单独构成基本配置，作为一个独立的控制系统。S7-200 系列 PLC 各型号主机的 I/O 是固定的，它们具有固定的 I/O 地址。S7-200 CPU22X 系列产品的 I/O 配置及地址分配如表 2-2 所示。

表 2-2　S7-200 CPU22X 系列产品的 I/O 配置及地址分配

项　　目	CPU222	CPU224	CPU224XP	CPU226
本机数字量输入地址分配	8 输入 I0.0~ I0.7	14 输入 I0.0~ I0.7 I1.0~ I1.5	14 输入 I0.0~ I0.7 I1.0~ I1.5	24 输入 I0.0~ I0.7 I1.0~ I1.7 I2.0~ I2.7
本机数字量输出地址分配	6 输出 Q0.0~ Q0.5	10 输出 Q0.0~ Q0.7 Q1.0~ Q1.1	10 输出 Q0.0~ Q0.7 Q1.0~ Q1.1	16 输出 Q0.0~ Q0.7 Q1.0~ Q1.7
本机模拟量输入/输出	无	无	2/1	无
扩展模块数量	2	7	7	7

2.1.2.2　S7-200 系列 PLC 的扩展配置

可以采用主机带扩展模块的方法扩展 S7-200 系列 PLC 的系统配置。采用数字量模块或模拟量模块可扩展系统的控制规模，采用智能模块可扩展系统的控制功能。S7-200 主机带扩展模块进行扩展配置时会受到相关因素的限制。

A　允许主机所带扩展模块的数量

各类主机可带扩展模块的数量是不同的。CPU221 模块不允许带扩展模块；CPU222 最多可带 2 个扩展模块；CPU224 模块、CPU224XP 模块、CPU226 模块最多可带 7 个扩展模块，且 7 个扩展模块中最多只能带 2 个智能扩展模块。

B　数字量 I/O 映像区的大小

S7-200 系列 PLC 各类主机提供的数字量 I/O 映像区区域为 128 个输入映像寄存器（I0.0~I15.7）和 128 个输出映像寄存器（Q0.0~Q15.7），最大 I/O 配置不能超过此区域。PLC 系统配置时，要对各类输入/输出模块的输入/输出点进行编址。主机提供的 I/O 具有固定的 I/O 地址。扩展模块的地址由 I/O 模块类型及模块在 I/O 链中的位置决定。编址时，按同类型的模块对各输入点（或输出点）顺序编址。数字量输入/输出映像区的逻辑空间是以 8 位（1 个字节）为单位递增的。编址时，对数字量模块物理点的分配也是按 8 点为单位来分配地址的，即使有些模块的端子数不是 8 的整数倍，但仍以 8 点来分配地址。例如，4 入/4 出模块也占用 8 个输入点和 8 个输出点的地址，那些未用的物理点地址不能分配给 I/O 链中的后续模块，那些未用的物理点相对应的 I/O 映像区的空间就会丢失。对于输出模块，这些丢失的空间可用作内部标志位存储器；对于输入模块却不可用，因为每次输入更新时，CPU 都对这些空间清零。

C　模拟量 I/O 映像区的大小

主机提供的模拟量 I/O 映像区区域为：CPU222 模块，16 个输入通道/16 个输出通道；CPU224 模块、CPU224XP 模块、CPU226 模块，32 入/32 出，模拟量的最大 I/O 配置不能超出此区域。模拟量输入扩展模块是以 2 个字节递增的方式来分配空间。模拟量输出扩展模块总是以 4 个字节或 6 个字节（由具体模块来定）递增的方式来分配空间，原则是模拟量输出扩展模块的第一个通道的地址必须被 4 整除。

现选用 CPU226 模块作为主机进行系统的 I/O 配置举例，如表 2-3 所示。CPU226 模块可带 7 个扩展模块，表中 CPU226 模块带了 4 个扩展模块，CPU226 模块提供的主机 I/O 点有 24 个数字量输入点和 16 个数字量输出点。

表 2-3　CPU226 模块的 I/O 配置及地址分配

主机	模块 0	模块 1	模块 2	模块 3
CPU226	8In	4IN/4Out	4AI/1AQ	4AI/1AQ
I0.0~I2.7 Q0.0~Q1.7	I3.0~I3.7	I4.0~4.3 Q2.0~Q2.3	AIW0 AQW0 AIW2 AIW4 AIW6	AIW8 AQW4 AIW10 AIW12 AIW14

模块 0 是一块具有 8 个输入点的数字量扩展模块。模块 1 是一块具有 4 个输入点/4 个输出点的数字量扩展模块。实际上它占用了 8 个输入点地址和 8 个输出点地址，即（I4.0~4.7/Q2.0~Q2.7）。其中，输入点地址（I4.4~4.7）、输出点地址（Q2.4~Q2.7）由于没有提供相应的物理点与之相对应，那么与之对应的输入映像寄存器（I4.4~4.7）、输出映像寄存器（Q2.4~Q2.7）的空间就丢失了，且不能分配给 I/O 链中的后续模块。由于输入映像寄存器（I4.4~4.7）在每次输入更新时被清零，因此不能用于内部标志存储器，而输出映像寄存器（Q2.4~Q2.7）可以作为内部标志位存储器使用。模块 2、模块 3 是具有 4 个输入通道和 1 个输出通道的模块量扩展模块。模拟量扩展模块是以 2 个字节递增的方式来分配空间的。

2.1.2.3　PLC 内部电源的负载能力

A　PLC 内部 DC 5V 电源的负载能力

基本单元和扩展模块正常工作时，需要 DC 5V 电源。S7-200 系列 PLC 基本单元（CPU 模块）内部提供 DC 5V 电源，扩展模块需要的 DC 5V 电源是由 CPU 模块通过总线连接器提供的。CPU 模块能提供的 DC 5V 电源的电流值是有限的，因此，在配置扩展模块时，为确保电源不超载，应使各扩展模块消耗 DC 5V 电源的电流总和不超过 CPU 模块所提供的电流值。否则，要对系统重新进行配置。

B　PLC 内部 24VDC 电源的负载能力

S7-200 系列 PLC 主机的内部电源模块还提供 DC24V 电源。DC24V 电源也称为传感器电源，它可以作为 CPU 模块和扩展模块的输入端检测电源。如果用户使用传感器的话，也可以作为传感器电源。一般情况下，CPU 模块和扩展模块的输入、输出点所用的 DC24V 电源是由用户外部提供的。如果使用 CPU 模块内部的 DC24V 电源，要注意 CPU 模块和各扩展模块消耗的电流总和，不能超过内部 DC24V 电源提供的最大电流。

注意：主机的 DC24V 电源与用户提供的 DC24V 电源不能并联连接。

2.2　S7-200 系列 PLC 的软件系统

2.2.1　S7-200 系列 PLC 的编程基础

2.2.1.1　STEP 7-Micro/WIN32 编程软件

STEP7-Micro/WIN32 是西门子公司专为 SIMATIC S7-200 系列可编程序控制器研制开发的编程软件，它是基于 Windows 的应用软件，功能强大，既可用于开发用户程序，又可实时监控用户程序的执行状态。STEP 7-Micro/WIN32 编程软件提供了两种指令集：SIMATIC 指令集和 IEC 61131-3 指令集。其中，SIMATIC 指令集是西门子公司专门针对其产品设计开发的精简高效的指令集，支持 LAD、STL 和 FBD 三种编程语言；IEC 61131-3 指令集只支持 LAD 和 STL 两种编程语言。

IEC 61131-3 中规定了五种标准编程语言如下（实例可参考第 3 章的 STEP 7 编程语言）。

（1）梯形图（LAD）。梯形图语言是 PLC 中应用程序设计的一种标准语言，也是在实际设计中最常用的一种语言。该语言因与继电器电路很相似，具有直观易懂的特点，很容易被熟悉继电器控制的电气人员所掌握，特别适合于数字逻辑控制，但不适于编写控制功能复杂的大型程序。

（2）指令语句表（STL）。指令语句表是一种类似于计算机汇编语言的一种文本编程语言，即用特定的助记符来表示某种逻辑运算关系，一般由多条语句组成一个程序段。指令表适合于经验丰富的程序员使用，可以实现某些梯形图不易实现的功能。

（3）功能块图（FBD）。功能块图使用类似于布尔代数的图形逻辑符号来表示控制逻辑，一些复杂的功能用指令框表示，适合于有数字电路基础的人员使用。功能块图采用类似于数字电路中的逻辑门的形式来表示逻辑运算关系。一般一个运算框表示一个功能，运算框的左侧为逻辑的输入变量，右侧为输出变量。输入、输出端的小圆圈表示"非"运算，方框用"导线"连在一起。

（4）顺序功能图（SFC）。顺序功能图是针对顺序控系统进行编程的图形编程语言，特别适合编写顺序控制程序。在 STEP7 中为 S7-Graph，不是标准配置，需要安装软件包。

（5）结构文本（ST）。结构文本是 IEC61131-3 标准创建的一种专用的高级编程语言。与梯形图相比，它能实现复杂的数学运算，编写的程序非常简洁和紧凑。西门子公司的 PLC 使用的 STEP 7 中的 S7 SCL 属于结构化控制语言，程序结构与 C 语言和 Pascal 语言相似，特别适合习惯使用高级语言进行程序设计的技术人员使用。

2.2.1.2　S7-200 系列 PLC 的程序结构

S7-200 系列 PLC 的控制程序由主程序、子程序和中断程序组成。

主程序是程序的主体，每一个项目都必须并且只能有一个主程序。每个扫描周期都要被执行一次，在主程序中可以调用子程序和中断程序。在 STEP 7-Micro/WIN 编程软件中，各个程序组织单元（POU）被保存在单独的页中（即被放在独立的程序块中），故各程序结束时不需要加入无条件结束指令或无条件返回指令。

子程序是可选的，仅在被其他程序调用时执行。同一子程序可以在不同的地方被多次调用。使用子程序可以简化程序代码和减少扫描时间。设计好的子程序容易移植到别的项目中。

中断程序用来及时处理与用户程序执行时序无关的操作，或者不能事先预测何时发生的中断事件。中断程序不是由用户程序调用，而是在中断事件发生时由操作系统调用。中断程序是用户编写的。因为不能预知何时会发生中断事件，所以不允许中断程序改写可能在其他程序中使用的存储器。

由这三种程序可组成线性程序和分块程序两种结构。

（1）线性程序结构。线性程序是指一个工程的全部控制任务都按照工程控制的顺序写在一个程序中，比如写在 OB1 中，程序执行过程中，CPU 不断地扫描 OB1，按照事先准备好的顺序去执行工作。

线性程序结构简单，一目了然，但是当控制工程大到一定程度后，仅仅采用线性程序就会使整个程序变得庞大而难于编制和调试了。

（2）分块程序结构。分块程序是指一个工程的全部控制任务被分成多个小的任务块，每个任务块根据具体任务的情况分别放到子程序中，或者放到中断程序中。程序执行过程中，CPU 不断地调用这些子程序或者中断程序。

分块程序虽然结构复杂一些，但是可以把一个复杂的过程分解成多个简单的过程，对于具体的程序块容易编写，容易调试。从总体上看，分块程序的优势是十分明显的。

2.2.1.3 S7-200 系列 PLC 的数据结构

（1）基本数据类型。S7-200 系列 PLC 的指令参数所用的基本数据类型有 1 位布尔型（BOOL）、8 位字节型（BYTE）、16 位无符号整数型（WORD）、16 位有符号整数型（INT）、32 位无符号双字整数型（DWORD）、32 位有符号双字整数型（DINT）、32 位实数型（REAL）。实数型（REAL）是按照 ANSI/IEEE754-1985 标准（单精度）的表示格式规定。

（2）数据的长度与数值范围。CPU 存储器中存放的数据类型可分为 BOOL、BYTE、WORD、INT、DWORD、DINT、REAL，不同的数据类型具有不同的数据长度和数值范围。在上述数据类型中，用字节（B）型、字（W）型、双字（D）型分别表示 8 位、16 位、32 位数据的数据长度。

（3）常数。在 S7-200 系列 PLC 的许多指令中都用到常数，常数有多种表示方法，常数的长度可以是字节、字或双字，PLC 以二进制方式存储常数，书写形式可以是二进制、十进制、十六进制、ASCII 码或浮点数等多种形式。

2.2.1.4 存储器区域

S7-200 系列 PLC 的存储器分为程序区、系统区和数据区。程序区用于存放用户程序，存储器为 EEPROM，系统区用于存放有关 PLC 配置结构的参数，存储器为 EEPROM。数据区是 CPU 提供的存储器的特定区域，它包括输入映象寄存器（I）、输出映像寄存器（Q）、变量存储器（V）、内部标志位存储器（M）、顺序控制继电器存储器（S）、特殊标志位存储器（SM）、局部存储器（L）、定时器存储器（T）、计数器存储器（C）、模拟量输入映像寄存器（AI）、模拟量输出映像寄存器（AQ）、累加器（AC）、高速计数器（HC）。数据区存储空间是用户程序执行过程中的内部工作区域。数据区使 CPU 的运行更快、更有效，存储器为 EEPROM 和 RAM。

存储器是由许多存储单元组成，每个存储单元都有唯一的地址，可以依据存储器地址来存取数据。数据区存储器地址的表示格式有位、字节、字、双字地址格式。数据区存储器区域的某一位的地址格式是由存储器区域标识符、字节地址及位号构成，元件名称（区域地址符号）如表 2-4 所示。

表 2-4　元件名称

元 件 符 号	所在数据区域	位寻址格式	其他寻址格式
I （输入继电器）	数字量输入映像区	Ax. y	ATx
Q （输出继电器）	数字量输出映像区	Ax. y	ATx
M （通用辅助继电器）	内部存储器标志位区	Ax. y	ATx
SM （特殊标志继电器）	特殊存储器标志位区	Ax. y	ATx
S （顺序控制继电器）	顺序控制继电器存储器区	Ax. y	ATx
V （变量存储器）	变量存储器区局部	Ax. y	ATx
L （局部变量存储器）	局部存储器区	Ax. y	ATx
T （定时器）	定时器存储器区	Ay	无
C （计数器）	计数器存储器区	Ay	无
AI （模拟量输入映像寄存器）	模拟量输入存储器区	无	ATx
AQ （模拟量输出映像寄存器）	模拟量输出存储器区	无	ATx
AC （累加器）	累加器区	Ay	无
HC （高速计数器）	高速计数器区	Ay	无

数据地址的基本格式为 ATx。A 为元件名称，即该数据在数据存储器中的区域地址，可以是表 2-4 中所示的符号；T 为数据类型，若为位寻址，则无该项，若为字节、字或双字寻址，则 T 的取值应分别为 B、W 和 D；x 为字节地址；y 为字节内的位地址，只有位寻址时才有该项。

2.2.1.5　寻址方式

指令中如何提供操作数或操作数地址，称为寻址方式。S7-200 系列 PLC 的寻址方式有立即寻址、直接寻址、间接寻址。

（1）立即寻址。立即寻址方式是指令直接给出操作数，操作数紧跟着操作码，在取出指令的同时也就取出了操作数，立即有操作数可用，所以称为立即操作数或立即寻址。立即寻址方式可用来提供常数，设置初始值等。

CPU 以二进制方式存储所有常数。指令中可用十进制、十六进制、ASCII 码或浮点数形式来表示，表示格式举例如下。

十进制常数：30112；十六进制常数：16#42F；ASCII 常数：'INPUT'；实数或浮点常数：+1. 1E-10；二进制常数：2#0101 1110。

（2）直接寻址。直接寻址方式是指令直接使用存储器或寄存器的元件名称和地址编号，根据这个地址就可以立即找到该数据。操作数的地址应按规定的格式表示。指令中，数据类型应与指令标识符相匹配。

不同数据长度的直接寻址指令举例如下。

位寻址：AND　Q5.5；字节寻址：ORB　VB33，LB21；字寻址：MOVW AC0，AQW2；双字寻址：MOVD AC1，VD200。

（3）间接寻址。间接寻址方式是数据存放在存储器或寄存器中，在指令中只出现所需数据所在单元内存地址的地址。存放操作数地址的存储单元地址也称地址指针。这种间接寻址方式与计算机的间接寻址方式相同。间接寻址在处理内存连续地址中的数据时非常方便，而且可以缩短程序所生成的代码的长度，使编程更加灵活。CPU 以变量存储器、局部存储器或累加器的内容值为地址进行间接寻址。可间接寻址的存储区域有 I、Q、V、M、S、T（仅当前值）、C（仅当前值）。对独立的位（BIT）值或模拟量值不能进行间接寻址。

1）建立指针。间接寻址前，应先建立指针。指针为双字长，指针中存放的是所要访问的存储单元的 32 位物理地址。只能使用变量存储器（V）、局部存储器（L）或累加器（AC1、AC2、AC3）作为指针，AC0 不能用作间接寻址的指针。建立指针时，将存储器的某个地址移入另一个存储器或累加器中作为指针。建立指针后，就可把从指针处取出的数值传送到指令输出操作数指定的位置。

例：MOVD　&VB200　VD10；把 VB200 的 32 位物理地址送入 AC1，建立指针。

上例中"&"为取地址符号，它与存储单元地址编号结合表示对应单元的 32 位物理地址。物理地址是指存储单元在整个存储器中的绝对位置。VB200 只是存储单元的一个直接地址编号。指令中第二个存储器单元或寄存器必须为双字长度（32 位），如 VD、LD 或 AC。

2）利用地址指针存取数据。在存储器单元或寄存器前面加"＊"号表示一个地址指针。

例：MOVD　　&VB200　　AC1
　　MOVW　　＊AC1　　VW100

该程序表示将 VW200 中的数据传送到 VW100 中。AC1 中存储着 VB200 的物理地址，＊AC1 直接指向 VB200 存储单元，MOVW 指令决定了指针指向的是一个字长的数据，在本例中，存储在 VB200，VB201 中的数据被送到 VB100，VB101 中，如图 2-6 所示。

图 2-6　使用指针间接寻址

3）修改地址指针。通过修改地址指针，可以方便地存取相邻存储单元的数据，如进行查表或多个连续数据两两计算。只需要使用加法、自增等算术运算指令就可以实现地址指针的修改，但要注意指针所指向数据的长度。存取字节时，指针值加 1；存取一个字、定时器或计数器的当前值时，指针值加 2；存取双字时，指针值加 4。

2.2.2 S7-200 系列 PLC 的指令系统

2.2.2.1 S7-200 系列 PLC 的基本逻辑指令

基本逻辑指令是 PLC 中最简单、最基本的指令，是构成梯形图和语句表的基本成分。基本逻辑指令一般指位逻辑指令，定时器指令及计数器指令。位逻辑指令又包括触点指令、线圈指令、逻辑堆栈指令、RS 触发器等指令，这些指令处理的对象大多为位逻辑量，主要用于逻辑控制类程序中。

A 位逻辑指令

（1）基本触点及线圈指令。

LD、LDN、=指令格式，见表 2-5。

表 2-5 LD、LDN、= 指令格式

指令、名称	梯形图符号	数据类型	操作数	指令功能
LD 载入	─┤ ├─		I、Q、V、M、SM、S、T、C、L	载入指令通常是打开一个常开触点，同时将地址位数值置于堆栈顶部
LDN 载入取反	─┤ / ├─	BOOL		载入取反指令通常是打开一个常闭触点，同时将地址位数值置于堆栈顶部
=输出	─( )─		Q、V、M、SM、S、T、C、L	指令将输出位的新值写入过程映像寄存器，同时位于堆栈顶端的数值被复制至指定的位

（2）触点串联指令 A、AN。

A、AN 指令格式，见表 2-6。

表 2-6 A、AN 指令格式

指令、名称	梯形图符号	数据类型	操作数	指令功能
A 与	─┤ ├─			与操作，用于单个常开触点串联连接
AN 与非	─┤ / ├─	BOOL	I、Q、V、M、SM、S、T、C、L	与反操作，用于单个常闭触点串联连接

（3）触点并联指令 O、ON。

触点并联指令的符号、名称及功能，见表 2-7。

表 2-7 触点并联指令的符号、名称及功能

指令、名称	梯形图符号	数据类型	操作数	指令功能
O 或	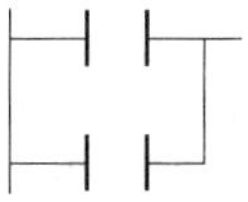	BOOL	I、Q、V、M、SM、S、T、C、L	或操作，用于单个常开触点并联连接
ON 或非	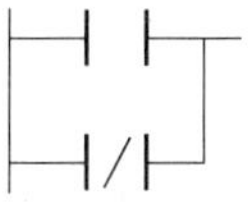			或非操作，用于单个常闭触点并联连接

（4）跳变指令 EU、ED。

跳变指令的符号、名称及功能，见表 2-8。

表 2-8 跳变指令的符号、名称及功能

指令、名称	梯形图符号	数据类型	操作数	指令功能
EU 正跳变	—|P|—	无	无	执行指令时，一旦在堆栈顶部数值中检测到 0 至 1 转换时，则将堆栈顶值设为 1；否则，将其设为 0
ED 负跳变	—|N|—			执行指令时，一旦在堆栈顶部数值中检测到 1 至 0 转换时，则将堆栈顶值设为 1；否则，将其设为 0

（5）置位、复位指令 S、R。

线圈置位、复位指令的符号、名称及功能，见表 2-9。

表 2-9 线圈置位、复位指令的符号、名称及功能

指令、名称	梯形图符号	数据类型	操作数	指令功能
S 置位	—(S) bit N	BOOL	Q、M、SM、T、C、V、S、L	置位指令设置指定的点数（N），从指定的地址（位）开始。可以设置 1~255 个点
R 复位	—(R) bit N			复位指令复位指定的点数（N），从指定的地址（位）开始。可以设置 1~255 个点

（6）RS、SR 指令。

RS、SR 指令的符号、名称及功能，见表 2-10。

表 2-10　RS、SR 指令的符号、名称及功能

指令、名称	梯形图符号	数据类型	操作数	指令功能
SR 置位优先锁存器	bit S1　OUT 　SR R	BOOL	Q、M、SM、 T、C、V、S、L	当置位信号和复位信号都有效时，置位信号优先，输出线圈接通
SR 复位优先锁存器	bit S　OUT 　RS R1			当置位信号和复位信号都有效时，复位信号优先，输出线圈不接通

　　（7）逻辑堆栈指令。在 PLC 中有 11 个存储器，它们用来存储运算的中间结果，这些存储器被称为栈寄存器。LPS、LRD、LPP 指令分别为进栈、读栈和出栈指令。逻辑堆栈指令的符号、名称及功能见表 2-11。

表 2-11　逻辑堆栈指令的符号、名称及功能

指令、名称	梯形图符号	梯形图说明	操作数	指令功能
ALD 栈装载与指令	┤├┬ 　└┤├	将多个触点的组合块进行串联	无	指令采用逻辑 AND（与）操作将堆栈第一级和第二级中的数值组合，并将结果载入堆栈顶部．执行 ALD 后，堆栈深度减 1
OLD 栈装载或指令	┤├┤├ ┤├	将多个触点的组合块进行并联		指令采用逻辑 OR（或）操作将堆栈第一级和第二级中的数值组合，并将结果载入堆栈顶部．执行 OLD 后，堆栈深度减 1
LPS 逻辑进栈			无	逻辑进栈（LPS）指令复制堆栈中的栈顶值并使该数值进栈，堆栈底值被推出栈并丢失
LRD 逻辑读栈			无	逻辑读栈（LRD）指令将堆栈中第二层数据复制到栈顶。不执行进栈或出栈，但旧的栈顶值被复制破坏
LPP 逻辑出栈			无	逻辑出栈（LPP）指令使堆栈中各层的数据依次向上移动一层，第二层的数据成为堆栈新顶值，栈顶原来的数据从栈内消失
LDS 载入堆栈			无	载入堆栈（LDS）指令复制堆栈内第 n 层的值到栈顶。堆栈中原来的数值依次向下一层推移，栈底值被推出挂失

（8）立即指令（见表 2-12）。为了不受 PLC 循环扫描工作方式的影响，提高 PLC 对输入/输出过程的响应速度，S7-200 系列 PLC 允许对 I/O 点进行快速直接存取。当用立即指令读取输入点的状态时，对 I 进行操作，相应的输入映像寄存器中的值并未更新；当用立即指令访问输出点时，对 Q 进行操作，新值同时写到 PLC 的物理输出点和相应的输出映像寄存器。

表 2-12 立即指令一览表

指令、名称	梯形图符号	数据类型	操作数	指令功能
LDI 立即取	─┤ I ├─	BOOL	I	LDI 指令立即将实际输入值载入至堆栈顶部
LDNI 立即取反	─┤/I├─			LDNI 指令立即将实际输入值的逻辑 NOT（非）载入至堆栈顶部
AI 立即与	─┤ I ├─	BOOL		AI 指令立即将实际输入值 AND（与）至堆栈顶部
ANI 立即与反	─┤/I├─	BOOL		ANI 指令立即将实际输入值的逻辑 NOT（非）AND（与）至堆栈顶部
O 立即或	─┤ I ├─	BOOL		OI 指令立即将实际输入值 OR（或）至堆栈顶部
ONI 立即或反	─┤/I├─	BOOL		ONI 指令立即将实际输入值的逻辑 NOT（非）OR（或）至堆栈顶部
=I 立即输出	─(I)	BOOL	Q	指令将新值写入实际输出和对应的过程映像寄存器位置，同时将位于堆栈顶部的数值复制至指定的实际输出位
SI 立即置位	─(SI) N	bit：BOOL N：字节型，范围为 1~128	bit：Q N：VB、IB、QB、MB、SMB、LB、SB、AC、*VD、*AC、*LD、常数	将指定位（bit）开始的 N 个物理量输出端立即置 1
RI 立即复位	─(RI) N			将指定位（bit）开始的 N 个物理量输出端立即置 0

（9）NOT 和 NOP 指令，见表 2-13。

表 2-13 NOT 和 NOP 指令

指令、名称	梯形图符号	数据类型	操作数	指令功能
NOT	─┤NOT├─	无	无	逻辑结果取反
NOP	─[NOP] N			空操作

B　定时器与计数器指令

a　定时器指令

S7-200 系列 PLC 的定时器为增量型定时器，用于实现时间控制，可以按照工作方式和时间基准分类。按工作方式，定时器可分为通电延时型（TON）、有记忆的通电延时型（TONR）、断电延时型（TOF）三种类型。

按照分辨率（时基），定时器可分为 1ms、10ms、100ms 三种类型。分辨率是指定时器中能够区分的最小时间增量，即精度。定时器具体的定时间 T 由预置值 PT 和分辨率的乘积决定。定时器的分辨率如表 2-14 所示，由定时器号决定。S7-200 系列 PLC 共提供定时器 256 个，定时器号的范围为 0~255。TON 与 TOF 分配的是相同的定时器号，这表示该部分定时器号能作为这两种定时器使用。但在实际使用时要注意，同一个定时器号在一个程序中不能既为 TON，又为 TOF。

表 2-14　定时器各类型所对应的定时器号及分辨率

分辨率/ms	最大计时范围/s	定时器号
1	32.767	T0, T64
10	327.67	T1~T4, T65~T68
100	3276.7	T5~T31, T69~T95
1	32.767	T32, T96
10	327.67	T33~T36, T97~T100
100	3276.7	T37~T63, T101~T255

定时器号由定时器的名称和常数来表示，即 Tn，如 T4。T4 不仅仅是定时器的编号，它还包含两方面的变量信息：定时器位和定时器当前值。定时器当前值用于存储定时器当前所累计的时间，它用 16 位符号整数来表示，故最大计数值为 32767。

对于 TONR 和 TON，当定时器的当前值等于或大于预置值时，该定时器位被置为 1，即所对应的定时器触点闭合；对于 TOF，当输入 IN 接通时，定时器位被置 1，当输入信号由高变低，负跳变时启动定时器，达到预定值 PT 时，定时器位断开。定时器指令的符号、名称及参数见表 2-15。

表 2-15　定时器指令的符号、名称及参数

指令、名称	梯形图符号	参数	数据类型	参数说明	操作数
TON 通电延时型定时器	T××× ┌───┐ IN TON PT─PT	T×××	WORD	表示要启动的定时器	T32, T96、T33~T36, T97~T100、T37~T63, T101~T255
		PT	INT	定时器的设定值	VW, IW, QW, MW, SW, SMW, LW, AIW, T, C, AC, 常数, *VD, *LD, *AC 整数
TOF 断电延时型定时器	T××× ┌───┐ IN TOF PT─PT	IN	BOOL	使能端	I, Q, M, SM, T, C, V, S, L

指令、名称	梯形图符号	参数	数据类型	参数说明	操作数
TONR 有记忆通电 延时型定时器	T××× IN　　TONR PT—PT	T×××	WORD	表示要启动的定时器	T0, T64, T1~T4, T65~ T68, T5~T31, T69~T95
		PT	INT	定时器的设定值	VW, IW, QW, MW, SW, SMW, LW, AIW, T, C, AC, 常数, *VD, *LD, *AC 整数
		IN	BOOL	使能端	I, Q, M, SM, T, C, V, S, L

定时器指令应用举例如下。

（1）接通延时定时器 TON（on-delay timer）。接通延时定时器用于单一时间间隔的定时，其应用如图 2-7 所示。

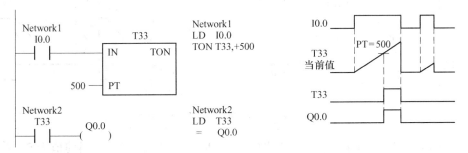

图 2-7　接通延时定时器指令应用举例

PLC 上电后的第一个扫描周期，定时器位为断开（OFF）状态，当前值为 0。输入端 I0.0 接通后，定时器当前值从 0 开始定时，在当前值达到预置值时定时器位闭合（ON），当前值仍会连续计数到 32767。在输入端断开后，定时器自动复位，定时器位同时断开（OFF），当前值恢复为 0。若再次将 I0.0 闭合，则定时器重新开始定时，若未到定时时间 I0.0 已断开，则定时器复位，当前值也恢复为 0。

在本例中，在 I0.0 闭合 5s 后，定时器位 T33 闭合，输出线圈 Q0.0 接通。I0.0 断开，定时器复位，Q0.0 断开。I0.0 再次接通时间较短，定时器没能动作。

（2）有记忆接通延时定时器指令 TONR。有记忆接通延时定时器具有记忆功能，它用于累计输入信号的接通时间，其应用如图 2-8 所示。

PLC 上电后的第一个扫描周期，定时器位为断开（OFF）状态，当前值保持掉电前的值。输入端每次接通时，定时器当前值从上次保持值开始继续定时，在当前值达到预置值时定时器位闭合（ON），当前值仍会连续计数到 32767。TONR 的定时器位一旦闭合，只能用复位指令 R 进行复位操作，同时清除当前值。

在本例中，当前值最初为 0，每一次 I0.0 闭合，当前值开始累计，输入端断开，当前值保持不变。在输入端 I0.0 闭合时间累计到 10s 时，定时器位 T3 闭合，输出线圈 Q0.0 接通。当 I0.1 闭合时，由复位指令复位 T3 的位及当前值。

（3）断开延时定时器 TOF（off-delay timer）。断开延时定时器 TOF 用于输入端断开后

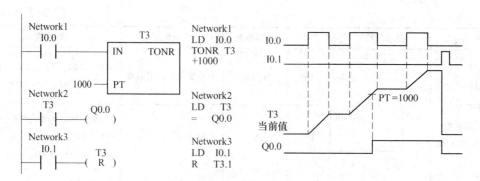

图 2-8　有记忆接通延时定时器指令应用举例

的单一时间间隔定时，其应用如图 2-9 所示。

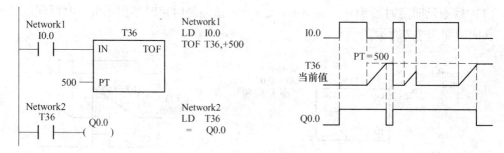

图 2-9　断开延时定时器指令应用举例

PLC 上电后的第一个扫描周期，定时器位为断开（OFF）状态，当前值为 0。输入端闭合时，定时器位为 ON，当前值保持为 0。当输入端由闭合变为断开时，定时器开始计时。在当前值达到预置值时定时器位断开（OFF），同时停止计时。

定时器动作后，若输入端由断开变闭合，TOF 定时器位闭合且当前值复位；若输入端再次断开，定时器可以重新启动若再次将 I0.0 闭合，则定时器重新开始定时，若未到定时时间 I0.0 已断开，则定时器复位，当前值也恢复为 0。

在本例中，PLC 刚刚加电运行时，输入端 I0.0 没有闭合，定时器 T36 为断开状态；I0.0 由断开变为闭合时，定时器位 T36 闭合，输出线圈 Q0.0 接通，定时器并不开始定时；I0.0 由闭合变为断开时，定时器当前值开始累计时间，达到 5s 时，定时器位 T36 断开，输出端 Q0.0 同时断开。

b　计数器指令

定时器对时间的计量是通过对 PLC 内部时钟脉冲的计数实现的。计数器的运行原理和定时器基本相同，只是计数器是对外部或内部由程序产生的计数脉冲进行计数。在运行时，首先为计数器设置预置值 PV，计数器检测输入端信号的正跳变个数，当计数器当前值与预置值相等时，计数器发生动作，完成相应控制任务。

S7-200 系列 PLC 提供了 3 种类型的计数器：增计数 CTU、增减计数 CTUD 和减计数 CTD，共 256 个。计数器编号由计数器名称和常数（0~255）组成，表示方法为 Cn，如 C8。3 种计数器使用同样的编号，所以在使用中要注意，同一个程序中，每个计数器编号只能出现一次。计数器编号包括两个变量信息：计数器当前值和计数器位。

计数器的当前值用于存储计数器当前所累计的脉冲数。它是一个 16 位的存储器，存储 16 位带符号的整数，最大计数值为 32767。

对于增计数器来说，当计数器的当前值等于或大于预置值时，该计数器位被置为 1，即所对应的计数器触点闭合；对于减计数器来说，当计数器当前值减为 0 时，计数器位置为 1，计数器指令的符号、名称及参数见表 2-16。

表 2-16　计数器指令的符号、名称及参数

指令、名称	梯形图符号	参数	数据类型	参数说明	操作数
CTUD 增减计数器	C××× CU　CTUD CD R PV―PV	C×××	WORD	表示要启动的计数器	C0～C255
		CU	BOOL	加计数输入端	I, Q, M, SM, T, C, V, S, L
		CD	BOOL	减计数输入端	
		R	BOOL	复位	
		PV	INT	计数器的设定值	VW, IW, QW, MW, SW, SMW, LW, AIW, T, C, AC, 常数, *VD, *LD, *AC 整数
CTD 减计数器	C××× CD　CTD LD PV―PV	C×××	WORD	表示要启动的计数器	C0～C255
		CD	BOOL	减计数输入端	I, Q, M, SM, T, C, V, S, L
		LD	BOOL	预置值（PV） 载入当前值	
		PT	INT	计数器的设定值	VW, IW, QW, MW, SW, SMW, LW, AIW, T, C, AC, 常数, *VD, *LD, *AC 整数
CTU 增计数器	C××× CU　CTU R PT―PV	C×××	WORD	要启动的计数器	C0～C255
		CU	BOOL	加计数输入端	I, Q, M, SM, T, C, V, S, L
		R	BOOL	复位	
		PT	INT	预置值	VW, IW, QW, MW, SW, SMW, LW, AIW, T, C, AC, 常数, *VD, *LD, *AC 整数

计数器指令应用举例如下。

（1）增计数器（CTU）。当 CU 端的输入上升沿脉冲时，计数器的当前值增 1。当前值保存在 C×× 如（C1）中，当 C×× 的当前值大于等于预置值 PV 时，计数器位 C×× 置位。当复位端（R）接通或者执行复位指令后，计数器状态位复位，当前值计数器值清零。当计数值达到最大值（32767）后，计数器停止计数。增计数器的应用举例如图 2-10 所示。

（2）增/减计数器（CTUD）。增/减计数器有两个脉冲输入端，CU 用于递增计数。CD 用于递减计数。当 CU 端的输入上升沿脉冲时，计数器的当前值增 1；当 CD 端的输入上升沿脉冲时，计数器的当前值减 1。计器的当前值 C×× 保存当前计数值。在每一次计数

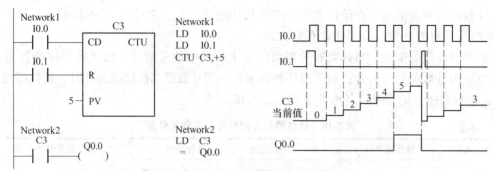

图 2-10　增计数器指令应用举例

器执行时，预置值 PV 与当前值作比较。当达到最大值（32767）时，在增计输入处的下一个上升沿导致当前计数值变为最小值（-32768）。当达到最小值（-32768）时，在减计数输入端的下一个上升沿导致当前计数值变为最大值（32767）。当 C×× 的当前值大于等于预置值 PV 时，计数器位 C×× 置位。否则，计数器位关断。当复位端（R）接通或者执行复位指令后，计数器被复位。当达到预置值 PV 时，CTUD 计数器停止计数。增/减计数器的应用举例如图 2-11 所示。

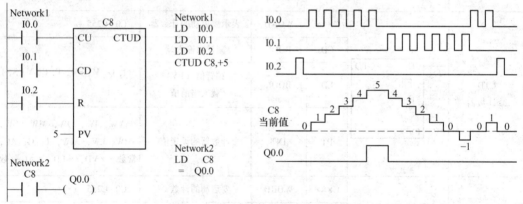

图 2-11　增/减计数器指令应用举例

（3）减计数器（CTD）。复位输入（LD）有效时，计数器把预置值（PV）装入当前值寄存器，计数器状态位复位。当 CD 端的输入上升沿脉冲时，计数器的当前值从预置值开始递减计数，当前值等于 0 时，计数器状态位置位，并停止计数。减计数器的应用举例如图 2-12 所示。

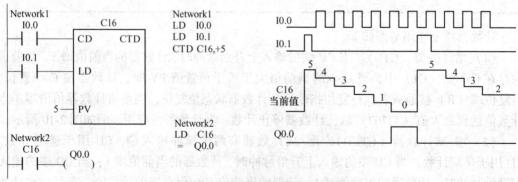

图 2-12　减计数器指令应用举例

2.2.2.2 S7-200 系列 PLC 的功能指令

S7-200 系列 PLC 的功能指令涉及的数据类型很多，编程时要确保操作数在规定的合法范围内，由于 S7-200 系列 PLC 不支持完全数据类型检查，因此，要特别注意操作数所选的数据类型应与指令标识符相匹配，下面简述一些常用的功能指令。

A 数据处理指令

a 传送类指令

传送指令包括单个数据传送及一次性传送多个连续字块的传送，每一种又可依传送数据的类型分为字、字节、双字或者实数等几种情况。传送指令用于 PLC 内部数据的流转和生成，可用于存储单元的清零、程序初始化等场合。

（1）字节、字、双字、实数传送指令。字节传送指令（MOVB）、字传送指令（MOVW）、双字传送指令（MOVB）、实数传送指令（MOVR）在不改变原值的情况下将 IN 中的数值传送到 OUT 指定的存储单元输出。字节、字、双字、实数传送指令的符号、名称及参数，见表 2-17。

表 2-17 字节、字、双字、实数传送指令的符号、名称及参数

指令、名称	梯形图符号	参数	数据类型	参数说明	操 作 数
MOVB 字节传送	MOV_B EN ENO IN OUT	EN	BOOL	允许输入	V, I, Q, M, SM, L
		ENO	BOOL	允许输出	
		IN	BYTE	源数据	VB, IB, QB, MB, SB, SMB, LB, AC, *VD, *LD, *AC, 常数
		OUT	BYTE	目的地址	VB, QB, MB, SB, SMB, LB, AC, *VD, *LD, *AC
MOVW 字传送	MOV_W EN ENO IN OUT	EN	BOOL	允许输入	V, I, Q, M, SM, L
		ENO	BOOL	允许输出	
		IN	WORD	源数据	VW, IW, QW, MW, SW, SMW, LW, T, C, AIW, 常数, AC, *VD, *AC, *LD
		OUT	WORD	目的地址	VW, QW, SW, MW, SMW, LW, AC, AQW, *VD, *AC, *LD
MOVD 双字传送	MOV_DW EN ENO IN OUT	EN	BOOL	允许输入	V, I, Q, M, SM, L
		ENO	BOOL	允许输出	
		IN	DINT	源数据	VD, ID, QD, MD, SD, SMD, LD, HC, &VB, &IB, &QB, &MB, &SB, &T, &C, &SMB, &AIW, &AQW AC, 常数, *VD, *LD, *AC 双字、双整数
		OUT	DINT	目的地址	VD, QD, MD, SD, SMD, LD, AC, *VD, *LD, *AC

指令、名称	梯形图符号	参数	数据类型	参数说明	操 作 数
MOVR 实数传送	MOV_R EN ENO IN OUT	EN	BOOL	允许输入	V, I, Q, M, SM, L
		ENO	BOOL	允许输出	
		IN	REAL	双字、双整数	VD, ID, QD, MD, SD, SMD, LD, HC, &VB, &IB, &QB, &MB, &SB, &T, &C, &SMB, &AIW, &AQW AC, 常数, * VD, * LD, * AC 双字、双整数
		OUT	REAL	双字、双整数	VD, QD, MD, SD, SMD, LD, AC, * VD, * LD, * AC

（2）字节立即传送（读和写）。字节立即传送指令含字节立即读指令（BIR）及字节立即写（BIW）指令，允许在物理 I/O 和存储器之间立即传送一个字节的数据。字节立即读指令（BIR）读物理输入 IN，并存入 OUT，不刷新过程映像寄存器。字节立即写指令（BIW）从存储器 IN 读取数据，写入物理输出，同时刷新相应的过程映像区。字节立即传送指令的符号、名称及参数，见表 2-18。

表 2-18　字节立即传送指令的符号、名称及参数

指令、名称	梯形图符号	参数	数据类型	参数说明	操作数
BIR 字节立即读	MOV_BIR EN ENO IN OUT	EN	BOOL	允许输入	V, I, Q, M, SM, L
		ENO	BOOL	允许输出	
		IN	BYTE	源数据	IB, * VD, * LD, * AC
		OUT	BYTE	目的地址	VB, QB, MB, SB, SMB, LB, AC, * VD, * AC, * LD
BIW 字节立即写	MOV_BIW EN ENO IN OUT	EN	BOOL	允许输入	V, I, Q, M, SM, L
		ENO	BOOL	允许输出	
		IN	BYTE	源数据	VB, IB, QB, MB, SB, SMB, LB, AC, 常数, * VD, * AC, * LD
		OUT	BYTE	目的地址	QB, * VD, * LD, * AC

（3）数据块传送指令。数据块指令一次完成 N 个数据的成组传送，数据块传送指令是一个效率很高的指令，应用很方便，有时使用一条数据块传送指令可以取代多条传送指令。数据块传送指令的符号、名称及参数，见表 2-19。

（4）字节交换指令（SWAP）。字节交换指令用来实现字中高、低字节内容的交换。当使能端（EN）输入有效时，将输入字 IN 中的高、低字节内容交换，结果仍放回字 IN 中，字节交换指令的符号、名称及参数，见表 2-20。

表 2-19　数据块传送指令的符号、名称及参数

指令、名称	梯形图符号	参数	数据类型	参数说明	操作数
BMB 字节块传送	BLKMOV_B EN　ENO IN　OUT N	EN	BOOL	允许输入	V, I, Q, M, SM, L
		ENO	BOOL	允许输出	
		IN	BYTE	源数据首地址	VB, IB, QB, MB, SB, SMB, LB, ﹡VD, ﹡AC, ﹡LD
		OUT	BYTE	目的地首地址	VB, QB, MB, SB, SMB, LB, ﹡VD, ﹡AC, ﹡LD
		N	BYTE	要移动的字节数	VB, IB, QB, MB, SB, SMB, LB, AC, 常数, ﹡VD, ﹡AC, ﹡LD
BMW 字块传送	BLKMOV_W EN　ENO IN　OUT N	EN	BOOL	允许输入	V, I, Q, M, SM, L
		ENO	BOOL	允许输出	
		IN	WORD	源数据首地址	VW, IW, QW, MW, SW, SMW, LW, T, C, AIW, ﹡VD, ﹡LD, ﹡AC
		OUT	WORD	目的地首地址	VW, QW, MW, SW, SMW, LW, T, C, AQW, ﹡VD, ﹡LD, ﹡AC
		N	BYTE	要移动的字数	VB, IB, QB, MB, SB, SMB, LB, AC, 常数, ﹡VD, ﹡AC, ﹡LD
BMD 双字块传送	BLKMOV_D EN　ENO IN　OUT N	EN	BOOL	允许输入	V, I, Q, M, SM, L
		ENO	BOOL	允许输出	
		IN	DINT	源数据首地址	VD, ID, QD, MD, SD, SMD, LD, ﹡VD, ﹡AC, ﹡LD
		OUT	DINT	目的地首地址	VD, QD, MD, SD, SMD, LD, ﹡VD, ﹡AC, ﹡LD
		N	BYTE	要移动的双字数	VB, IB, QB, MB, SB, SMB, LB, AC, 常数, ﹡VD, ﹡AC, ﹡LD

表 2-20　字节交换指令的符号、名称及参数

指令、名称	梯形图符号	参数	数据类型	参数说明	操作数
SWAP 字节交换	SWAP EN ENO IN	EN	BOOL	允许输入	V, I, Q, M, SM, L
		ENO	BOOL	允许输出	
		IN	WORD	源数据	VW, QW, MW, SW, SMW, T, C, LW, AC, *VD, *AC, *LD 字

（5）填充指令（FILL）。填充指令用来实现存储器区域内容的填充。当使能端输入有效时，将输入字 IN 填充至从 OUT 指定单元开始的 N 个字存储单元。填充指令可归类为表格处理指令，用于数据表的初始化，特别适合于连续字的清零。填充指令的格式，见表 2-21。

表 2-21　填充指令的格式

指令、名称	梯形图符号	参数	数据类型	参数说明	操作数
FILL 填充	FILL_N EN ENO IN OUT N	EN	BOOL	允许输入	V, I, Q, M, SM, L
		ENO	BOOL	允许输出	
		IN	INT	要填充的数	VW, IW, QW, MW, SW, SMW, LW, T, C, AIW, AC, 常数, *VD, *LD, *AC
		OUT	INT	目的数据首地址	VW, QW, MW, SW, SMW, LW, T, C, AQW, *VD, *LD, *AC
		N	BYTE	填充的个数	VB, IB, QB, MB, SB, SMB, LB, AC, 常数, *VD, *LD, *AC

b　比较类指令

比较指令包括数值比较指令和字符串比较指令，数值比较指令用于比较两个数值，字符串比较指令用于比较两个字符串的 ASCII 码字符。比较指令在程序中主要用于建立控制节点。本节主要介绍数值比较指令（见表 2-22）。

数值比较有 IN1＝IN2，IN1≥IN2，IN1≤IN2，IN1＞IN2，IN1＜IN2，IN1＜＞IN2 等 6 种情况。被比较的数据可以是字节、整数、双字及实数。其中，字节比较是无符号的，整数、双字、实数的比较是有符号的。比较指令以触点形式出现在梯形图及指令表中，有 LD、A、O 三种基本形式。

对于 LAD，当比较结果为真时，指令使能点接通；对于 STL，比较结果为真时，将栈顶值置 1。比较指令为上下限控制及事件的比较判断提供了极大的方便。

表 2-22　数值比较指令

梯形图符号	从母线取用比较触点	串联比较指令	并联比较指令
─┤==├─ ─┤<>├─ ─┤>=├─ ─┤<=├─ ─┤>├─ ─┤<├─	IN1 ==I IN2 LDW= IN1,IN2	I0.0 IN1 >=I IN2 LD I0.0 AW>= IN1,IN2	I0.1 IN1 <I IN2 LD I0.1 OW< IN1,IN2
	参数	数据类型	参数说明	存储区
	IN1/IN2	INT	参与比较的数值	IW, QW, MW, SW, SMW, T, C, VW, LW, AIW, AC, 常数, *VD, *LD, *AC
	OUT	BOOL	比较结果输出	I, Q, M, SM, T, C, V, S, L

c　移位与循环指令

移位指令含移位、循环移位、移位寄存器等指令。移位指令在程序中可方便地实现某些运算，如乘 2 及除 2 等，可用于取出数据中的有效位数字，移位寄存器可用于实现顺序控制。

（1）字节、字、双字左移和右移指令。字节、字、双字左移和右移指令是把输入 IN 左移或右移 N 位后，把结果输出到 OUT 中。移位指令对移出的位自动补零。如果所需移位次数 N 大于或等于 8（字节）、16（字）、32（双字）这些移位实际最大值，则按最大值移位。如果所需移位次数大于零，SM0.1 就置位。字节（字、双字）左移位或右移位操作是无符号的。对于字和双字操作，当使用符号数据时，符号位也被移动，字节、字、双字左移和右移指令的符号、名称及参数，见表 2-23。

表 2-23　字节、字、双字左移和右移指令的符号、名称及参数

指令、名称	梯形图符号	参数	数据类型	参数说明	操作数
SLB 字节左移指令	SHL_B EN ENO IN OUT N	EN	BOOL	允许输入	V, I, Q, M, SM, L
		ENO	BOOL	允许输出	
		N	BYTE	移动的位数	VB, IB, QB, MB, SB, SMB, LB, AC, 常数, *VD, *LD, *AC
SRB 字节右移指令	SHR_B EN ENO IN OUT N	IN	BYTE	移位对象	
		OUT	BYTE	移位操作结果	VB, QB, MB, SB, SMB, LB, AC, *VD, *LD, *AC

续表 2-23

指令、名称	梯形图符号	参数	数据类型	参数说明	操作数
SLW 字左移指令		EN	BOOL	允许输入	V, I, Q, M, SM, L
		ENO	BOOL	允许输出	
SRW 字右移指令	SHL_W EN ENO IN OUT N SHR_W EN ENO IN OUT N	N	WORD	移动的位数	VB, IB, QB, MB, SB, SMB, LB, AC, 常数, *VD, *LD, *AC
		IN	WORD	移位对象	VW, IW, QW, MW, SW, SMW, LW, T, C, AIW, AC, 常数, *VD, *LD, *AC
		OUT	WORD	移位操作结果	VW, QW, MW, SW, SMW, LW, T, C, AC, *VD, *LD, *AC
SLD 双字左移指令		EN	BOOL	允许输入	V, I, Q, M, SM, L
		ENO	BOOL	允许输出	
SRD 双字右移指令	SHL_DW EN ENO IN OUT N SHR_DW EN ENO IN OUT N	N	WORD	移动的位数	VB, IB, QB, MB, SB, SMB, LB, AC, 常数, *VD, *LD, *AC
		IN	WORD	移位对象	VD, ID, QD, MD, SD, SMD, LD, AC, HC, 常数, *VD, *LD, *AC
		OUT	WORD	移位操作结果	VD, QD, MD, SD, SMD, LD, AC, *VD, *LD, *AC

（2）字节、字、双字循环移位指令。字节、字、双字循环左移和循环右移指令把输入 IN（字节、字、双字）循环左移或循环右移 N 位后，把结果输出到 OUT 中。如果所需移位次数 N 大于最大允许值（字节操作数为 8，字操作数为 16，双字操作数为 32），则按最大值移位。那么在执行循环移位前，先对 N 执行取模操作，得到一个有效的移位次数。取模的结果对于字节操作为 0~7，字操作为 0~15，双字操作为 0~31。如果所需移位次数为零，循环移位指令不执行。循环移位指令执行后，最后一位的值会复制到溢出标志位 SM1.1。如果移位次数不是移位次数的最大允许值的整数倍，最后一位移出的值会复制到溢出标志位 SM1.1。如果移位的结果为零，零标志 SM1.0 就被置位。

字节操作是无符号的。对于字和双字操作，当使用符号数据时，符号位也被移动。字节、字、双字循环左移和循环右移指令的符号、名称及参数，见表 2-24。

表 2-24 字节、字、双字循环左移和循环右移指令的符号、名称及参数

指令、名称	梯形图符号	参数	数据类型	参数说明	操作数
RLB 字节循环左移	ROL_B EN ENO IN OUT N	EN	BOOL	允许输入	V, I, Q, M, SM, L
		ENO	BOOL	允许输出	
		N	BYTE	移动的位数	VB, IB, QB, MB, SB, SMB, LB, AC, 常数, *VD, *LD, *AC
		IN	BYTE	移位对象	
RRB 字节循环右移	ROR_B EN ENO IN OUT N	OUT	BYTE	移位操作结果	VB, QB, MB, SB, SMB, LB, AC, *VD, *LD, *AC
RLW 字循环左移	ROL_W EN ENO IN OUT N	EN	BOOL	允许输入	V, I, Q, M, SM, L
		ENO	BOOL	允许输出	
		N	WORD	移动的位数	VB, IB, QB, MB, SB, SMB, LB, AC, 常数, *VD, *LD, *AC
RRW 字循环右移	ROR_W EN ENO IN OUT N	IN	WORD	移位对象	VW, IW, QW, MW, SW, SMW, LW, T, C, AIW, AC, 常数, *VD, *LD, *AC
		OUT	WORD	移位操作结果	VW, QW, MW, SW, SMW, LW, T, C, AC, *VD, *LD, *AC
RLD 双字循环左移	ROL_DW EN ENO IN OUT N	EN	BOOL	允许输入	V, I, Q, M, SM, L
		ENO	BOOL	允许输出	
		N	WORD	移动的位数	VB, IB, QB, MB, SB, SMB, LB, AC, 常数, *VD, *LD, *AC
RRD 双字循环右移	ROR_DW EN ENO IN OUT N	IN	WORD	移位对象	VD, ID, QD, MD, SD, SMD, LD, AC, HC, 常数, *VD, *LD, *AC
		OUT	WORD	移位操作结果	VD, QD, MD, SD, SMD, LD, AC, *VD, *LD, *AC

（3）移位寄存器指令。移位寄存器指令（SHRB）把输入的 DATA 数值移入移位寄存器，而该移位寄存器是由 S-BIT 和 N 决定的。其中，S-BIT 指定移位寄存器的最低位，N 指定移位寄存器的长度和移位的方向（正向移位＝N、反向移位＝-N）。SHRB 指令移出的每一位都相继被放在溢出位（SM1.1）中。

移位寄存器提供一种排列和控制产品流或数据的简单方法。使用该指令时，每个扫描周期整个移位寄存器移动一位。移位寄存器指令的符号、名称及参数及见表 2-25。

表 2-25　移位寄存器指令的符号、名称及参数

指令、名称	梯形图符号	参数	数据类型	参数说明	操作数
SHRB 移位寄存器指令	SHRB EN　ENO DATA S_BIT N	EN	BOOL	允许输入	V, I, Q, M, SM, L
		ENO	BOOL	允许输出	
		DATE	BOOL	移入数值	I, Q, M, SM, T, C, V, S, L
		S-BIT	BOOL	移位寄存器的最低位	
		N	BYTE	移位寄存器的长度和移位方向	VB, IB, QB, MB, SB, SMB, LB, AC, 常数, * VD, * LD, * AC

d　转换指令

由于编程过程中要用到不同长度及各种编码方式的数据，因此设置了转换指令。它包括数据长度转换（如字节和整数、整数和双整数的转换）及数据编码方式（如 BCD 码与二进制、整数与实数）等。另外，有些程序有时还有解读某存储单元号的任务，这就需要编码和解码指令。

（1）标准转换指令。标准转换指令的符号、名称及参数，见表 2-26。

表 2-26　标准转换指令的符号、名称及参数

指令、名称	梯形图符号	参数	数据类型	操作数
字节转换成整数	B_I EN　ENO IN　OUT	IN	BYTE	VB, IB, QB, MB, SB, SMB, LB, AC, 常数, * AC, * VD, * LD
整数转换成字节	I_B EN　ENO IN　OUT		WORD	VW, IW, QW, MW, SW, SMW, LW, T, C, AIW, AC, 常数, * VD, * LD, * AC
整数转换成双整数	I_DI EN　ENO IN　OUT		DINT	VD, ID, QD, MD, SD, SMD, LD, HC, AC, 常数, * VD, * LD, * AC
双整数转换成整数	DI_I EN　ENO IN　OUT		REAL	VD, ID, QD, MD, SD, SMD, LD, AC, * VD, * LD, * AC

续表 2-26

指令、名称	梯形图符号	参数	数据类型	操作数
双整数转换成实数	DI_R EN ENO IN OUT		BYTE	VB, QB, MB, SB, SMB, LB, AC, *VD, *AC, *LD
BCD 码转换成整数	BCD_I EN ENO IN OUT	OUT	WORD	VW, QW, MW, SW, SMW, LW, AQW, T, C, AC, *VD, *LD, *AC
整数转换成 BCD 码	I_BCD EN ENO IN OUT		DINT、REAL	VD, QD, MD, SD, SMD, LD, AC, *VD, *LD, *AC
四舍五入指令	TRUNC EN ENO IN OUT	IN	REAL	VD, ID, QD, MD, SD, SMD, LD, AC, 常数, *VD, *LD, *AC
取整指令	ROUND EN ENO IN OUT	OUT	DINT	VD, QD, MD, SD, SMD, LD, AC, *VD, *AC, *LD
七段码指令	SEG EN ENO IN OUT	IN	BYTE	VB, IB, QB, MB, SB, SMB, LB, AC, 常数, *VD, *AC, *LD
		OUT	BYTE	VB, QB, MB, SMB, LB, SB, AC, *VD, *AC, *LD

（2）编码和解码指令。编码指令（ENCO）将输入字（IN）的最低有效位的位号写入输出字节（OUT）的低 4 位；译码指令（DECO）根据输入字节（IN）的低 4 位所表示的位号置输出字（OUT）的相应位为 1，其他清零，编码和解码指令的符号、名称及参数，见表 2-27。

表 2-27　编码和解码指令的符号、名称及参数

指令、名称	梯形图符号	参数	数据类型	参数说明	操作数
ENCO 编码指令	ENCO EN ENO IN OUT	EN	BOOL	允许输入	V, I, Q, M, SM, L
		ENO	BOOL	允许输出	
		IN	WORD		VW, IW, QW, MW, SMW, LW, SW, AIW, T, C, AC, 常数, *VD, *AC, *LD
		OUT	BYTE		VB, QB, MB, SMB, LB, SB, AC, *VD, *LD, *AC

续表 2-27

指令、名称	梯形图符号	参数	数据类型	参数说明	操作数
DECO 解码指令	DECO EN　　ENO IN　　OUT	EN	BOOL	允许输入	V, I, Q, M, SM, L
		ENO	BOOL	允许输出	
		IN	BYTE		VB, IB, QB, MB, SMB, LB, SB, AC, 常数, * VD, * LD, * AC
		OUT	WORD		VW, QW, MW, SMW, LW, SW, AQW, T, C, AC, * VD, * AC, * LD

B　数学运算指令

数学运算指令是运算功能的主体指令,包括四则运算、数学功能指令及递增、递减指令。四则运算包括整数、双整数、实数四则运算。一般来说,源操作数与目标操作数具有一致性,但也有整数运算产生双整数的指令。数学功能指令包括三角函数、对数及指数、平方根指令。运算类指令与存储器及标志位的关系密切,使用时需注意。

a　四则运算指令

(1) 整数的四则运算指令。整数的四则运算指令使两个 16 位整数运算后产生一个 16 位结果 (OUT)。整数除法不保存余数。

在 LAD 中, $IN1 + IN2 = OUT$, $IN1 - IN2 = OUT$, $IN1 \times IN2 = OUT$, $IN1 / IN2 = OUT$。在 STL 中, $IN1 + OUT = OUT$, $OUT - IN1 = OUT$, $IN1 \times OUT = OUT$, $OUT / IN1 = OUT$。

(2) 双整数的四则运算指令。双整数的四则运算指令使两个 32 位整数运算后产生一个 32 位结果 (OUT)。双整数除法不保留余数。双整数四则运算指令的符号、名称及参数,见表 2-28 和表 2-29。

表 2-28　双整数四则运算指令的符号、名称及参数 (一)

指令、名称	梯形图符号	参数	数据类型	参数说明	操作数
+I 整数加法	ADD_I EN　　ENO IN1　　OUT IN2	EN	BOOL	允许输入	V, I, Q, M, SM, L
-I 整数减法	SUB_I EN　　ENO IN1　　OUT IN2	ENO	BOOL	允许输出	
* I 整数乘法	MUL_I EN　　ENO IN1　　OUT IN2	IN1, IN2	INT		VW, IW, QW, MW, SW, SMW, T, C, AC, LW, AIW, 常数, * VD, * LD, * AC

续表 2-28

指令、名称	梯形图符号	参数	数据类型	参数说明	操作数
/I 整数除法	DIV_I EN ENO IN1 OUT IN2	OUT	INT		VW, IW, QW, MW, SW, SMW, T, C, LW, AC, *VD, *LD, *AC

在 LAD 中，IN1+IN2=OUT，IN1−IN2=OUT，IN1×IN2=OUT，IN1/IN2=OUT。在 STL 中，IN1+ OUT =OUT，OUT − IN1 =OUT，IN1×OUT =OUT，OUT /IN1 =OUT。

表 2-29 双整数四则运算指令的符号、名称及参数（二）

指令、名称	梯形图符号	参数	数据类型	参数说明	操作数
+D 双整数加法	ADD_DI EN ENO IN1 OUT IN2	EN	BOOL	允许输入	V, I, Q, M, SM, L
−D 双整数减法	SUB_DI EN ENO IN1 OUT IN2	ENO	BOOL	允许输出	
*D 双整数乘法	MUL_DI EN ENO IN1 OUT IN2	IN1, IN2	DINT		VD, ID, QD, MD, SMD, SD, LD, AC, HC, 常数, *VD, *LD, *AC
/D 双整数除法	DIV_DI EN ENO IN1 OUT IN2	OUT	DINT		VD, QD, MD, SMD, SD, LD, AC, *VD, *LD, *AC

（3）实数的四则运算指令。实数的四则运算指令（见表 2-30）使两个 32 位实数运算后产生一个 32 位实数结果（OUT）。

在 LAD 中，IN1+IN2=OUT，IN1−IN2=OUT，IN1×IN2=OUT，IN1/IN2=OUT。

在 STL 中，IN1+ OUT =OUT，OUT − IN1 =OUT，IN1×OUT =OUT，OUT /IN1 =OUT。

表 2-30   实数四则运算指令

指令、名称	梯形图符号	参数	数据类型	参数说明	操作数
+R 实数加法	ADD_R EN ENO IN1 OUT IN2	EN	BOOL	允许输入	V, I, Q, M, SM, L
-R 实数减法	SUB_R EN ENO IN1 OUT IN2	ENO	BOOL	允许输出	
*R 实数乘法	MUL_R EN ENO IN1 OUT IN2	IN1, IN2	REAL		VD, ID, QD, MD, SD, SMD, LD, AC, 常数, *VD, *LD, *AC
/R 实数除法	DIV_R EN ENO IN1 OUT IN2	OUT	REAL		VD, ID, QD, MD, SD, SMD, LD, AC, *VD, *LD, *AC

（4）整数乘法产生双整数指令和带余数的整数除法指令。整数乘法产生双整数指令（见表 2-31，MUL），将两个 16 位整数相乘，得到 32 位结果（OUT）。

在 LAD 中，IN1×IN2 = OUT。在 STL 中，INI×OUT = OUT。带余数的整数除法指令（DIV），将两个 16 位整数相除，得到 32 位结果。其中 16 位为余数（高 16 位字节），另外 16 位为商（低 16 位字节）。在 LAD 中，IN1/IN2 = OUT。在 STL 中，OUT/IN1 = OUT。

表 2-31   整数乘法产生双整数和带余数的整数除法指令

指令、名称	梯形图符号	参数	数据类型	参数说明	操作数
MUL 整数乘法产生双整数	MUL EN ENO IN1 OUT IN2	EN	BOOL	允许输入	V, I, Q, M, SM, L
		ENO	BOOL	允许输出	
DIV 带余数的整数除法	DIV EN ENO IN1 OUT IN2	IN1, IN2	INT		VW, IW, QW, MW, SW, SMW, T, C, LW, AC, AIW, 常数, *VD, *LD, *AC
		OUT	DINT		VD, QD, MD, SMD, SD, LD, AC, *VD, *LD, *AC

b 数学功能指令

数学功能指令包括正弦（SIN）、余弦（COS）和正切（TAN）指令计算角度值 IN 的三角函数值，并将结果存放在 OUT 中，输入角度为弧度值。自然对数指令（LN）计算输入值 IN 的自然对数，并将结果存放在 OUT 中。自然指数指令（EXP）计算输入值 IN 为指数的自然指数值，并将结果存放在 OUT 中。平方根指令（SQRT）计算实数 IN 的平方根，结果存放在 OUT 中。正弦指令的符号、名称及参数，见表 2-32。

表 2-32 正弦指令的符号、名称及参数

指令、名称	梯形图符号	参数	数据类型	参数说明	操作数
SIN 正弦	MUL EN ENO IN1 OUT IN2	EN	BOOL	允许输入	V, I, Q, M, SM, L
		ENO	BOOL	允许输出	
		IN1，IN2	INT		VW, IW, QW, MW, SW, SMW, T, C, LW, AC, AIW, 常数, * VD, * LD, * AC
		OUT	DINT		VD, QD, MD, SMD, SD, LD, AC, * VD, * LD, * AC

在 LAD 及 STL 中，SIN(IN)=OUT，COS(IN)=OUT，TAN(IN)=OUT，LN(IN)=OUT，EXP(IN)=OUT，SQRT(IN)=OUT。这些指令的使用比较简单，这里仅给出 SIN（正弦）指令的符号名称参数作为示例。

c 递增和递减指令

字节、字、双字递增或递减指令把输入字节（IN）加 1 或减 1，并把结果存放到输出单元（OUT）。字节增减指令是无符号的，字增减指令是有符号的（16# 7FFF>16# 8000），双字增减指令是有符号的（16# 7FFFFFFF>16# 80000000）。递增和递减指令的符号、名称及参数，见表 2-33。

在 LAD 中，IN+1=OUT，IN−1=OUT。在 STL 中，OUT+1=OUT，OUT−1=OUT。

表 2-33 递增和递减指令的符号、名称及参数

指令、名称	梯形图符号	参数	数据类型	参数说明	操作数
字节加 1	INC_B EN ENO IN OUT	IN	BYTE	将要递增/减的数	VB, IB, QB, MB, SB, SMB, LB, AC, 常数, * VD, * LD, * AC
字节减 1	DEC_B EN ENO IN OUT	OUT	BYTE	递增/减的结果	VB, QB, MB, SB, SMB, LB, AC, * VD, * LD, * AC

52

指令、名称	梯形图符号	参数	数据类型	参数说明	操作数
字加 1	INC_W EN ENO IN OUT	IN	INT	将要递增/减的数	VW, IW, QW, MW, SW, SMW, AC, AIW, LW, T, C, 常数, *VD, *LD, *AC
字减 1	DEC_W EN ENO IN OUT	OUT	INT	递增/减的结果	VW, QW, MW, SW, SMW, LW, AC, T, C, *VD, *LD, *AC
双字加 1	INC_DW EN ENO IN OUT	IN	DINT	将要递增/减的数	VD, ID, QD, MD, SD, SMD, LD, AC, HC, 常数, *VD, *LD, *AC
双字减 1	DEC_DW EN ENO IN OUT	OUT	DINT	递增/减的结果	VD, QD, MD, SD, SMD, LD, AC, *VD, *LD, *AC

受影响的 SM 标志位：SM0.1（结果为零）、SM1.I（溢出）、SM1.2（结果为负）。

d 逻辑运算指令

（1）字节、字、双字取反指令。字节取反、字取反、双字取反指令是指将输入（IN）取反的结果存入 OUT 中。字节、字和双字取反指令的符号、名称及参数，见表 2-34。

表 2-34 字节、字和双字取反指令的符号、名称及参数

指令、名称	梯形图符号	参数	数据类型	参数说明	操作数
字节取反	INV_B EN ENO IN OUT	IN	BYTE	将要取反的数	VB, IB, QB, MB, SB, SMB, LB, AC, 常数, *VD, *LD, *AC
		OUT	BYTE	取反后的结果	VB, QB, MB, SB, SMB, LB, AC, *VD, *LD, *AC
字取反	INV_W EN ENO IN OUT	IN	INT	将要取反的数	VW, IW, QW, MW, SW, SMW, AC, AIW, LW, T, C, 常数, *VD, *LD, *AC
		OUT	INT	取反后的结果	VW, QW, MW, SW, SMW, LW, AC, T, C, *VD, *LD, *AC

续表 2-34

指令、名称	梯形图符号	参数	数据类型	参数说明	操作数
双字取反	INV_DW EN ENO IN OUT	IN	DINT	将要取反的数	VD, ID, QD, MD, SD, SMD, LD, AC, HC, 常数, *VD, *LD, *AC
		OUT	DINT	取反后的结果	VD, QD, MD, SD, SMD, LD, AC, *VD, *LD, *AC

（2）与、或、异或指令。逻辑运算指令在功能上包括与、或、异或。根据操作数的数据类型又分为字节型（8 位）、字型（16 位）和双字型（32 位）。三者的功能相同，指令形式相同，只是数据宽度不同，都是按位操作。这里仅以字数据类型为例介绍与、或、异或指令的符号、名称及参数，见表 2-35。

表 2-35 与、或、异或指令的符号、名称及参数

指令、名称	梯形图符号	参数	数据类型	参数说明	操作数
ANDW 字与	WAND_W EN ENO IN1 OUT IN2	EN	BOOL	允许输入	V, I, Q, M, SM, L
		ENO	BOOL	允许输出	
ORW 字或	WOR_W EN ENO IN1 OUT IN2	IN1/IN2	WORD	将要逻辑运算的数	VW, IW, QW, MW, SW, SMW, T, C, AC, LW, AIW, 常数, *VD, *AC, *LD
XORW 字异或	WXOR_W EN ENO IN1 OUT IN2	OUT	WORD	逻辑运算的结果	VW, QW, MW, SW, SMW, T, C, LW, AC, *VD, *AC, *LD

西门子 S7-300 系列 PLC

3.1 S7-300 系列 PLC 的硬件系统

3.1.1 S7-300 系列 PLC 的硬件构成

SIEMENS 公司在 20 世纪末推出的 SIMATIC S7-300 系列 PLC, 性价比高, 电磁兼容性强, 抗震动冲击性强, 使其具有非常好的工业环境适应性, 广泛应用于冶金、石油、化工、交通运输、轻工、电力、汽车、通用机械、专用机床、制造业、食品加工、包装机械、纺织机械、智能建筑等各个领域。

S7-300 是模块化 PLC 系统, 能满足中等性能控制系统的要求。各种单独的模块之间可进行广泛组合构成不同的系统。S7-300 系列 PLC 具有强大的通信功能, 通过 STEP 7 编程软件的用户界面提供通信组态功能, 这使得组态非常容易、简单。此外, S7-300 系列 PLC 还具有多种不同的通信接口, 通过多种通信处理器来连接 AS-I 总线接口和工业以太网总线系统。S7-300 系列 PLC 实物图如图 3-1 所示。

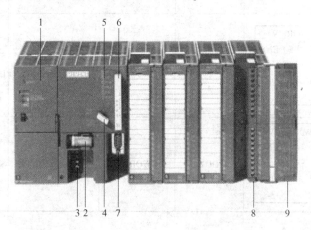

图 3-1　S7-300 系列 PLC 实物图

1—负载电源 (选项); 2— 后备电池 (CPU 313 以上); 3— 24V DC 连接; 4—模式开关; 5—状态和故障指示灯; 6—存储器卡 (CPU 313 以上); 7—MPI 多点接口; 8—前连接器; 9—前盖

S7-300 系列 PLC 具有以下特点:

(1) 循环周期短, 处理速度高。指令的执行时间, 最快的 CPU 模块可以达到 0.1 ~ 0.6μs。在中等控制性能要求的领域中, 高速的用户程序执行速度, 对 PLC 的使用和推广开辟了更为广阔的空间。

(2) 指令集功能强大, 可用于复杂功能。其浮点数操作指令, 可有效实现复杂的算术运算，简化了用户程序，使 PLC 更加适合于具有大量数据处理的过程控制系统中。

（3）人机界面（HMI）被集成在 S7-300 操作系统内，因此人机对话的编程要求大大减少。SIMATIC 人机界面（HMI）从 S7-300 系列 PLC 中取得数据，S7-300 系列 PLC 按照用户指定的刷新速度传递这些数据，操作系统自动处理数据的传送。

（4）CPU 的智能化诊断系统连续不断地监控系统的运行，对不正常状态、错误和特殊系统事件（例如超时、模块更换等）进行记录或者报警。

（5）系统允许设置多种级别的保护口令，可有效防止用户程序在未经允许的情况下被复制或修改。同时，在 CPU 模块面板上的工作模式选择开关是钥匙型的，钥匙取出后，就不能改变操作方式，也有利于防止非法删除或改写用户程序。

S7-300 系列 PLC 是模块式的 PLC，它的硬件构成主要有以下几个部分：

（1）中央处理单元（CPU）。各种 CPU 单元有不同的性能，有的集成有数字量和模拟量输入/输出点，而有的集成有 PROFIBUS-DP 等通信接口。CPU 面板上有状态故障显示灯、模式开关、24V 电源输入端子、电池盒与存储器模块盒（有的 CPU 没有）。

（2）负载电源模块（PS）。负载电源模块用于将 AC 220V 电源转换为 DC 24V 电源，提供给 CPU 和 I/O 模块使用。额定输出电流有 2 A、5 A 和 10 A 三种。

（3）信号模块（SM）。信号模块是数字量输入/输出模块和模拟量输入/输出模块的总称，它们使不同的过程信号电压或电流与 PLC 内部的信号电平匹配。

（4）功能模块（FM）。功能模块用于对实时性和存储容量高的控制任务，例如高速计数器模块、快速/慢速进给驱动位置控制模块、步进电动机定位模块、伺服电动机定位模块、闭环控制模块、工业标识系统的接口模块、称重模块、位置输入模块等。

（5）通信处理器（CP）。通信处理器用于 PLC 之间、PLC 与计算机和其他智能设备之间的通信，可以将 PLC 接入 PROFIBUS-DP、AS-I 和工业以太网，或用于实现点对点通信等。

（6）接口模块（IM）。接口模块用于多机架配置时连接中央机架（CR）和扩展机架（ER）。

（7）导轨（RACK）。导轨用于固定和安装各种模块。

（8）其他外部设备。其他外部设备包括计算机（可以安装 STEP 7 编程软件或作为上位机）、操作屏、触摸屏、打印机等。

上述部件和设备，有些是组成 S7-300 系列 PLC 所必须的，例如 CPU 模块、导轨、信号模块等，而有些需要根据控制要求来选择，例如功能模块、通信处理器、接口模块等。个人计算机安装 STEP 7 软件后可作为编程设备，能够在线或离线编程，西门子公司还提供专用的操作屏、触摸屏作为人机界面，与 PLC 经过通信接口连接，可作为实时监控设备。

S7-300 系列 PLC 的所有模块均安装在标准异型导轨（DIN）上，称为机架，导轨的作用是将所有模块紧密地固定在一起。模块之间信息的传递需要总线（Bus）来完成，这里常称为背板总线（Backplane Bus）。S7-300 的背板总线集成在每一个模块中，安装时用总线接头将所有的模块互连起来。总线接头为 U 型，两边各可连接一个模块，如此环环相扣，所有的模块被连接为一个整体，如图 3-2 所示。

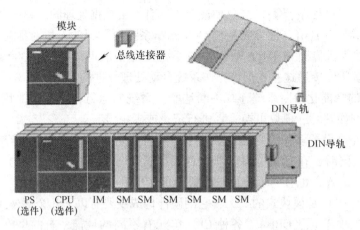

图 3-2　S7-300 系列 PLC 的结构及总线连接器

下面对重要模块的功能特性进行具体介绍。

（1）CPU 模块。在介绍 CPU 模块性能之前，首先解释西门子公司技术手册上关于存储器的一些名词。

1）装载存储器（Load Memory）：其用途是装载用户程序。用户程序经由通信接口，从编程设备传送给 CPU 的装载存储器中。

2）工作存储器（Work Memory）：物理上为 CPU 内置 RAM 的一部分，当 CPU 处于运行状态时，用户程序和数据从装载存储区调入工作存储区，在工作存储器中运行。

3）系统存储器（System Memory）：S7-300 将 CPU 的一部分内置 RAM 划分出来，用于位存储、I/O 映像寄存器、计数器、定时器等。系统存储器与工作存储器同属于 CPU 集成的物理内存，用户程序代码和数据均在这两部分存储区中执行。

4）微存储器卡 MMC（Micro Memory Card）：Flash EPROM 微存储卡，用于对装载存储器的扩充，CPU 模块上有专用的 MMC 插槽，MMC 可拆卸，最大容量的 MMC 为 8MB。作为装载存储器，MMC 用于对用户程序和数据的断电保护，也可存储 S7-300 系统程序以利于以后的系统升级。

S7-300 系列 PLC 有多种不同型号的 CPU 模块，这些 CPU 按性能等级划分，几乎涵盖了各种应用范围。从目前的情况来看，大体有 4 个系列：

1）标准型 CPU 系列，包括 CPU 313、314、315、315-2 DP、316-2 DP。型号尾部有后缀"DP"字样的，表明该型号 CPU 集成有现场总线 PROFIBUS-DP 通信接口。此外还有几种重新定义型的 CPU，包括 CPU 312、314、315-2 DP、317-2 DP 等。

2）集成型 CPU 系列，主要有 CPU 312 IFM 和 314 IFM 两种。在这两种 CPU 内部集成了部分 I/O 点、高速计数器及某些控制功能。

CPU 312 IFM 集成的特殊功能有：1 个 4 输入端高速计数器，计数器长度为 32 位（含符号位），计数频率可达 10kHz；1 个频率测量通道，最高可测 10kHz，采样周期可调为 0.1s、1s、10s；过程中断功能。这些功能的实现，需要在编程时对内部集成的数字输入通道（124.6~125.1）进行专门定义。

CPU 314 IFM 集成的功能有：1 个 4 输入端高速计数器（也可定义为 2 个 2 输入端计数器），计数频率可达 10kHz；1 个频率测量通道，最高可测 10kHz，采样周期可调为

0.1s、1s、10s；开环定位功能，通过一个 24V 增量编码器进行位置测量，需要占用 3 个数字输入端；过程中断功能；PID 控制功能，可实现闭环控制。注意，上述涉及数字量输入的功能，同样需要对内部集成的数字输入端（126.0~126.3）进行专门定义。

3）紧凑型 CPU 系列，型号后缀带有字母 C，包括 CPU 312C、313C、313C-2 PtP、313C-2 DP、314C-2 PtP、314C-2 DP。型号尾部有后缀"DP"字样的，表明该型号 CPU 集成有现场总线 PROFIBUS-DP 通信接口；型号尾部有后缀"PtP"字样的，表明该型号 CPU 集成有第二个串行口，两个串行口都有点对点（PtP）通信功能。

CPU 313C、CPU 314C-2 PtP、CPU 314C-2 DP 三种型号中集成有模拟量输入/输出，其中 4 路输入的规格为：DC ±10V、0~10V、±20mA、4~20mA，分辨率为 11 位+符号位，积分时间可调为 2.5ms、16.6ms、20ms。另有一路模拟量输入可测 0~600Ω 的电阻，或接 Pt100 热电阻。

两路模拟量输出规格为：DC ±10V、0~10V、±20mA、4~20mA，各通道转换时间为 1ms。

CPU 312C 集成的特殊功能有：2 通道高速计数器，最大频率 10kHz；2 通道频率测量，可测最大频率 10kHz；2 通道脉冲宽度调制输出，最高输出频率 2.5kHz。

CPU 313C、313C-2 PtP、313C-2 DP 集成的特殊功能有：3 通道高速计数器，最大频率 30kHz；3 通道频率测量，可测最大频率 30kHz；3 通道脉冲宽度调制输出，最高输出频率 2.5kHz；PID 闭环控制。

CPU 314C-2 PtP、314C-2 DP 集成的特殊功能有：4 通道高速计数器，最大频率 60kHz；4 通道频率测量，可测最大频率 60kHz；4 通道脉冲宽度调制输出，最高输出频率 2.5kHz；1 路位置控制；PID 闭环控制。

4）故障安全型 CPU 系列，是西门子公司最新推出的具有更高可靠性的 CPU 模块，主要型号有 CPU 315F、317F-2 DP。

表 3-1 列出了几种 CPU 模块及其主要技术参数。

表 3-1　几种 CPU 的主要性能参数

型号 CPU	313	315-2 DP（标准型）	315-2 DP（新型）	314C-2 PtP	314C-2 DP	312 IFM
装载存储器	20KB RAM 4MB MMC	96KB RAM 4MB MMC	8MB MMC	4MB MMC	4MB MMC	20KB RAM/ 20KB ROM
内置 RAM	12KB	64KB	128KB	48KB	48KB	6KB
浮点数运算时间/μs	60	50	6	15	15	60
最大 DI/DO	256	1024	1024	992	992	256
最大 AI/AO	64/32	256 /128	256	248/124	248/124	64/32
最大配置 CR/ER	1/0	1/3	1/3	1/3	1/3	1/0
定时器	128	128	256	256	256	64
计数器	64	64	256	256	256	32
位存储器	2048B	2048B	2048B	2048B	2048B	1024B
通信接口	MPI 接口	MPI 接口 DP 接口	MPI/PtP 接口 DP 接口	MPI/PtP 接口 PtP 接口	MPI 接口 DP 接口	MPI 接口

（2）数字量模块。S7-300 的数字量模块基本为三大类：SM321 数字量输入模块、SM322 数字量输出模块、SM323 数字量输入/输出模块。

1）SM321 数字量输入模块。这一类型的模块根据输入点数的多少，可分为 8 点、16 点、32 点三类。输入电压类型有直流和交流两种，电压等级有 24VDC、48～125VDC、120VAC、120/230VAC 等几种。例如 SM321 DI 32×24VDC，为 32 点输入、直流 24V 型信号模块；SM321 DI 16×120VAC，为 16 点输入、交流 120V 信号模块；SM321 DI 16×24VDC，Interrupt，为 16 点输入、直流 24V、带硬件故障诊断及中断的信号模块。

信号模块输入点通常要分成若干组，每组在模块内部有电气公共端，选型时要考虑外部开关信号的电压等级和形式，不同电压等级的信号必须分配在不同的组。模块输入点的分组情况要查阅相关的技术手册，限于篇幅，这里不再给出。

2）SM322 数字量输出模块。SM322 系列有 32 点、16 点、8 点三种类别，输出开关器件有晶体管输出方式、晶闸管输出方式、继电器输出方式。负载电压等级有 24VDC、48～125VDC、120VAC、120/230VAC 等几种。例如 SM 322 DO 8×230VAC/5 A REL.，为 8 点继电器输出、最大可带 230VAC/5A 的负载。

3）SM323 数字量输入/输出模块。这一类型的模块目前有两种：DI 16/DO 16×24VDC/0.5 A 和 DI 8/DO 8×24VDC/0.5A。前者有 16 个数字输入点和 16 个数字输出点，16 个输入点为 1 组，内部共地；16 个输出点分成两组，两组的内部结构相同，均为晶体管输出，每 8 个输出点共用一对负载电源端子。后者为 8 输入/8 输出模块，输入/输出均为 1 组，内部结构与前者相同。

（3）模拟量模块。S7-300 的模拟量输入/输出模块包括：SM331 模拟量输入（AI）系列、SM332 模拟量输出（AO）系列、SM334 模拟量输入/输出（AI/AO）系列。

1）SM331 系列模拟量输入（AI）模块。SM331 模拟量输入模块的核心部件是 A/D 转换器，由于若干通道合用一个 A/D 转换器，所以在模拟量进入 A/D 转换器之前，需要有多路模拟转换开关来选择通道，各通道是循环扫描的，因此每一个通道的采样周期不仅取决于各通道的 A/D 转换时间，还取决于所有被激活的通道数量，为了尽量缩短扫描周期，加快采样频率，有必要利用 STEP 7 编程软件屏蔽掉那些不用的通道。

常用的 SM331 系列模拟量输入模块有 5 种，表 3-2 给出了这 5 种模块的主要技术指标。

表 3-2　常用模拟量输入模块的主要技术指标

技术指标	AI 8×12 Bit	AI 8×16 Bit	AI 2×12 Bit	AI 8×RTD	AI 8×TC
输入点数/组数	8 点/4 组	8 点/4 组	2 点/1 组	8 点/4 组	8 点/4 组
分辨率	9 位+符号位 12 位+符号位 14 位+符号位	15 位+符号位	9 位+符号位 12 位+符号位 14 位+符号位	15 位+符号位	15 位+符号位
测量方式	电流、电压、电阻器、温度计	电流、电压	电流、电压、电阻器、温度计	电阻器、温度计	温度计
测量范围选择	任意	任意	任意	任意	任意

A/D 转换的结果按 16 位二进制补码形式存储，即占用 1 个字（两个字节）的长度。最高位为符号位，为"1"表示转换结果为负值，为"0"表示结果为正值。当转换精度不够 15 位时（例如 9 位+符号位），有效位（包括符号位）从高字节的最高位开始向下排，无效位补零，表 3-3 所示为 3 种转换精度的数据存储格式，S 位为符号位，标有×的位被补为 0。

表 3-3 A/D 转换结果存储格式示例

分辨率	高字节								低字节							
15 位+符号位	S	1	0	1	0	1	0	1	0	1	0	1	0	1	0	1
12 位+符号位	S	1	0	1	0	1	0	1	0	1	0	1	0	×	×	×
9 位+符号位	S	1	0	1	0	1	0	1	0	1	×	×	×	×	×	×

2）SM332 系列模拟量输出（AO）模块。模拟量输出模块用于将 S7-300 的数字信号转换为系统所需要的模拟量信号，控制模拟量控制器、执行机构或者作为其他设备的模拟量给定信号，其核心部件为 D/A 转换器。

SM332 系列模块的输出精度主要有 12 位和 16 位两种，输出通道主要有 2 通道和 4 通道两种形式，输出信号可为电压或电流。电压的输出范围可调为 1~5V、0~10V、±10V。电流的输出范围可调为 0~20mA、4~20mA、±20mA。

例如模块 SM332；AO 4×12 Bit，共有 4 个通道，每个通道的分辨率均为 12 位，可分别设置为电流输出或电压输出。电流输出为两线式，电压输出可为两线，也可为四线，采用四线时，其中两个端子的引出线用于测量负载两端的电压，这样可以提高电压的输出精度。

3）SM334 系列模拟量输入/输出（AI/AO）模块。SM 334 模拟量 I/O 模块主要有 AI 4/AO 2×8/8 Bit 和 AI 4/AO 2×12 Bit 两种规格。

AI 4/AO 2×12 Bit 模块的特点是：分辨率 12 位；4 个输入通道分为两组，可以测量电压信号、电阻器、热电偶，电压信号的测量范围是 0~10V，不能测量电流信号；两路电压模拟量输出，输出范围 0~10V，两线制接法，没有测量端。

AI 4/AO 2×8/8 Bit 模块的特点是：分辨率为 8 位；4 路输入可测量电压和电流信号，两路输出；输入与输出的范围均为：电压 0~10V，电流 0~20mA；输入/输出形式的选择不是通过软件组态，而是通过接线形式来确定，这一点是与其他模块的最大不同之处。

（4）电源模块（PS）。PS 307 电源模块有 2A、5A、10A 三种规格，将输入的单相交流电压（120/230V，50/60Hz）转变为直流 24V 提供给 S7-300 PLC 使用，同时也可作为负载电源，通过 I/O 模块向使用 24VDC 的负载（如传感器、执行机构等）供电。PS 307 电源模块的输入与输出之间有可靠的隔离。如果正常输出额定电压 24V，面板上的绿色 LED 等点亮；如果输出电路过载，LED 灯闪烁，输出电压下降；如果输出短路，则输出电压为零，LED 灯灭，短路故障解除后自动恢复。另外，LED 灯灭的状态下，也有可能是输入交流电源电压低所至，此时模块自动切断输出，故障解除后自动恢复。

图 3-3 是 PS 307 电源模块的基本原理图。图中 L+ 和 M 端子为 24VDC 的正、负输出，各提供两个接线端子以利于分别向 CPU 模块和 I/O 模块接线。L1 和 N 为交流电源输入端子。

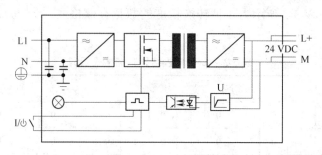

图 3-3   PS 307 电源模块原理图

（5）通信处理器（CP）。CPU 通过 MPI 接口或 PROFIBUS-DP 接口在网络上自动广播它设置的总线参数，PLC 可以自动地"挂到"MPI 网络上。所有的 CPU 模块都有一个多点接口 MPI，有的 CPU 模块有一个 MPI 和一个 PROFIBUS-DP 接口，有的 CPU 模块有一个 MPI/DP 接口和一个 DP 接口。

通信处理器（CP）用于 PLC 之间、PLC 与计算机和其他智能设备之间的通信，可以将 PLC 接入 PROFIBUS-DP、AS-I 和工业以太网，或用于实现点对点通信等。通信处理器可以减轻 CPU 处理器的通信任务，并减少用户对通信的编程工作。

1）通信处理器模块 CP340。CP340 用于建立点对点（point to point，PtP）低速连接，最大传输速率为 19.2kbps，有 3 种通信接口，即 RS-232C（V.24）、20mA（TTY）、RS-422/RS-485（X.27）。可通过 ASCII、3964（R）通信协议及打印机驱动软件，实现与 S5 系列 PLC、S7 系列 PLC 及其他厂商的控制系统、机器人控制器、条形码阅读器、扫描仪等设备的通信连接。

2）通信处理器模块 CP342-2/CP343-2。CP342-2/CP343-2 用于实现 S7-300 到 AS-I 接口总线的连接，最多可连接 31 个 AS-I 从站，如果选用二进制从站，最多可选址 248 个二进制元素。CP342-2/CP343-2 具有监测 AS-I 电缆的电源电压和大量的状态和诊断功能。

3）通信处理器模块 CP342-5。CP342-5 用于实现 S7-300 到 PROFIBUS-DP 现场总线的连接。它分担 CPU 的通信任务，并允许增加其他连接，为用户提供各种 PROFIBUS 总线系统服务，可以通过 PROFIBUS-DP 对系统进行远程组态和远程编程。当 CP342-5 作为主站时，可完全自动处理数据传输，允许 CP 从站或 ET200-DP 从站连接到 S7-300。当 CP342-5 作为从站时，允许 S7-300 与其他 PROFIBUS 主站交换数据。

4）通信处理器模块 CP343-1。CP343-1 用于实现 S7-300 到工业以太网总线的连接。它自身具有处理器，在工业以太网上独立处理数据通信并允许进一步的连接，完成与编程器、PC、人机界面装置、S5 系列 PLC、S7 系列 PLC 的数据通信。

5）通信处理器模块 CP343-1 TCP。CP343-1 TCP 使用标准的 TCP/IP 通信协议，实现 S7-300 系列 PLC（只限服务器）、S7-400 系列 PLC（服务器和客户机）到工业以太网的连接。它自身具有处理器，在工业以太网上独立处理数据通信并允许进一步的连接，完成与编程器、PC、人机界面装置、S5 系列 PLC、S7 系列 PLC 的数据通信。

6）通信处理器模块 CP343-5。CP343-5 用于实现 S7-300 到 PROFIBUS-FMS 现场总线的连接。它分担 CPU 的通信任务，并允许进一步的其他连接，为用户提供各 PROFIBUS 总线系统服务，可以通过 PROFIBUS-FMS 对系统进行远程组态和远程编程。

（6）接口模块（IM）。接口模块用于 S7-300 系列 PLC 的中央机架到扩展机架的连接，主要有三种规格：

1）接口模块 IM365。IM365 用于连接中央机架与一个扩展机架，由两个模块组成，一个插入中央机架，通过 1m 长的连接电缆，将另一块插入扩展机架，在一个扩展机架上最多可安装 8 个模块。

2）接口模块 IM360/361。当扩展机架超过一个时，将接口模块 IM360 插入中央机架，在扩展机架中插入接口模块 IM361，S7-300 系列的最大配置为 1 个中央机架与 3 个扩展机架，每个扩展机架最多可安装 8 个模块，相邻机架的间隔为 4cm~10m。

（7）触摸屏。触摸屏是通过触摸在屏幕画面上的按钮即可进行直观操作的装置，它可以对要监控的机器和生产过程进行真实的图形显示。SIMATIC 触摸屏主要有 OP 系列、TP 系列和 MP 系列，TP177micro 触摸屏和 C7-635 触摸屏如图 3-4 和图 3-5 所示。触摸屏 TP27、TP37 的主要功能有：1）显示过程变量；2）监控变量域的极限值；3）带有静态元素、曲线、图形和条形图表的过程显示；4）带有信息状态的记录和故障信息的管理；5）定义信息优先级别；6）显示信息、变量和过程中的帮助及信息文本；7）口令保护；8）菜单管理；9）3 种在线语言选择；10）TP37 可采用内存卡（PCMCIA/Jeida 卡）存储组态参数和菜单；11）内置打印机接口。

SIMATIC C7-635 能够将 CPU 314C-2DP 和 TP 170B 面板整合在一起，因此，C7-635 拥有 CPU 314C 的所有功能。

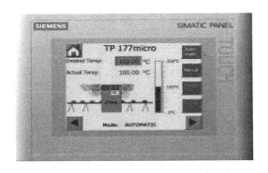

图 3-4　TP 177micro 触摸屏

图 3-5　C7-635 触摸屏

3.1.2　S7-300 系列 PLC 的系统配置

3.1.2.1　机架配置方式

S7-300 系列 PLC 由各种模块和导轨组成机架，包含了 CPU 模块的机架称为中央机架（CR）。每个机架最多可安装 8 个信号（SM）模块（或者其他功能模块），当中央机架所包含的 I/O 点数不够，或者需要分布式的 I/O 配置时，就需要考虑扩展机架（ER）的设置。以下分别介绍这两种机架的配置方式。

（1）中央机架（CR）。中央机架必须安装有 CPU 模块，S7-300 PLC 需要提供 DC 24V 直流工作电源，可以选用电源模块，也可以通过外部 DC 24V 电源供电。电源模块在物理结构上是相对独立的，与其他模块之间用电源馈线连接，并应安装在机架的最左端（1 号槽），之后紧接 CPU 模块（2 号槽）、接口模块 IM（3 号槽）、I/O 模块及其他功能模块，在 CPU 单元右边安装的信号模块 SM、FM、CP 不超过 8 个（4~11 号槽）。图 3-6 为中央机架的一般配置示意图，本图未选用接口模块。

图 3-6　中央机架配置示意图

CPU 模块将 DC 24V 电源转换成 DC 5V 电源供自身使用，并经过背板总线送给其他模块，额定电流值与 CPU 型号有关。各类模块消耗的电流可通过 S7-300 模块手册查到，它们所消耗的总电流，也是选择 CPU 模块的依据之一。背板总线电流值的限制装在一个机架上的全部模块都要受到 S7-300 背板总线提供的总电流值的限制，对于 CPU313/314，这个总电流值不超过 1.2A；对于 CPU312IFM，不超过 0.8A。

（2）扩展机架（ER）。中央机架与扩展机架之间的连接，需要接口模块的参与。接口模块总是成对使用的，在中央机架和扩展机架上各需安装一块接口模块。位于中央机架上的接口模块应安装在 CPU 模块之后，而扩展机架上的接口模块则安装在机架的最左端或者电源模块之后。

如果系统只需要一个扩展机架，可以选用 IM365 型接口模块，这是一种经济型的配置方案。扩展机架所需电源由中央机架上的 CPU 模块产生，经 IM365 接口模块的连接电缆传输到扩展机架，如图 3-7 所示。

图 3-7　采用 IM365 的扩展配置

若采用 IM360/IM361 型接口模块，扩展机架需要单独提供 DC 24V 电源，此时最多可扩展 3 个 ER，机架之间的距离在 4cm~10m 之间，配置示意图如图 3-8 所示。中央机架和各个扩展机架均配有电源模块，中央机架上安装接口模块 IM360，机架号为 0 号。三个扩展机架安装接口模块 IM361，机架号依次为 1 号、2 号、3 号。

值得注意的是与 CPU312IFM 和 CPU313 配套的模块只能装在一个机架上。如果选用

图 3-8 采用接口模块 IM360/IM361 的扩展配置

CPU314IFM，模块不能插入到机架 3 的第 11 号槽。插入的模块数（SM、FM、CP）受到背板总线允许提供电流的限制，每一排或每一机架总的电流消耗量不应超过 1.2A。

3.1.2.2 I/O 编址

A 数字量 I/O 地址的确定

S7-300 的数字 I/O 地址由地址标识符、地址的字节部分和位部分组成，地址标识符 I 表示输入，Q 表示输出，例如，I0.7 是一个输入数字量的地址，表示 0 号字节的第 7 位。

S7-300 对各个 I/O 点的编址是依据其所属模块的安装位置决定的，依据规定，各种信号模块应安装在 4 号至 11 号槽位。因此，CPU 从 4 号槽位开始为 I/O 模块分配地址，每个槽位所占用的 I/O 地址是系统默认的，以字节为单位。

图 3-9 给出了各个机架和槽位的数字量 I/O 编址。图中，每个槽位最多 32 个点，占 4 个字节。比如，若中央机架（机架 0）的 4 号槽位上安装了 SM 321 DI 32×24VDC 模块，则该模块上的 32 个数字输入点地址依次为 I0.0 ~ I0.7、I1.0 ~ I1.7、I2.0 ~ I2.7、I3.0 ~ I3.7。若为数字输出模块，例如 SM 322 DO 32×24VDC/0.5A，则 32 个输出点地址依次为 Q0.0 ~ Q0.7、Q1.0 ~ Q1.7、Q2.0 ~ Q2.7、Q3.0 ~ Q3.7。如果不是 32 点的模块，例如 SM 321 DI 16×24VDC，则各点地址依次为：I0.0 ~ I0.7、I1.0 ~ I1.7，后面的 I2.0 ~ I3.7 不能用。

B 模拟量 I/O 地址的确定

图 3-10 是 S7-300 对各个机架上槽位的模拟 I/O 默认地址。

在 SM 区（4~11 号槽位）的每个槽位上，CPU 为每个模拟量模块分配了 16 个字节的地址，允许最多 8 路模拟 I/O，每个模拟量 I/O 的地址都是用 1 个字来表示的。例如，QW256 是一个模拟量输出通道的地址，由 QB256 和 QB257 两个字节组成，而输入地址

IW640 则由 IB640 和 IB641 两个字节组成。

实际使用时是根据具体的模块来确定实际的地址范围的，例如 0 号机架的 4 号槽位，如果安装的是两通道模拟输入 I/O，则实际用到的地址是 IW256、IW258。

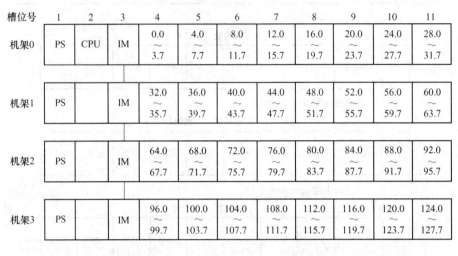

图 3-9　S7-300 数字量 I/O 模块的默认地址

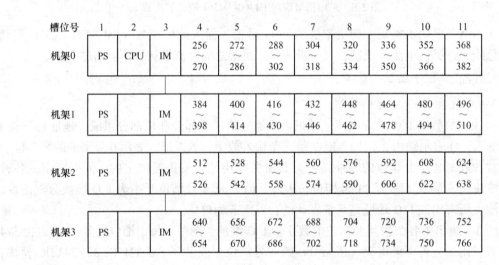

图 3-10　S7-300 模拟量 I/O 模块的默认地址

3.2　S7-300 系列 PLC 的软件系统

3.2.1　S7-300 系列 PLC 的编程基础

3.2.1.1　STEP 7 的编程语言

STEP 7 是 S7-300 系列 PLC 应用设计软件包，所支持的 PLC 编程语言非常丰富。该软件的标准版支持 STL（语句表）、LAD（梯形图）及 FBD（功能块图）3 种基本编程语言，并且在 STEP 7 中可以相互转换，专业版附加对 GRAPH（顺序功能图）、HiGraph（图形编程语言）、SCL（结构化控制语言）、CFC（连续功能图）等编程语言的支持。不同的编程语言可供不同知识背景的人员采用。

（1）STL（语句表）。STL 是一种类似于计算机汇编语言的一种文本编程语言，由多条语句组成一个程序段，如图 3-11 所示。语句表可供习惯汇编语言的用户使用，在运行时间和要求的存储空间方面最优。在设计通信、数学运算等高级应用程序时建议使用语句表。

Network 1：电动机起停控制程序段

```
A(
0    "SB1"              I0.0    --启动按钮
0    "KM"               Q4.1    --接触器驱动
)
AN   "SB2"              I0.1    --停止按钮
=    "KM"               Q4.1    --接触器驱动
```

图 3-11　语句表

（2）LAD（梯形图）。LAD 是一种图形语言，比较形象直观，容易掌握，用得最多，堪称用户第一编程语言，如图 3-12 所示。梯形图与继电器控制电路图的表达方式极为相似，适合于熟悉继电器控制电路的用户使用，特别适用于数字量逻辑控制。

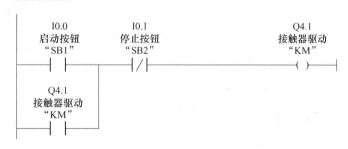

图 3-12　梯形图

（3）FBD（功能块图）。FBD 使用类似于布尔代数的图形逻辑符号来表示控制逻辑，一些复杂的功能用指令框表示，如图 3-13 所示。FBD 比较适合于有数字电路基础的编程人员使用。

（4）GRAPH（顺序功能图）。GRAPH 类似于解决问题的流程图，适用于顺序控制的编程。利用 S7-GRAPH 编程语言，可以清楚快速地组织和编写 S7 PLC 系统的顺序控制程序。它根据功能将控制任务分解为若干步，其顺序用图形方式显示出来并且可形成图形和文本方式的文件，如图 3-14 所示。

（5）HiGraph（图形编程语言）。S7-Higraph 允许用状态图描述生产过程，将自动控制下的机器或系统分成若干个功能单元，并为每个单元生成状态图，然后利用信息通讯将功能单元组合在一起形成完整的系统，如图 3-15 所示。

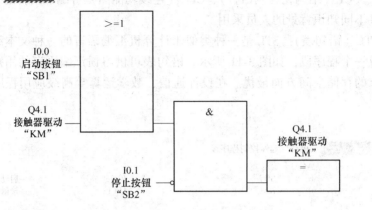

图 3-13 功能块图

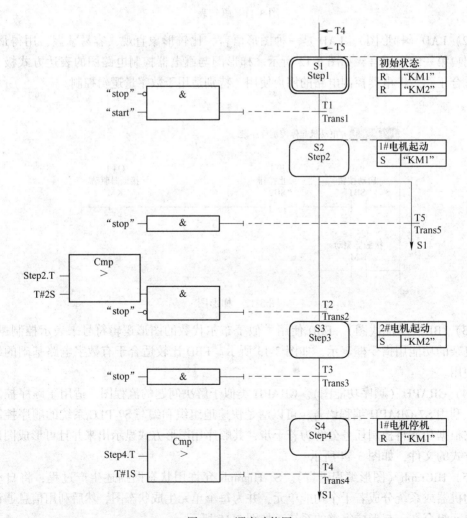

图 3-14 顺序功能图

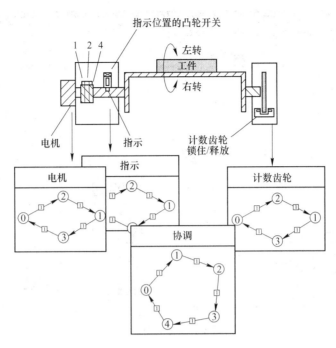

图 3-15 图形编程语言

（6）SCL（结构化控制语言）。S7-SCL（structured control language，结构控制语言）是一种类似于 PASCAL 的高级文本编辑语言，用于 S7-300/400 和 C7 的编程，可以简化数学计算、数据管理和组织工作，如图 3-16 所示。S7-SCL 具有 PLC 公开的基本标准认证，符合 IEC 1131-3（结构化文本）标准。

（7）CFC（连续功能图）。利用工程工具 CFC（Continuous Function Chart，连续功能图），可以通过绘制工艺设计图来生成 SIMATIC S7 和 SIMATIC M7 的控制程序，该方法类似于 PLC 的 FBD 编程语言。

在这种图形编程方法中，块被安放在一种绘图板上并且相互连接，如图 3-17 所示。利用 CFC 用户可以快速、容易地将工艺设计图转化为完整的可执行程序。

```
FUNCTION_BLOCK Integrator
VAR_INPUT
    Init    :BOOL;    //Reset output value
    x       :REAL;    //Input value
    Ta      :TIME;    //Sampling interval in ms
    Ti      :TIME;    //Integration time in ms
    olim    :REAL;    //Output value upper limit
    ulim    :REAL;    //Output value lower limit
END_VAR

VAR_OUTPUT
    y    :REAL :=0.0;  //Initialize output value with 0
END_VAR

BEGIN
    IF TIME_TO_DINT(Ti)=0 THEN        //Division by?
        OK :=FALSE;
        y:=0.0;
        RETURN;
    END_IF;
    IF Init THEN
        y:=0.0;
    ELSE
        y:=y+TIME_TO_DINT(Ta)*x/TIME_TO_DINT(Ti);
        IF    y>olim    THEN
            y:=olim;
        END_IF;
        IF    y<olim    THEN
            y:=olim;
        END_IF;
    END_IF;
END_FUNCTION_BLOCK
```

图 3-16 STEP 7 的结构化控制语言

3.2.1.2 S7-300 的程序结构

S7-300 系列 PLC 的编程软件是 STEP 7，用文件块的形式管理用户编写的程序及程序运行所需的数据，组成结构化的用户程序。这样 PLC 的程序组织明确，结构清晰，易于修改。为支持结构化程序设计，STEP 7 用户程序通常由组织块（OB）、功能块（FB）或功能块（FC）等 3 种类型的逻辑块和数据块（DB）组成，如图 3-18 所示。

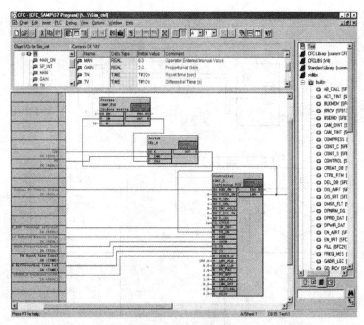

图 3-17　连续功能图

OB1 是主程序循环块，在任何情况下，它都是需要的。

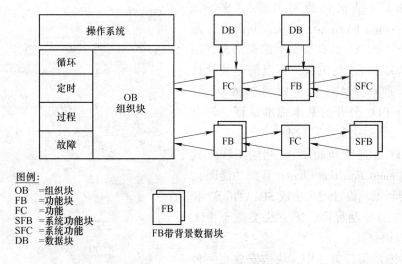

图例：
OB =组织块
FB =功能块
FC =功能
SFB =系统功能块
SFC =系统功能
DB =数据块

FB带背景数据块

图 3-18　S7-300 的程序块类型

（1）组织块 OB（Block Organization）。OB 是由系统规定的，是被系统直接调用的用户程序块。组织块是操作系统和用户程序的接口，各层次具有优先级（1 ~ 26），包括了局部数据堆栈中的特殊启动信息。

例如 OB100 是启动程序块，OB1 是主程序块，OB40 是一个中断程序块。不同的 CPU 对应的组织块会有一些不同。

（2）功能 FC（Function）和功能块 FB（Function Block）。FC 和 FB 都是由用户自己编写的程序模块，相当于子程序，由用户自己编写调用，块号由用户决定。FC 与 FB 的区别在于，FC 不具有自己的数据存储区，而 FB 拥有自己的数据存储区，即背景 DB。

（3）系统功能 SFC（System Function）和系统功能块 SFB（System Function Block）。SFC 和 SFB 是预先编写好的可供用户程序调用的 FC 和 FB，他们已固化在系统程序中，因此称为系统功能（不需要存储器）和系统功能块（需要存储器）。

（4）数据块 DB（Data Block）。DB 分为背景数据块（Instance DB）和共享数据块（Shared DB）两种类型。

他们的主要区别是：共享数据块用于存储全局数据，所有逻辑块（OB、FC、FB）都可以访问共享数据块内存储的信息。用户只能自己编辑全局数据。背景数据块用作"私有存储器区"，即用作功能块（FB、SFB）的"存储器"。FB 的参数和变量安排在它的背景数据块中，背景数据块不是由用户自己编辑的，而是由编辑器生成的。

STEP 7 为设计程序提供 3 种方法。基于这些方法，可以选择最适合应用的程序设计方法。S7-300 的三种程序结构如图 3-19 所示。

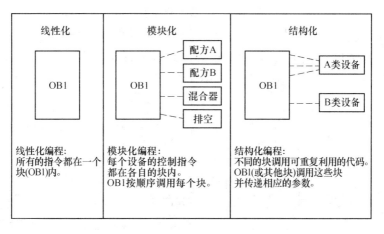

图 3-19　S7-300 的 3 种程序结构

（1）线性化编程。线性程序的结构简单，分析起来一目了然。这种结构适用于编写一些规模较小，运行过程比较简单的控制程序，如图 3-20 所示。

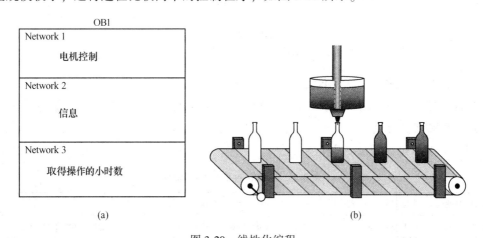

图 3-20　线性化编程

（a）线性化编程的程序结构；（b）线性化编程实例：传送带控制

（2）模块化编程。分块程序有更大的灵活性，适用于比较复杂、规模较大的控制工程的程序设计，如图3-21所示。

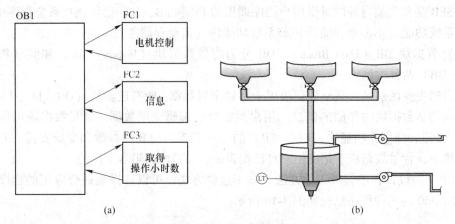

图3-21 模块化编程

（a）模块化编程的程序结构；（b）模块化编程实例：液位监视

（3）结构化编程。结构化程序比分块程序有更大的灵活性、继承性，适用于比较复杂、规模较大的控制工程的程序设计，如图3-22所示。

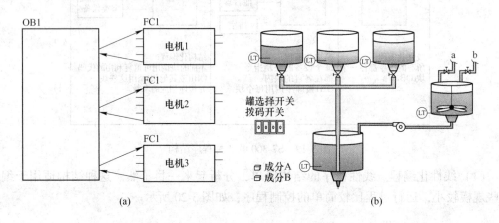

图3-22 结构化编程

（a）结构化编程的程序结构；（b）结构化编程实例：带罐选择的液位监视

3.2.1.3 S7-300 的数据类型

数据类型决定数据的属性，在STEP 7中，数据类型分为三大类：基本数据类型、复杂数据类型和参数类型。

（1）基本数据类型见表3-4。

表3-4 S7-300 的基本数据类型

类型（关键词）	位	表示形式	数据与范围	示 例
布尔（BOOL）	1	布尔量	Ture/False	触点的闭合/断开
字节（BYTE）	8	十六进制	B#16#0~B#16#FF	L B#16#20

类型(关键词)	位	表示形式	数据与范围	示　例
字(WORD)	16	二进制	2#0～2#1111_1111_1111_1111	L 2#0000_0011_1000_0000
		十六进制	W#16#0～W#16#FFFF	L W#16#0380
		BCD 码	C#0～C#999	L C#896
		无符号十进制	B#(0,0)～B#(255,255)	L B#(10,10)
双字(DWORD)	32	十六进制	DW#16#0000_0000～ DW#16#FFFF_FFFF	L DW#16#0123_ABCD
		无符号数	B#(0,0,0,0)～ B#(255,255,255,255)	L B#(1,23,45,67)
字符(CHAR)	8	ASCII 字符	可打印 ASCII 字符	'A','0'、','
整数(INT)	16	有符号十进制数	-32768～+32767	L -23
长整数(DINT)	32	有符号十进制数	L#-214 783 648～L#214 783 647	L #23
实数(REAL)	32	IEEE 浮点数	±1.175 495e-38～±3.402 823e+38	L 2.345 67e+2
时间(TIME)	32	带符号 IEC 时间,分辨率为 1ms	T#-24D_20H_31M_23S_648MS～ T#24D_20H_31M_23S_647MS	L T#8D_7H_6M_5S_0MS
日期(DATE)	32	IEC 日期,分辨率为 1 天	D#1990_1_1～D#2168_12_31	L D#2005_9_27
实时时间 (Time_Of_Daytod)	32	实时时间,分辨率为 1ms	TOD # 0: 0: 0.0 ～ TOD # 23: 59:59.999	L TOD#8:30:45.12
S5 系统时间 (S5TIME)	32	S5 时间,以 10ms 为时基	S5T#0H_0M_10MS～ S5T#2H_46M_30S_0MS	L S5T#1H_1M_2S_10MS

（2）复杂数据类型。复杂数据类型包括数组（ARRAY）、结构（STRUCT）、字符串（STRING）、日期和时间（DATE_AND_TIME）、用户定义的数据类型（UDT）和功能块类型（FB、SFB）。

1）数组（ARRAY）。数组是由一组同一类型的数据组合在一起而形成的复杂数据类型。数组的维数最大可以到 6 维；数组中的元素可以是基本数据类型或者复杂数据类型中的任一数据类型（Array 类型除外，即数组类型不可以嵌套）；数组中每一维的下标取值范围是-32768～32767，要求下标的下限必须小于下标的上限。例如：

```
ARRAY [1..4, 1..10, 1..7] INT
```

2）结构（STRUCT）。结构是由一组不同类型（结构的元素可以是基本的或复杂的数据类型）的数据组合在一起而形成的复杂数据类型。结构通常用来定义一组相关的数据，例如电机的一组数据可以按如下方式定义：

```
Motor: STRUCT
        Speed: INT
        Current: REAL
END_STRUCT
```

3）字符串（STRING）。字符串是最多有 254 个字符（CHAR）的一维数组，最大长度为 256 个字节（其中前两个字节用来存储字符串的长度信息）。字符串常量用单引号括起来，例如：

`'SIMATIC S7-300'、'SIMENS'`

4）日期和时间（DATE_AND_TIME）。日期和时间用于存储年、月、日、时、分、秒、毫秒和星期，占用 8 个字节，用 BCD 格式保存。例如：

`DT#2005-09-25-12:30:15.200`

5）用户定义的数据类型（UDT）。用户定义数据类型表示自定义的结构，存放在 UDT 块中（UDT1~UDT65535），在另一个数据类型中作为一个数据类型"模板"。当输入数据块时，如果需要输入几个相同的结构，利用 UDT 可以节省输入时间。例如，

`Addresses ARRAY [1..10] UDT 1`

6）功能块类型（FB、SFB）。这种数据类型仅可以在 FB 的静态变量区定义，用于实现多背景 DB。

（3）参数数据类型。参数类型是一种用于逻辑块（FB、FC）之间传递参数的数据类型，主要有以下几种。

1）TIMER（定时器）和 COUNTER（计数器）。

2）BLOCK（块）：指定一个块用作输入和输出，实参应为同类型的块。

3）POINTER（指针）：6 字节指针类型，用来传递 DB 的块号和数据地址。

4）ANY：10 字节指针类型，用来传递 DB 块号、数据地址、数据数量以及数据类型。

3.2.1.4 存储器区域

S7-300 的存储器结构可以分为基本存储区域、程序处理区域两大部分。

基本存储区域可分为装载存储区、工作存储区、系统存储区，具体如下：

（1）装载存储区（Load Memory）：存储 PLC 程序、数据块等。

（2）工作存储区（Work Memory）：存储当前处理的可执行程序块、程序块所生成的局部变量 L 等。

（3）系统存储区（System Memory）：存储 PLC 运算、处理的中间结果，如：输入/输出映像、标志、变量的状态存储，计数器、定时器的中间值，模拟量输入/输出状态等，使用 PLC 内部 RAM。

程序处理区域又可以分为累加器、地址寄存器、数据块地址寄存器、状态寄存器 4 部分，具体如下。

（1）累加器：共有 2 个 32 位累加器 ACCU1、ACCU2，用来进行读入，传送、运算、移位等操作。

（2）地址寄存器：共有 2 个 32 位地址寄存器 AR1、AR2，用于存放寄存器间接寻址时的地址指针。

（3）数据块地址寄存器：共有 2 个 32 位数据块地址寄存器 DB、DI，用于存放程序中被打开的数据块地址。程序执行过程中允许同时被打开的数据块最大为 2 个，其中一个为共享数据块（DB），在程序中可以任意使用；另一个为背景数据块（DI），它是与功能块 FB 配套使用的数据块，在调用 FB 时同时打开。

（4）状态寄存器：共有 1 个 16 位状态寄存器 STW，状态寄存器用于存放程序的处理

结果，如逻辑运算结果 RLO、溢出标志 OV、溢出记忆 OS、条件码 CCO 与 CC1、二进制值 BR 等，以显示指令执行结果，结构如图 3-23 所示和表 3-5 所示。

位序15			9	8	7	6	5	4	3	2	1	0
				BR	CC1	CCO	OS	OV	OR	STA	RLO	$\overline{FC}$

√首位检测位（FC）　　　√溢出位（OV）
√逻辑操作结果（RLO）　　√溢出状态保持位（OS）
√状态位（STA）　　　　√条件码 1（CC1）和条件码 0（CCO）
√或位（OR）　　　　　√二进制结果位（BR）

图 3-23　状态寄存器结构

表 3-5　S7-300 系列 PLC 系统存储区

存储区域	功　　能	运算单位	寻址范围	标识符
输入过程映像寄存器（又称输入继电器）（I）	在扫描循环的开始，操作系统从现场（又称过程）读取控制按钮、行程开关及各种传感器等送来的输入信号，并存入输入过程映像寄存器。其每一位对应数字量输入模块的一个输入端子	输入位	0.0~65535.7	I
		输入字节	0~65535	IB
		输入字	0~65534	IW
		输入双字	0~65532	ID
输出过程映像寄存器（又称输出继电器）（Q）	在扫描循环期间，逻辑运算的结果存入输出过程映像寄存器。在循环扫描结束前，操作系统从输出过程映像寄存器读出最终结果，并将其传送到数字量输出模块，直接控制 PLC 外部的指示灯、接触器、执行器等控制对象	输出位	0.0~65535.7	Q
		输出字节	0~65535	QB
		输出字	0~65534	QW
		输出双字	0~65532	QD
位存储器（又称辅助继电器）（M）	位存储器与 PLC 外部对象没有任何关系，其功能类似于继电器控制电路中的中间继电器，主要用来存储程序运算过程中的临时结果，可为编程提供无数量限制的触点，可以被驱动但不能直接驱动任何负载	存储位	0.0~255.7	M
		存储字节	0~255	MB
		存储字	0~254	MW
		存储双字	0~252	MD
外部输入寄存器（PI）	用户可以通过外部输入寄存器直接访问模拟量输入模块，以便接收来自现场的模拟量输入信号	外部输入字节	0~65535	PIB
		外部输入字	0~65534	PIW
		外部输入双字	0~65532	PID
外输出寄存器（PQ）	用户可以通过外部输出寄存器直接访问模拟量输出模块，以便将模拟量输出信号送给现场的控制执行器	外部输出字节	0~65535	PQB
		外部输出字	0~65534	PQW
		外部输出双字	0~65532	PQD
定时器（T）	作为定时器指令使用，访问该存储区可获得定时器的剩余时间	定时器	0~255	T

74

存储区域	功　能	运算单位	寻址范围	标识符
计数器 （C）	作为计算器指令使用，访问该存储区可获得计数器的当前值	计数器	0~255	C
数据块寄存器 （DB）	数据块寄存器用于存储所有数据块的数据，最多可同时打开一个共享数据块 DB 和一个背景数据块 DI。用"OPEN DB"指令可打开一个共享数据块 DB；用"OPEN DI"指令可打开一个背景数据块 DI	数据位	0~65535.7	DBX 或 DIX
		数据字节	0~65535	DBB 或 DIB
		数据字	0~65534	DBW 或 DIW
		数据双字	0~65532	DBD 或 DID
本地数据寄存器 （又称本地数据） （L）	本地数据寄存器用来存储逻辑块（OB、FB 或 FC）中所使用的临时数据，一般用作中间暂存器。因为这些数据实际存放在本地数据堆栈（又称 L 堆栈）中，所以当逻辑块执行结果时，数据自然丢失	本地数据位	0.0~65535.7	L
		本地数据字节	0~65535	LB
		本地数据字	0~65534	LW
		本地数据双字	0~65532	LD

指令操作数（又称编程元件）一般在用户存储区中，操作数由操作标识符和参数组成。操作标识符由主标识符和辅助标识符组成，主标识符用来指定操作数所使用的存储区类型，辅助标识符则用来指定操作数的单位（如位、字节、字、双字等）。

主标识符有：I（输入过程映像寄存器、Q（输出过程映像寄存器）、M（位存储器）、PI（外部输入寄存器）、PQ（外部输出寄存器）、T（定时器）、C（计数器）、DB（数据块寄存器）和 L（本地数据寄存器）。

辅助标识符有：X（位）、B（字节）、W（字或 2B）、D（2DW 或 4B）。

3.2.1.5　寻址方式

所谓寻址方式就是指令执行时获取操作数的方式，可以直接或间接方式给出操作数。S7-300 有 4 种寻址方式：立即寻址、存储器直接寻址、存储器间接寻址和寄存器间接寻址。

（1）立即寻址。立即寻址是对常数或常量的寻址方式，其特点是操作数直接表示在指令中，或以唯一形式隐含在指令中。下面各条指令操作数均采用了立即寻址方式，其中"//"后面的内容为指令的注释部分，对指令没有任何影响。

```
L  66            //表示把常数 66 装入累加器 1 中
AW W#16#168      //将十六进制数 168 与累加器 1 的低字进行"与"运算
SET              //默认操作数为 RLO，该指令实现对 RLO 置"1"操作
```

（2）存储器直接寻址。存储器直接寻址，简称直接寻址。该寻址方式在指令中直接给出操作数的存储单元地址。存储单元地址可用符号地址（如 SB1、KM 等）或绝对地址（如 I0.0、Q4.1 等）。下面各条指令操作数均采用了直接寻址方式。

```
A I0.0           //对输入位 I0.0 执行逻辑"与"运算
= Q4.1           //将逻辑运算结果送给输出继电器 Q4.1
L MW2            //将存储字 MW2 的内容装入累加器 1
```

```
T  DBW4                    //将累加器 1 低字中的内容传送给数据字 DBW4
```

（3）存储器间接寻址。存储器间接寻址，简称间接寻址。该寻址方式在指令中以存储器的形式给出操作数所在存储器单元的地址，也就是说该存储器的内容是操作数所在存储器单元的地址。该存储器一般称为地址指针，在指令中需写在方括号"［ ］"内。地址指针可以是字或双字，对于地址范围小于 65535 的存储器可以用字指针，对于其他存储器则要使用双字指针。

【例 3-1】 存储器间接寻址的单字格式指针寻址。

```
L  2              //将数字 2#0000_0000_0000_0010 装入累加器 1
T  MW50           //将累加器 1 低字中的内容传给 MW50 作为指针值
OPN DB35          //打开共享数据块 DB35
L  DBW[MW50]      //将共享数据块 DBW2 的内容装入累加器 1
```

存储器间接寻址的双字指针格式如图 3-24 所示。

位序	31	24	23	16	15	8	7	0
	0000 0000		0000 0bbb		bbbb bbbb		bbbb bxxx	

说明：位 0~2（xxx）为被寻址地址中位的编号（0~7）
位 3~8 为被寻址地址的字节的编号（0~65535）

图 3-24 存储器间接寻址的双字指针格式

【例 3-2】 存储器间接寻址的双字格式指针寻址。

```
L  P#8.7      //把指针值装载到累加器 1。
              P#8.7 的指针值为：2#0000_0000_0000_0000_0000_0000_0100_0111
T  [DM2]      //把指针值传送到 MD2
A  I[MD2]     //查询 I8.7 的信号状态
=  Q[MD2]     //给输出位 Q8.7 赋值
```

（4）寄存器间接寻址。寄存器间接寻址，简称寄存器寻址。该寻址方式在指令中通过地址寄存器和偏移量间接获取操作数，其中的地址寄存器及偏移量必须写在方括号"［ ］"内。在 S7-300 中有两个地址寄存器 AR1 和 AR2，用地址寄存器的内容加上偏移量形成地址指针，并指向操作数所在的存储器单元。地址寄存器的地址指针有两种格式，其长度均为双字，指针格式如图 3-25 所示。

位序	31	24	23	16	15	8	7	0
	x000 0rrr		0000 0bbb		bbbb bbbb		bbbb bxxx	

说明：位 0~2（xxx）为被寻址地址中位的编号（0~7）
位 3~8 为被寻址地址的字节的编号（0~65535）
位 24~26（rrr）为被寻址地址的区域标识号
位 31 的 x=0 为区域内的间接寻址，x=1 为区域间的间接寻址

图 3-25 地址寄存器的地址指针格式

第一种地址指针格式适用于在确定的存储区内寻址，即区内寄存器间接寻址。

【例 3-3】 区内寄存器间接寻址。

```
L   P#3.2          //将间接寻址的指针装入累加器 1
                   //P#3.2 的指针值为：2#0000_0000_0000_0000_0000_0000_0001_1010
LAR1               //将累加器 1 的内容送入地址寄存器 AR1
                   //AR1 的指针值为：2#0000_0000_0000_0000_0000_0000_0001_1010
A   I[AR1, P#5.4]  //P#5.4 的指针值为：2#0000_0000_0000_0000_0000_0000_0010_1100
                   //AR1 与偏移量相加结果：2#0000_0000_0000_0000_0000_0000_0100_0110
                   //指明是对输入位 I8.6 进行逻辑"与"操作
=   Q[AR1, P#1.6]  //P#1.6 的指针值为：2#0000_0000_0000_0000_0000_0000_0000_1110
                   //AR1 与偏移量相加结果：2#0000_0000_0000_0000_0000_0000_0010_1000
                   //指明是对输出位 Q5.0 进行赋值操作（注意：3.2+1.6=5.0，而不是 4.8）
```

第一种地址指针格式包括被寻址数据所在存储单元地址的字节编号和位编号，至于对哪个存储区寻址，则必须在指令中明确给出。这种格式适用于在确定的存储区内寻址，即区内寄存器间接寻址。

第二种地址指针格式包含了数据所在存储区的说明位（存储区域标识位），可通过改变标识位实现跨区域寻址，区域标识由位 24~26 确定。这种指针格式适用于区域间寄存器间接寻址。

3.2.2 S7-300 系列 PLC 的指令系统

3.2.2.1 S7-300 系列 PLC 的基本逻辑指令

A 位逻辑指令

位逻辑指令处理的对象为二进制位信号。位逻辑指令扫描信号状态"1"和"0"位，并根据布尔逻辑对它们进行组合，所产生的结果（"1"或"0"）称为逻辑运算结果，存储在状态字的"RLO"中。

a 触点与线圈

在 LAD（梯形图）程序中，通常使用类似继电器控制电路中的触点符号及线圈符号来表示 PLC 的位元件，被扫描的操作数（用绝对地址或符号地址表示）则标注在触点符号的上方，如图 3-26 所示。

图 3-26 LAD 中的触电与线圈

(a) 常开触电；(b) 常闭触点；(c) 输出线圈；(d) 中间输出

（1）常开触点。对于常开触点（动合触点），则对"1"扫描相应操作数。在 PLC 中规定：若操作数是"1"，则常开触点"动作"，即认为是"闭合"的；若操作数是"0"，则常开触点"复位"，即触点仍处于打开的状态。常开触点所使用的操作数是 I、Q、M、L、D、T、C。

（2）常闭触点。常闭触点（动断触点）则对"0"扫描相应操作数。在 PLC 中规定：若操作数是"1"，则常闭触点"动作"，即触点"断开"；若操作数是"0"，则常闭触点

"复位"，即触点仍保持闭合。常闭触点所使用的操作数是 I、Q、M、L、D、T、C。

（3）输出线圈。输出线圈与继电器控制电路中的线圈一样，如果有电流（信号流）流过线圈（RLO="1"），则被驱动的操作数置"1"；如果没有电流流过线圈（RLO="0"），则被驱动的操作数复位（置"0"）。输出线圈只能出现在梯形图逻辑串的最右边。输出线圈等同于 STL 程序中的赋值指令（用等于号"="表示），所使用的操作数可以是 Q、M、L、D。

（4）中间输出。在梯形图设计时，如果一个逻辑串很长，不便于编辑时，可以将逻辑串分成几个段，前一段的逻辑运算结果（RLO）可作为中间输出，存储在位存储器（I、Q、M、L 或 D）中，该存储位可以当作一个触点出现在其他逻辑串中。中间输出只能放在梯形图逻辑串的中间，而不能出现在最左端或最右端。中间输出的等效图如图 3-27 所示。

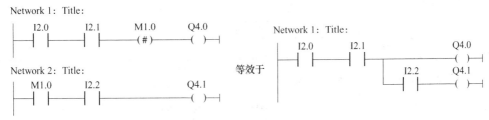

图 3-27 中间输出的等效图

b 基本逻辑指令

基本逻辑指令包括"与""与非""或""或非""异或""异或非"、逻辑块的操作和信号流取反指令。

（1）逻辑"与"指令。逻辑"与"指令使用的操作数可以是 I、Q、M、L、D、T、C，有 2 种指令形式（STL 和 FBD），用 LAD 也可以实现逻辑"与"运算，见表 3-6。

表 3-6 逻辑"与"运算

指令形式	STL	FBD	等效梯形图
指令格式	A 位地址 1 AN 位地址 2	"位地址1"—[&] Q12.0 "位地址2"—[ ] =	"位地址1" "位地址2" ─┤ ├──┤/├──
	AN 位地址 1 AN 位地址 2	"位地址1"—[&] Q12.0 "位地址2"—[ ] =	"位地址1" "位地址2" ─┤/├──┤/├──
示 例	A I0.2 AN M8.3 = Q4.1	I0.2—[&] Q4.1 M8.3—[ ] =	I0.2 M8.3 Q4.1 ─┤ ├──┤/├────( )─

（2）逻辑"与非"指令。逻辑"与非"指令使用的操作数可以是 I、Q、M、L、D、

T、C，有 2 种指令形式（STL 和 FBD），用 LAD 也可以实现逻辑"与非"运算，见表3-7。

表 3-7　逻辑"与非"运算

指令形式	STL	FBD	等效梯形图
指令格式	O　位地址 1 ON　位地址 2	"位地址1" ⊐ >=1 "位地址1" ⊐	"位地址1" —┤├—┤├— "位地址1" —┤/├—
	ON　位地址 1 ON　位地址 2	"位地址1" ⊐o >=1 "位地址2" ⊐o	"位地址1" —┤/├— "位地址2" —┤/├—
示　例	O　I0.2 ON　M10.1 =Q　4.2	I0.2 ⊐ >=1　Q4.2 M10.1 ⊐o　=	I0.2　　　　　　Q4.2 —┤├—┤├——( )— M10.1 —┤/├—

（3）逻辑"或"指令。逻辑"或"指令使用的操作数可以是 I、Q、M、L、D、T、C，有 2 种指令形式（STL 和 FBD），用 LAD 也可以实现逻辑"或"运算，见表3-8。

表 3-8　逻辑"或"运算

指令形式	STL	FBD	等效梯形图
指令格式	O　位地址 1 O　位地址 2	"位地址1" ⊐ >=1 "位地址2" ⊐	"位地址1" —┤├—┤├— "位地址2" —┤/├—
示　例	O　I0.2 I　I0.3 =　Q4.2	I0.2 ⊐ >=1　Q4.2 I0.3 ⊐　=	I0.2　　　　　　Q4.2 —┤├——————( )— I0.3 —┤├—

（4）逻辑"或非"指令。逻辑"或非"指令使用的操作数可以是 I、Q、M、L、D、T、C，有 2 种指令形式（STL 和 FBD），用 LAD 也可以实现逻辑"或非"运算，见表3-9。

表 3-9　逻辑"或非"运算

指令形式	STL	FBD	等效梯形图
指令格式	O　位地址 1 ON　位地址 2	"位地址1" ⊐ >=1 "位地址2" ⊐	"位地址1" —┤├—┤├— "位地址2" —┤/├—
	ON　位地址 1 ON　位地址 2	"位地址1" ⊐o >=1 "位地址2" ⊐o	"位地址1" —┤/├— "位地址2" —┤/├—

指令形式	STL	FBD	等效梯形图
示　例	O　I0.2 ON　M10.1 =　Q4.2	I0.2 ─┐ >=1 M10.1 ─┘　　Q4.2　=	I0.2　　　　　　　　　　　　Q4.2 M10.1

（5）逻辑"异或"指令，见表 3-10。

表 3-10　逻辑"异或"指令

指令形式	STL	FBD	等效梯形图
指令格式	X　位地址 1 X　位地址 2	"位地址1" ─┐ XOR "位地址2" ─┘	"位地址1"　"位地址2" "位地址1"　"位地址2"
	XN　位地址 1 XN　位地址 2	"位地址1" ─┐ XOR "位地址2" ─┘	
示　例	X　I0.4 X　I0.5 =　Q4.3	I0.4 ─┐ XOR　Q4.3 I0.5 ─┘　　=	I0.4　　I0.5　　　　Q4.3 I0.4　　I0.5
	XN　I0.4 XN　I0.5 =　Q4.3	I0.4 ─o XOR　Q4.3 I0.5 ─o　　=	

（6）逻辑"异或非"指令，见表 3-11。

表 3-11　逻辑"异或非"指令

指令形式	STL	FBD	等效梯形图
指令格式	X　位地址 1 XN　位地址 2	"位地址1" ─┐ XOR　Q13.1 "位地址2" ─┘　　=	"位地址1"　"位地址2" "位地址1"　"位地址2"
	XN　位地址 1 X　位地址 2	"位地址1" ─o XOR　Q13.1 "位地址2" ─┘　　=	
示　例	X　I0.4 XN　I0.5 =　Q4.3	I0.4 ─┐ XOR　Q4.3 I0.5 ─┘　　=	I0.4　　I0.5　　　　Q4.3 I0.4　　I0.5

（7）逻辑块的操作，见表3-12。

表 3-12 逻辑块

实现方式	LAD	FBD	STL
先"与"后"或"操作示例	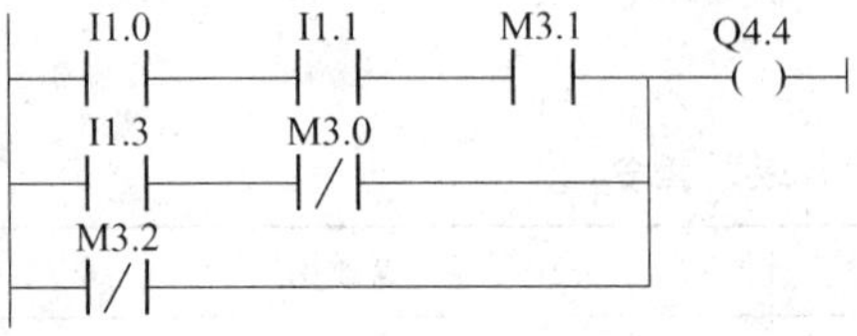	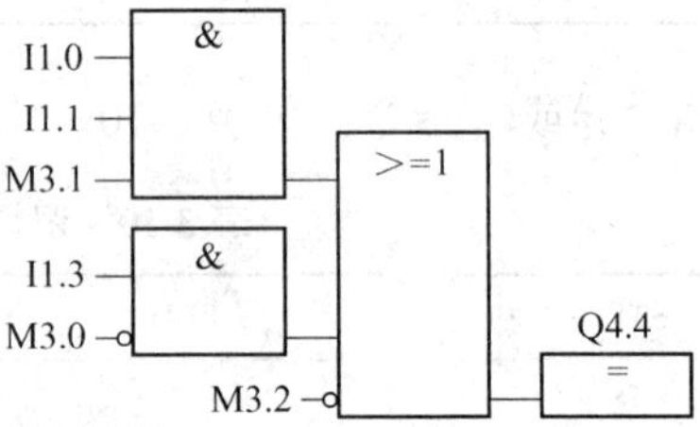	A I1.0 A I1.1 A M3.1 O A I1.3 AN M3.0 O M3.2 = Q4.4
先"或"后"与"操作示例	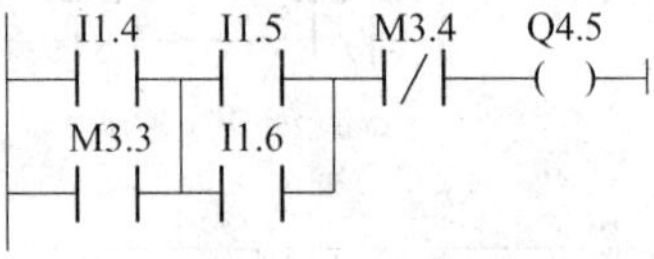	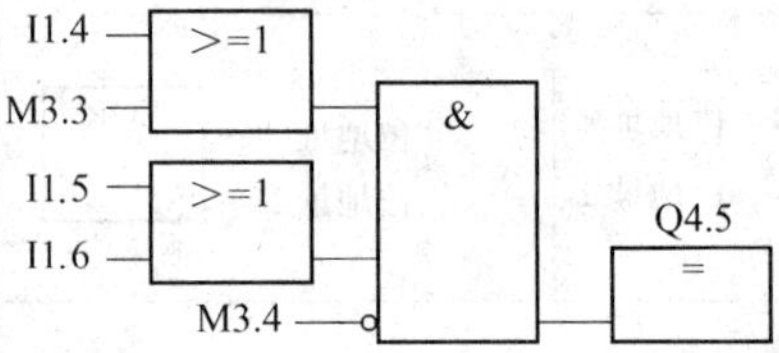	A(O I1.4 O M3.3) A(O I1.5 O I1.6) AN M3.4 = Q4.5

（8）信号流取反指令。信号流取反指令的作用就是对逻辑串的 RLO 值进行取反。指令格式及示例见表3-13。当输入位 I0.0 和 I0.1 同时动作时，Q4.0 信号状态为 "0"；否则，Q4.0 信号状态为 "1"。

表 3-13 信号流取反指令格式

指令形式	LAD	FBD	STL
指令格式	—| NOT|—		NOT
示 例	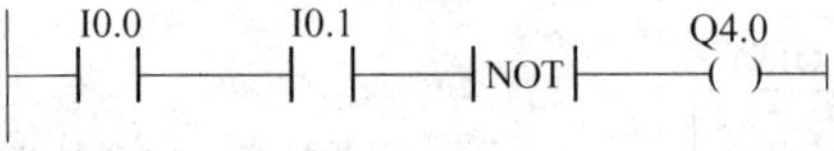	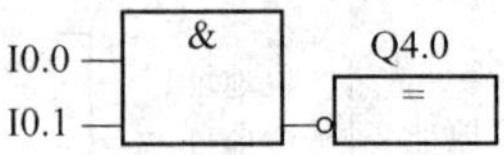	A I0.0 A I0.1 NOT = Q4.0

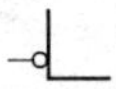

c 置位和复位指令

置位（S）（见表3-14）和复位（R）（见表3-15）指令根据 RLO 的值来决定操作数的信号状态是否改变，对于置位指令，一旦 RLO 为 "1"，则操作数的状态置 "1"，即使 RLO 又变为 "0"，输出仍保持为 "1"；若 RLO 为 "0"，则操作数的信号状态保持不变。对于复位操作，一旦 RLO 为 "1"，则操作数的状态置 "0"，即使 RLO 又变为 "0"，输出仍保持为 "0"；若 RLO 为 "0"，则操作数的信号状态保持不变。这一特性又被称为静态的置位和复位，相应地，赋值指令被称为动态赋值。

表 3-14　置位（S）指令

指令形式	LAD	FBD	STL
指令格式	"位地址" ——(S)—|	"位地址" S	S　位地址
示　例	I1.0　I1.2　Q2.0 ——∣ ∣——∣／∣——(S)—|	I1.0 ——┐ & I1.2 ——○┘　S　Q2.0	A　I1.0 AN　I1.2 S　Q2.0

表 3-15　复位（R）指令

指令形式	LAD	FBD	STL
指令格式	"位地址" ——(R)—|	"位地址" R	R　位地址
示　例	I1.0　I1.2　Q2.0 ——∣ ∣——∣／∣——(S)—|	I1.1 ——┐ & I1.2 ——○┘　R　Q2.0	A　I1.0 AN　I1.2 R　Q2.0

d　RS 和 SR 触发器

RS 触发器为"置位优先"型触发器（当 R 和 S 驱动信号同时为"1"时，触发器最终为置位状态，见表 3-16）。

表 3-16　触发器位置

指令形式	LAD	FBD	等效程序段
指令格式	"复位信号"　"位地址" ——∣ ∣—— R ⎾RS⏋ Q "置位信号"—— S	"位地址" "复位信号"—— R ⎾RS⏋ "置位信号"—— S　Q	A　复位信号 R　位地址 A　置位信号 S　位地址
示例 1	I0.0　M0.0　Q4.0 ——∣ ∣—— R ⎾RS⏋ Q ——( )— I0.1—— S	M0.0 I0.0—— R ⎾RS⏋ Q4.0 I0.1—— S　Q　=	A　I0.0 R　M0.0 A　I0.1 S　M0.0 A　M0.0 =　Q4.0
示例 2	I0.0　I0.1　M0.1　Q4.1 ——∣ ∣——∣／∣—— R ⎾RS⏋ Q ——( )— I0.0　I0.1 ——∣／∣——∣ ∣—— S	I0.0—┐& I0.1—○┘ N0.1 　　　R ⎾RS⏋ I0.0—○┐&　Q4.1 I0.1—┘　S　Q　=	A　I0.0 AN　I0.1 R　M0.1 AN　I0.0 A　I0.1 S　M0.1 A　M0.1 =　Q4.1

SR 触发器为"复位优先"型触发器（当 R 和 S 驱动信号同时为"1"时，触发器最终为复位状态，见表 3-17）。

表 3-17　触发器位置

指令形式	LAD	FBD	等效程序段
指令格式	"复位信号" "位地址" S SR Q "置位信号" R	"位地址" S SR "复位信号" R Q "置位信号"	A　置位信号 S　位地址 A　复位信号 R　位地址
示例 1	I0.0　M0.2 S SR Q　Q4.2 I0.1　R	M0.2 I0.0 — S SR I0.1 — R Q　Q4.2 =	A　I0.0 S　M0.2 A　I0.1 R　M0.2 A　M0.2 =　Q4.2
示例 2	I0.0　I0.1　M0.3 ┤├─┤/├ S SR Q　Q4.3 I0.0　I0.1 ┤/├─┤├ R	I0.0 — & I0.1 —○ N0.3 S SR I0.0 —○ & I0.1 — R Q　Q4.3 =	A　I0.0 AN　I0.1 S　M0.3 AN　I0.0 A　I0.1 R　M0.3 A　M0.3 =　Q4.3

RS 触发器和 SR 触发器的"位地址"、置位（S）、复（S）及输出（Q）所使用的操作数可以是 I、Q、M、L、D（见图 3-28）。

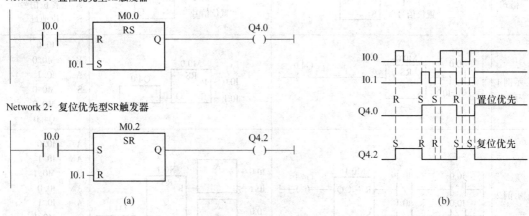

Network 1：置位优先型RS触发器

Network 2：复位优先型SR触发器

(a)

(b)

图 3-28　RS 触发器和 SR 触发器的工作时序

(a) 示例梯形图程序；(b) 工作时序

e　跳变沿检测指令

STEP 7 中有 2 类跳变沿检测指令，一种是对 RLO 的跳变沿（上升沿或下降沿）检测的指令，另一种是对触点的跳变沿 RLO 的跳变沿（上升沿或下降沿）直接检测的梯形图方块指令，因此一共有 4 种跳变沿检测指令。

（1）RLO 上升沿检测指令，见表 3-18。

表 3-18　RLO 上升沿检测指令

指令 形式	LAD	FBD	STL
指令 格式	"位存储器" ——(P)——	"位存储器" P	FP　位存储器
示例 1	I1.0　M1.0　　　Q4.0 ——| |——(P)——( )——	M1.0　　Q4.0 I1.0—P——=	A　　I1.0 FP　M1.0 =　　Q4.0
示例 2	I1.1　M1.1　　　Q4.1 ——| |——(P)——( )—— I1.2 ——|/|——	I1.1—>=1　M1.1　Q4.1 I1.2—o——P——=	A(O　　I1.1 ON　I1.2) FP　M1.1 =　　Q4.1

（2）RLO 下降沿检测指令，见表 3-19 和图 3-29。

表 3-19　RLO 下降沿检测指令

指令 形式	LAD	FBD	STL
指令 格式	"位存储器" ——(N)——	位存储器 N	FN　位存储器
示例 1	I1.0　M1.2　　　Q4.2 ——| |——(N)——( )——	M1.2　　Q4.2 I1.0—N——=	A　　I1.0 FP　M1.2 =　　Q4.2
示例 2	I1.1　M1.3　　　Q4.3 ——| |——(N)——( )—— I1.2 ——|/|—— I1.3 ——| |——	I1.1—>=1　M1.3 I1.2—o——N——>=1　Q4.3 I1.3——=	A(O　　I1.1 ON　I1.2) FN　M1.3 O　　I1.3 =　Q4.3

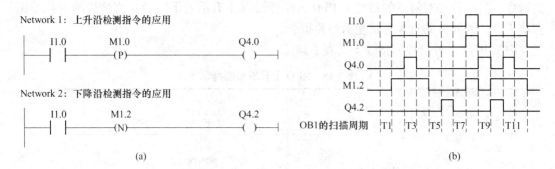

Network 1：上升沿检测指令的应用

```
    I1.0        M1.0              Q4.0
 ──┤ ├─────────(P)───────────────( )──
```

Network 2：下降沿检测指令的应用

```
    I1.0        M1.2              Q4.2
 ──┤ ├─────────(N)───────────────( )──
```

(a)　　　　　　　　　　　　　　　　　　　(b)

图 3-29　RLO 边沿检测指令的工作时序

(a) 示例梯形图程序；(b) 工作时序

（3）触点信号上升沿检测指令，见表 3-20。

表 3-20　触点信号上升沿检测指令

指令形式	LAD	FBD	STL 等效程序
指令格式	"启动条件" "位地址1" ──┤ ├──[POS Q]── "位地址2"─[M_BIT]	"位地址1" [POS M_BIT Q] "位地址2"─	A　地址 1 BLD　100 FP　地址 2 =　输出
示例 1	I1.0 [POS Q]────Q4.0 ( ) M0.0─[M_BIT]	I1.0　　　Q4.0 [POS M_BIT Q]─[=] M0.0─	A　I1.0 BLD　100 FP　M0.0 =　Q4.0
示例 2	I0.0 I1.1 I0.1 Q4.1 ──┤├──[POS Q]──┤├──( ) M0.1─[M_BIT]	I1.1 [POS M_BIT Q]─I0.0─[&]─Q4.1 M0.1─　　I0.1─[=]	A　I0.0 A(A　I1.1 BLD　100 FP　M0.1) A　I0.2 =　Q4.1

（4）触点信号下降沿检测指令，见表 3-21 和图 3-30。

表 3-21　触点信号下降沿检测指令

指令形式	LAD	FBD	STL 等效程序
指令格式	"启动条件" "位地址1" ──┤ ├──[NEG Q]── "位地址2"─[M_BIT]	"位地址1" [NEG M_BIT Q]─ "位地址2"─	A　地址 1 BLD　100 FN　地址 2 =　输出

指令形式	LAD	FBD	STL 等效程序

示例 1

LAD:
```
        I1.0
       ┌─────┐    Q4.2
───────┤ NEG │────( )──
       │  Q  │
M0.2 ──┤M_BIT│
       └─────┘
```

FBD:
```
       I1.0        Q4.2
      ┌─────┐     ┌────┐
      │ NEG │─────┤ =  │
M0.2──┤M_BIT Q│   └────┘
      └─────┘
```

STL:
```
A    I1.0
BLD  100
FN   M0.2
=    Q4.2
```

示例 2

LAD:
```
 I0.0  I0.1      I1.1        I0.2  Q4.3
──┤ ├──┤/├──┬───┤ NEG │───────┤ ├──( )──
            │   │  Q  │
──┤ ├───────┘M0.3┤M_BIT│
  M0.4           └─────┘
```

FBD:
```
I0.0 ─┐ &
I0.1 ─┤      ┌───┐
      └──────┤>=1│
N0.4 ────────┤   │──┐ &
             └───┘  │
        I1.1        │      Q4.3
       ┌─────┐      │     ┌────┐
N0.3 ──┤ NEG │──────┘─────┤ =  │
       │M_BIT Q│           └────┘
       └─────┘
        I0.2
```

STL:
```
A(
A    I0.0
A    I0.1
O    M0.4
)
A(
A    I1.1
BLD  100
FN   M0.3
)
A    I0.2
=    Q4.3
```

Network 1: 触点信号上升沿检测指令

```
        I1.0
       ┌─────┐    Q4.0
───────┤ POS │────( )──
       │   Q │
M0.0 ──┤M_BIT│
       └─────┘
```

Network 2: 触点信号下降沿检测指令

```
        I1.0
       ┌─────┐    Q4.2
───────┤ NEG │────( )──
       │   Q │
M0.2 ──┤M_BIT│
       └─────┘
```

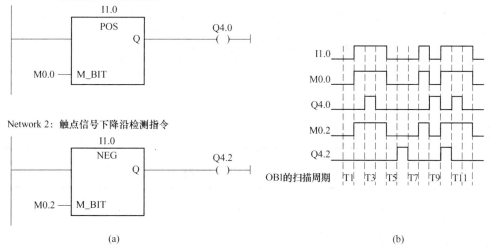

(a)   (b)

图 3-30 触点信号边沿检测指令的工作时序

（a）示例梯形图程序；（b）工作时序

B 定时器与计数器指令

a 定时器指令

定时器指令包括 S_PULSE（脉冲 S5 定时器）、S_PEXT（扩展脉冲 S5 定时器）、S_ODT（接通延时 S5 定时器）、S_ODTS（保持型接通延时 S5 定时器）、S_OFFDT（断电延时 S5 定时器）。

（1）S_PULSE（脉冲 S5 定时器）。脉冲 S5 定时器的梯形图及功能块图指令、线圈指令见表 3-22 和表 3-23，工作时序见图 3-31。

表 3-22　脉冲 S5 定时器的梯形图及功能块图指令

指令形式	LAD	FBD	STL 等效程序
指令格式	Tno S_PULSE 启动信号 —S　　Q— 输出位地址 定时时间 —TV　BI— 时间字单元1 复位信号 —R　BCD— 时间字单元2	Tno S_PULSE 启动信号 —S　　BI— 时间字单元1 定时时间 —TV　BCD— 时间字单元2 复位信号 —R　　Q— 输出位地址	A　启动信号 L　定时时间 SP　Tno A　复位信号 R　Tno L　Tno T　时间字单元1 LC　Tno T　时间字单元2 A　Tno =　输出地址
示例	I0.1　T1 S_PULSE　Q4.0 —S　　Q—（ ） S5T#8S —TV　BI— MW0 I0.2　I0.3 —R　BCD— MW2	T1 S_PULSE I0.1 —S　　BI— MW0 I0.2 —& — I0.3 —o— S5T#8S —TV　BCD— MW2　Q4.0 —R　　Q— =	A　I0.1 L　S5T#8S SP　T1 A　I0.2 AN　I0.3 R　T1 L　T1 T　MW0 LC　T1 T　MW2 A　T1 =　Q4.0

表 3-23　脉冲 S5 定时器的线圈指令

指令符号	示例（LAD）	示例（STL）
Tno —(SP)— 定时时间	Network 1：定时器线圈指令 I0.1　　　　　　　　T2 —| |—————————(SP)— 　　　　　　　　　S5T#10S Network 2：定时器复位 I0.2　　　　　　　　T2 —| |—————————(R)— Network 3：定时器触点应用 T2　　　　　　　　Q4.1 —| |—————————( )—	A　I0.1 L　S5T#10S SP　T2 A　I0.2 R　T2 A　T2 =　Q4.1

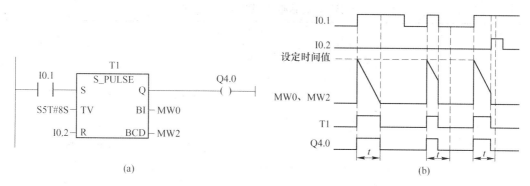

图 3-31　脉冲 S5 定时器的工作时序

（a）示例梯形图程序；（b）工作时序

（2）S_PEXT（扩展脉冲 S5 定时器）。扩展脉冲 S5 定时器的梯形图、功能块图指令及线圈指令见表 3-24 和表 3-25，工作时序见图 3-32。

表 3-24　扩展脉冲 S5 定时器的梯形图及功能块图指令

指令形式	LAD	FBD	STL
指令格式	启动信号 S　S_PEXT Tno　Q 输出位地址 定时时间 TV　BI 时间字单元1 复位信号 R　BCD 时间字单元2	启动信号 S　S_PEXT Tno　BI 时间字单元1 定时时间 TV　BCD 时间字单元2 复位信号 R　Q 输出位地址	A　启动信号 L　定时时间 SE　Tno A　复位信号 R　Tno L　Tno T　时间字单元1 LC　Tno T　时间字单元2 A　Tno =　输出位地址
示例	I0.1 I0.2　S_PEXT T3　Q4.2 S　Q S5T#8S TV　BT MW0 I0.3 R　BCD MW2	I0.1 I0.2 >=1　S_PEXT T3 S　BI MW0 S5T#8S TV　BCD MW2 Q4.2 I0.3 R　Q =	A(O　I0.1 O　I0.2) L　S5T#8S SE　T3 AN　I0.3 R　T3 L　T3 T　MW0 LC　T3 T　MW2 A　T3 =　Q4.2

表 3-25　扩展脉冲 S5 定时器的线圈指令

指令符号	示例（LAD）	示例（STL）
Tno —(SE)— 定时时间	Network 1：扩展定时器线圈指令 I0.1　　　　　　　　　　　　T5 ——┤├——————————(SE)— 　　　　　　　　　　　　　S5T#10S Network 2：定时器复位 I0.2　　　　　　　　　　　　T5 ——┤├——————————(R)— Network 3：定时器触点应用 T5　　　　　　　　　　　　Q4.4 ——┤├——————————( )—	A　　I0.1 L　　S5T#10S SE　　T5 A　　I0.2 R　　T5 A　　T5 =　　Q4.4

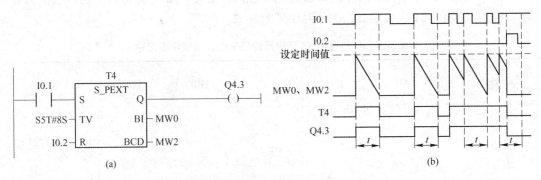

图 3-32　扩展脉冲 S5 定时器的工作时序

（a）示例梯形图程序；（b）工作时序

（3）S_ODT（接通延时 S5 定时器）。接通延时 S5 定时器的梯形图、功能块图指令及线圈指令见表 3-26 和表 3-27，工作时序见图 3-33。

表 3-26　接通延时 S5 定时器的梯形图及功能块图指令

指令形式	LAD	FBD	STL
指令格式	Tno 　　　S_ODT 启动信号—S　　　Q—输出位地址 定时时间—TV　　BI—时间字单元1 复位信号—R　　BCD—时间字单元2	Tno 　　　S_ODT 启动信号—S　　　BI—时间字单元1 定时时间—TV　　BCD—时间字单元2 复位信号—R　　　Q—输出位地址	A　启动信号 L　定时时间 SD　Tno A　复位信号 R　Tno L　Tno T　时间字单元1 LC　Tno T　时间字单元2 A　Tno =　输出位地址

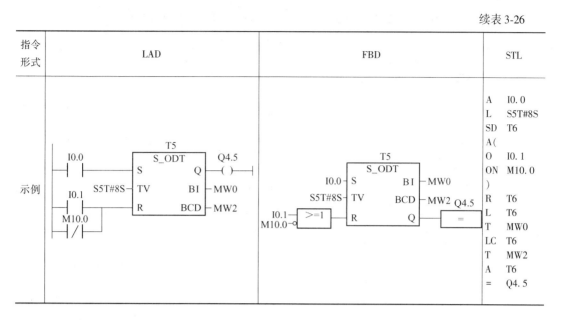

表 3-27 接通延时 S5 定时器的线圈指令

指令符号	示例（LAD）	示例（STL）
Tno —(SD)— 定时时间	Network 1：接通延时定时器线圈指令 I0.0　　　　　　　　　　T8 —| |—————————(SD)— 　　　　　　　　　　　S5T#10S Network 2：定时器复位 I0.1　　　　　　　　　　T8 —| |—————————(R)— Network 3：定时器触点 T8　　　　　　　　　　　Q4.7 —| |—————————( )—	Network 1：接通延时定时线圈指令 　A　　I　　0.0 　L　　S5T#10S 　SD　　T　　8 Network 2：定时器复位 　A　　I　　0.1 　R　　T　　8 Network 3：定时器触点 　A　　T　　8 　=　　Q　　4.7

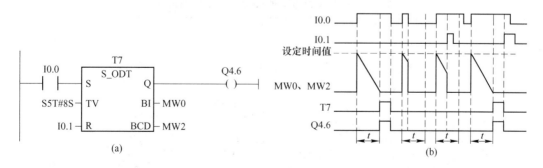

图 3-33 接通延时 S5 定时器的工作时序

（a）示例梯形图程序；（b）工作时序

（4）S_ODTS（保持型接通延时 S5 定时器）。保持型接通延时 S5 定时器的梯形图、功能块图指令及线圈指令见表 3-28 和表 3-29，工作时序见图 3-34。

表 3-28　保持型接通延时 S5 定时器的梯形图及功能块图指令

指令形式	LAD	FBD	STL
指令格式			A　启动信号 L　定时时间 SS　Tno A　复位信号 R　Tno L　Tno T　时间字单元 1 LC　Tno T　时间字单元 2 A　Tno =　输出位地址
示例			A　I0.0 L　S5T#8S SS　T9 A(O　I0.1 ON　M10.0) R　T9 L　T9 T　MW0 LC　T9 T　MW2 A　T9 =　Q5.0

表 3-29　保持型接通延时 S5 定时器的线圈指令

指令符号	示例（LAD）	示例（STL）
Tno —(SS)— 定时时间	Network 1: 保持型接通延时定时器线圈指令 I0.0　　　　　　　　　　T11 —| |—————————(SS)— 　　　　　　　　　　　　S5T#10S Network 2: 定时器复位 I0.1　　　　　　　　　　T11 —| |—————————(R)— Network 3: 定时器触点 T11　　　　　　　　　　Q5.2 —| |—————————( )—	A　I0.0 L　S5T#10S SS　T11 A　I0.1 R　T11 A　T11 =　Q5.2

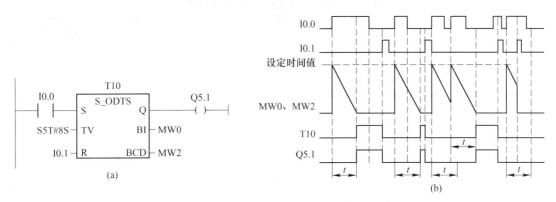

图 3-34 保持型接通延时 S5 定时器的工作时序

（a）示例梯形图程序；（b）工作时序

（5）S_OFFDT（断电延时 S5 定时器）。断电延时 S5 定时器的梯形图、功能块图指令及线圈指令见表 3-30 和表 3-31，工作时序见图 3-25。

表 3-30 断电延时 S5 定时器的梯形图及功能块图指令

指令形式	LAD	FBD	STL
指令格式	Tno S_OFFDT 启动信号 S Q 输出位地址 定时时间 TV BI 时间字单元1 复位信号 R BCD 时间字单元2	Tno S_OFFDT 启动信号 S BI 时间字单元1 定时时间 TV BCD 时间字单元2 复位信号 R Q 输出位地址	A 启动信号 L 定时时间 SF Tno A 复位信号 R Tno L Tno T 时间字单元 1 LC Tno T 时间字单元 2 A Tno = 输出位地址
示例	T12 S_OFFDT Q5.3 I0.0 S Q ( ) I0.1 S5T#12S TV BI MW0 R BCD MW2 M10.0 /	T12 S_OFFDT I0.0 S BI MW0 S5T#12S TV BCD MW2 Q5.3 I0.1 >=1 R Q = M10.0	A I0.0 L S5T#12S SF T12 A(O I0.1 ON M10.0) R T12 L T12 T MW0 LC T12 T MW2 A T12 = Q5.3

表 3-31　断电延时 S5 定时器的线圈指令

指令符号	示例（LAD）	示例（STL）
Ton ─(SF)─ 定时时间	Network 1：断电延时定时器线圈指令 I0.0　　　　　　　　　　　　T14 ─┤├────────────(SF)─ 　　　　　　　　　　　　S5T#10S Network 2：定时器复位 I0.1　　　　　　　　　　　　T14 ─┤├────────────(R)─ Network 3：定时器触点 T14　　　　　　　　　　　Q5.5 ─┤├─────────────( )─	A　　I0.0 L　　S5T#10S SF　　T14 A　　I0.1 R　　T14 A　　T14 =　　Q5.5

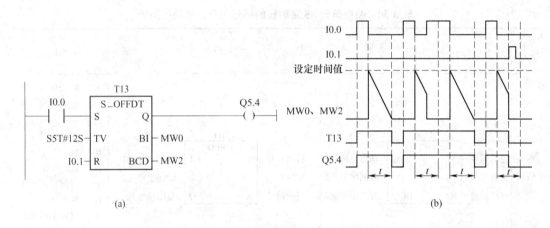

(a)　　　　　　　　　　　　　　　　　(b)

图 3-35　断电延时 S5 定时器的工作时序

（a）示例梯形图程序；（b）工作时序

b　计数器指令

S7-300 的计数器都是 16 位的，因此每个计数器占用该区域 2 个字节空间，用来存储计数值。不同的 CPU 模板，用于计数器的存储区域也不同，最多允许使用 64~512 个计数器。计数器的地址编号为 C0~C511，包括 S_CUD（加/减计数器）、S_CU（加计数器）、S_CD（减计数器）和计数器线圈指令。

（1）S_CUD（加/减计数器）块图指令，见表 3-32。

（2）S_CU（加计数器）块图指令，见表 3-33。

（3）S_CD（减计数器）块图指令，见表 3-34。

（4）计数器的线圈指令。除了前面介绍的块图形式的计数器指令以外，S7-300 系统还为用户准备了 LAD 环境下的线圈形式的计数器。这些指令有计数器初值预置指令 SC、加计数器指令 CU 和减计数器指令 CD，如图 3-36 所示。

表 3-32 S_CUD（加/减计数器）块图指令

指令形式	LAD	FBD	STL 等效程序
指令格式	加计数输入 CU S-CUD Q 输出位地址 减计数输入 CD CV 计数字单元1 预置信号 S CV_BCD 计数字单元2 计数初值 PV 复位信号 R（Cno）	加计数输入 CU S-CUD 减计数输入 CD 预置信号 S CV 计数字单元1 计数初值 PVCV_BCD 计数字单元2 复位信号 R Q 输出位地址（Cno）	A 加计数输入 CU Cno A 减计数输入 CD Cno A 预置信号 L 计数初值 S Cno A 复位信号 R Cno L Cno T 计数字单元 1 LC Cno T 计数字单元 2 A Cno = 输出位地址
示例	I0.0 C0 CU S-CUD Q Q4.0 I0.1 CD CV MW4 I0.2 S CV_BCD MW6 C#5 PV I0.3 R	C0 I0.0 CU S-CUD I0.1 CD I0.2 S CV MV4 C#5 PVCV_BCD MV6 I0.3 R Q Q4.0 =	A I0.0 CU C0 A I0.1 CD C0 A I0.2 L C#5 S C0 A I0.3 R C0 L C0 T MW4 LC C0 T MW6 A C0 = Q4.0

表 3-33 S_CU（加计数器）块图指令

指令形式	LAD	FBD	STL 等效程序
指令格式	加计数输入 CU S_CU Q 输出位地址 预置信号 S CV 计数字单元1 计数初值 PV CV_BCD 计数字单元2 复位信号 R（Cno）	加计数输入 CU S_CU 预置信号 S CV 计数字单元1 计数初值 PVCV_BCD 计数字单元2 复位信号 R Q 输出位地址（Cno）	A 加计数输入 CU Cno BLD 101 A 预置信号 L 计数初值 S Cno A 复位信号 R Cno L Cno T 计数字单元 1 LC Cno T 计数字单元 2 A Cno = 输出位地址

指令形式	LAD	FBD	STL 等效程序
示例			A　I0.0 CU　C1 BLD 101 A　I0.1 L　C#99 S　C1 A　I0.2 R　C1 NOP 0 NOP 0 A　C1 =　Q4.1

表 3-34　S_CD（减计数器）块图指令

指令形式	LAD	FBD	STL 等效程序
指令格式			A　加计数输入 CD　Cno BLD 101 A　预置信号 L　计数初值 S　Cno A　复位信号 R　Cno L　Cno T　计数字单元1 LC　Cno T　计数字单元2 A　Cno =　输出位地址
示例			A　I0.0 CD　C2 BLD 101 A　I0.1 L　C#99 S　C2 A　I0.2 R　C2 L　C2 T　MW0 NOP 0 A　C2 =　Q4.2

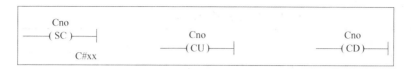

图 3-36　计数器的线圈指令

c　访问 CPU 的时钟存储器

要使用该功能，在硬件配置时需要设置 CPU 的属性，图 3-37 中有一个选项为 Clock Memory，选中选择框就可激活该功能。在 Memory Byte 区域输入想为该项功能设置的 MB 的地址，如需要使用 MB10，则直接输入 10。Clock Memory 的功能是对所定义的 MB 的各个位周期性地改变其二进制的值（占空比为 1∶1）。Clock Memory 各位的周期及频率见表 3-35。

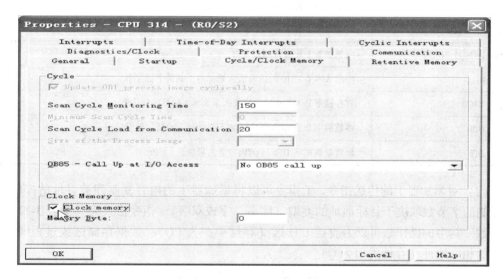

图 3-37　CPU 的时钟存储器设置

表 3-35　Clock Memory 各位的周期及频率

位序	7	6	5	4	3	2	1	0
周期/s	2	1.6	1	0.8	0.5	0.4	0.2	0.1
频率/Hz	0.5	0.625	1	1.25	2	2.5	5	10

3.2.2.2　S7-300 系列 PLC 的功能指令

A　装入和传送指令

装入指令（L）和传送指令（T），可以对输入或输出模块与存储区之间的信息交换进行编程，包括对累加器 1 的装入指令、对累加器 1 的传送指令、状态字与累加器 1 之间的装入和传送指令、与地址寄存器有关的装入和传送指令、LC（定时器/计数器装载指令）、MOVE 指令。

（1）对累加器 1 的装入指令，见表 3-36。

表 3-36　对累加器 1 的装入指令

示例（STL）	说　明
L　B#16#1B	向累加器 1 的低字低字节装入 8 位的十六进制常数
L　139	向累加器 1 的低字装入 16 位的整型常数
L　B#（1，2，3，4）	向累加器 1 的 4 个字节分别装入常数 1、2、3、4
L　L#168	向累加器 1 装入 32 位的整型常数 168
L　′ABC′	向累加器 1 装入字符型常数 ABC
L　C#10	向累加器 1 装入计数型常数
L　S5T#10S	向累加器 1 装入 S5 定时器型常数
L　1.0E+2	向累加器 1 装入实型常数
L　T#1D_2H_3M_4S	向累加器 1 装入时间型常数
L　D#2005_10_20	向累加器 1 装入日期型常数
L　IB10	将输入字节 IB10 的内容装入累加器 1 的低字低字节
L　MB20	将存储字节 MB20 的内容装入累加器 1 的低字低字节
L　DBB12	将数据字节 DBB10 的内容装入累加器 1 的低字低字节
L　DIW15	将背景数据字 DIW15 的内容装入累加器 1 的低字

（2）对累加器 1 的传送指令。T 指令可以将累加器 1 的内容复制到被寻址的操作数，所复制的字节数取决于目标地址的类型（字节、字或双字），指令格式为（见表 3-37）：T 操作数。其中的操作数可以为直接 I/O 区（存储类型为 PQ）、数据存储区或过程映像输出表的相应地址（存储类型为 Q）。

表 3-37　累加器 1 的传送指令格式

示例（STL）	说　明
T　QB10	将累加器 1 的低字低字节的内容传送到输出字节 QB10
T　MW16	将累加器 1 的低字的内容传送到存储字 MW16
T　DBD2	将累加器 1 的内容传送到数字双字 DBD2

（3）状态字与累加器 1 之间的装入和传送指令。L　STW（将状态字装入累加器 1）：将状态字装入累加器 1 中，指令的执行与状态位无关，而且对状态字没有任何影响。指令格式为：L　STW。

T　STW（将累加器 1 的内容传送到状态字）：使用 T　STW 指令可以将累加器 1 的位 0~8 传送到状态字的相应位，指令的执行与状态位无关。指令格式为：T　STW。

（4）与地址寄存器有关的装入和传送指令。

1）LAR1（将操作数的内容装入地址寄存器 AR1，见表 3-38）。

表 3-38 LAR1 装入与传送指令格式

示例（STL）	说　　明
LAR1	将累加器 1 的内容装入 AR1
LAR1　P#I0.0	将输入位 I0.0 的地址指针装入 AR1
LAR1　P#M10.0	将一个 32 位指针常数装入 AR1
LAR1　P#2.7	将指针数据 2.1 装入 AR1
LAR1　MD20	将存储双字 MD20 的内容装入 AR1
LAR1　DBD2	将数据双字 DBD2 中的指针装入 AR1
LAR1　DID30	将背景数据双字 DID30 中的指针装入 AR1
LAR1　LD180	将本地数据双字 LD180 中的指针装入 AR1
LAR1　P#Start	将符号名为"Start"的存储器的地址指针装入 AR1
LAR1　AR2	将 AR2 的内容传送到 AR1

2）LAR2（将操作数的内容装入地址寄存器 2）。使用 LAR2 指令可以将操作数的内容（32 位指针）装入地址寄存器 AR2，指令格式同 LAR1，其中的操作数可以是累加器 1、指针型常数（P#）、存储双字（MD）、本地数据双字（LD）、数据双字（DBD）或背景数据双字（DID），但不能用 AR1。

3）TAR1（将地址寄存器 1 的内容传送到操作数），见表 3-39。

表 3-39 TAR1 传送指令格式

示例（STL）	说　　明
TAR1	将 AR1 的内容传送到累加器 1
TAR1　DBD20	将 AR1 的内容传送到数据双字 DBD20
TAR1　DID20	将 AR1 的内容传送到背景数据双字 DBD20
TAR1　LD180	将 AR1 的内容传送到本地数据双字 LD180
TAR1　AR2	将 AR1 的内容传送到地址寄存器 AR2

4）TAR2（将地址寄存器 2 的内容传送到操作数）。使用 TAR2 指令可以将地址寄存器 AR1 的内容（32 位指针）传送给被寻址的操作数，指令格式同 TAR1。其中的操作数可以是累加器 1、存储双字（MD）、本地数据双字（LD）、数据双字（DBD）、背景数据双字（DID），但不能用 AR1。

5）CAR（交换地址寄存器 1 和地址寄存器 2 的内容）。使用 CAR 指令可以交换地址寄存器 AR1 和地址寄存器 AR2 的内容，指令不需要指定操作数。指令的执行与状态位无关，而且对状态字没有任何影响。

（5）LC（定时器/计数器装载指令）。使用 LC 指令可以在累加器 1 的内容保存到累加器 2 中之后，将指定定时器字中当前时间值和时基以 BCD 码（0～999）格式装入到累加器 1 中，或将指定计数器的当前计数值以 BCD 码（0～999）格式装入到累加器 1 中。指令格式为：LC　定时器/计数器

LC T3   //将定时器 3 的当前定时值和时基以 BCD 码格式装入累加器 1 低字。

LC C10   //将计数器 C10 的计数值以 BCD 码格式装入累加器 1 低字。

（6）MOVE 指令。MOVE 指令为功能框形式的传送指令，能够复制字节、字或双字数据对象。应用中 IN 和 OUT 端操作数可以是常数、I、Q、M、D、L 等类型，但必须在宽度上匹配，见表 3-40。

表 3-40 MOVE 指令格式

指令形式	LAD	FBD
指令格式	使能输入—EN ENO—使能输出 数据输入—IN OUT—数据输出 （MOVE）	使能输入—EN OUT—数据输出 数据输入—IN ENO—使能输出 （MOVE）
示 例	I0.1 —| |— MOVE: EN ENO —( )— Q4.0 MB0—IN OUT—PQB5	I0.1—EN OUT—PQB5 MB0—IN ENO— （MOVE），Q4.0 =

B 转换指令

转换指令是将累加器 1 中的数据进行数据类型转换，转换结果仍放在累加器 1 中。在 STEP 7 中，可以实现 BCD 码与整数、整数与长整数、长整数与实数、整数的反码、整数的补码、实数求反等数据转换操作。转换指令包括 BCD 码和整数到其他类型转换指令、整数和实数的码型变换指令、实数取整指令和累加器 1 调整指令。

（1）BCD 码和整数到其他类型转换指令。STL 形式的指令如表 3-41 所示。

表 3-41 STL 形式的指令

指令	说 明	示 例	

BTI	将累加器 1 低字中的内容作为 3 位的 BCD 码（-999～+999）进行编译，并转换为整数，结果保存在累加器 1 低字中，累加器 2 保持不变。累加器 1 的位 11～0 为 BCD 码数值部位，位 15～12 为 BCD 码的符号位（0000 代表正数；1111 代表负数）。
	如果 BCD 编码出现无效码（10～15）会引起转换错误（BCDF），并使 CPU 进入 STOP 状态
		L MW0
		BTI
		T MW20
			//将 3 位 BCD 码装入
			//累加器 1 的低字中
			//将 BCD 码转换为整数
			//结果存入累加器 1 的低字中
			//将结果（整数）传送到
			//存储字 MW20

BTD	将累加器 1 的内容作为 7 位的 BCD 码（-9,999,999～+9,999,999）进行编译，并转换为长整数，结果保存在累加器 1 中，累加器 2 保持不变。累加器 1 的位 27～0 为 BCD 码数值部分，位 3 为 BCD 码的符号位（0 代表正数；1 代表负数），位 30～28 无效。
	如果 BCD 编码出现无效码（10～15）会引起转换错误（BCDF），并使 CPU 进入 STOP 状态
		L MD0
		BTD
		T MD20
			//将 7 位 BCD 码装入
			//累加器 1 中
			//将 BCD 码转换为长整数
			//结果存入累加器 1 中
			//将结果（长整数）传送到
			//存储双字 MD20

续表 3-41

指令	说　　明	示　　例	

ITB	将累加器 1 低字中的内容作为一个 16 位整数进行编译，并转换为 3 位的 BCD 码，结果保存在累加器 1 的低字中，累加器 1 的位 11~0 为 BCD 码数值部分，位 15~12 为 BCD 码的符号位（0000 代表正数；1111 代表负数），累加器 1 的高字及累加器 2 保持不变。
	
	BCD 码的范围在 −999~+999 之间，如果有数值超出这一范围，则 OV = "1"、OS = "1"
		L MW0
		ITB
		
		T MW20
			//将整数装入累加器 1 的低字中
			//将整数转换为 3 位的 BCD 码
			//结果存入累加器 1 的低字中
			//将结果（3 位的 BCD 码）
			//传送到存储字 MW20

DTB	将累加器 1 中的内容作为一个 32 位长整数进行编译，并转换为 7 位的 BCD 码，结果保存在累加器 1 中，位 27~0 为 BCD 码数值部分，位 31~28 为 BCD 码的符号位（0000 代表正数；1111 代表负数）。累加器 2 保持不变。
	
	BCD 码的范围在 −9,999,999~+9,999,999 之间，如果有数值超出这一范围，则 OV = "1"、OS = "1"
		L MD0
		DTB
		
		T MD20
			//将长整数装入累加器 1 中
			//将长整数转换为 7 位的 BCD
			//结果存入累加器 1 中
			//将结果（BCD 码）传送到
			//存储双字 MD20

ITD	将累加器 1 低字中的内容作为一个 16 位整数进行编译，并转换为 32 位的长整数，结果保存在累加器 1 中，累加器 2 保持不变	L MW0
		ITD
		
		T MD20
			//将整数装入累加器 1 中
			//将整数转换为长整数
			//结果存入累加器 1 中
			//将结果（长整数）传送到
			//存储双字 MD20

DTR	将累加器 1 中的内容作为一个 32 位长整数进行编译，并转换为 32 位的 IEEE 浮点数，结果保存在累加器 1 中	L MD0
		DTR
		
		T MD20
			//将长整数装入累加器 1 中
			//将长整数转换为 32 位浮点数
			//结果存入累加器 1 中
			//将结果（浮点数）传送到
			//存储双字 MD20

LAD 和 FBD 形式的指令，如表 3-42 所示。

表 3-42　LAD 和 FBD 形式的指令

LAD 指令	FBD 指令	说　明	示　　例	
BCD_I EN　ENO IN　OUT	BCD_I EN　OUT IN　ENO	将 3 位 BCD 码转换为整数	I0.1 BCD_I EN　ENO MW0 — IN　OUT — MW20	或	I0.1 — BCD_I EN　OUT — MW20 MW0 — IN　ENO
BCD_DI EN　ENO IN　OUT	BCD_DI EN　OUT IN　ENO	将 7 位 BCD 码转换为长整数	I0.1 BCD_DI EN　ENO MD0 — IN　OUT — MD10	或	I0.1 — BCD_DI EN　OUT — MD10 MD0 — IN　ENO
I_BCD EN　ENO IN　OUT	I_BCD EN　OUT IN　ENO	将整数转换为 3 位的 BCD 码	I0.1 I_BCD EN　ENO MW0 — IN　OUT — MW6	或	I0.1 — I_BCD EN　OUT — MW6 MW0 — IN　ENO
DI_BCD EN　ENO IN　OUT	DI_BCD EN　OUT IN　ENO	将长整数转换为 7 位的 BCD 码	I0.1 DI_BCD EN　ENO MD0 — IN　OUT — MD10	或	I0.1 — DI_BCD EN　OUT — MD10 MD0 — IN　ENO

续表 3-42

LAD 指令	FBD 指令	说明	示　例
I_DI EN ENO IN OUT	I_DI EN OUT IN ENO	将整数转换为长整数	I0.1 — [I_DI / EN ENO / MW0—IN OUT—MD20]　或　[I0.1—EN OUT—MD20 / MW0—IN ENO]
DI_R EN ENO IN OUT	DI_R EN OUT IN ENO	将长整数转换为 32 位的浮点数	I0.1 — [DI_R / EN ENO / MD0—IN OUT—MD10]　或　[I0.1—EN OUT—MD10 / MD0—IN ENO]

（2）整数和实数的码型变换指令。STL 形式的指令如表 3-43 所示。

表 3-43　STL 形式的指令

指令	说　明	示　例
INVI	对累加器 1 低字中的 16 位数求二进制反码（逐位求反，即"1"变为"0"、"0"变为"1"），结果保存在累加器 1 的低字中	L　MW0　//将 16 位数装入累加器 1 的低字中 INVI　//对 16 位数求反，结果存入累加器 1 的低字中 T　MW20　//将结果传送到存储字 MW20
INVD	对累加器 1 中的 32 位数求二进制反码，结果保存在累加器 1 中	L　MD0　//将 32 位数装入累加器 1 中 INVD　//对 32 位数求反，结果存入累加器 1 中 T　MD20　//将结果传送到存储双字 MD20
NEGI	对累加器 1 低字中的 16 位数求二进制补码（对反码加 1），结果保存在累加器 1 的低字中	L　MW0　//将 16 位数装入累加器 1 的低字中 NEGII　//对 16 位数求补，结果存入累加器 1 的低字中 T　MW20　//将结果传送到存储字 MW20
NEGD	对累加器 1 中的 32 位数求二进制补码，结果保存在累加器 1 中	L　MD0　//将 32 位数装入累加器 1 中 NEGD　//对 32 位数求补，结果存入累加器 1 中 T　MD20　//将结果传送到存储双字 MD20
NEGR	对累加器 1 中的 32 位浮点数求反（相当于乘-1），结果保存在累加器 1 中	L　MD0　//将 32 位浮点数装入累加器 1 中，假设为+3.14 NEGR　//对 32 位浮点数求反，结果存入累加器 1 中 //结果变为-3.14 T　MD20　//将结果传送到存储双字 MD20

LAD 和 FBD 形式的指令如表 3-44 所示。

表 3-44　LAD 和 FBD 形式的指令

LAD 指令	FBD 指令	说明	示　例
INV_I EN ENO IN OUT	INV_I EN OUT IN ENO	求整数的二进制反码	I0.1 — [INV_I / EN ENO / MW0—IN OUT—MW20]　或　[I0.1—EN OUT—MW20 / MW0—IN ENO]
INV_DI EN ENO IN OUT	INV_DI EN OUT IN ENO	求长整数的二进制反码	I0.1 — [INV_DI / EN ENO / MD0—IN OUT—MD20]　或　[I0.1—EN OUT—MD20 / MD0—IN ENO]

续表 3-44

LAD 指令	FBD 指令	说 明	示 例
NEG_I EN ENO IN OUT	NEG_I EN OUT IN ENO	求整数的二进制补码	I0.1 — NEG_I EN ENO MW0 — IN OUT — MW10　或　MW0 — I0.1 — EN NEG_I OUT — MW10 IN ENO
NEG_DI EN ENO IN OUT	NEG_DI EN OUT IN ENO	求长整数的二进制补码	I0.1 — NEG_DI EN ENO MD0 — IN OUT — MD10　或　MD0 — I0.1 — EN NEG_DI OUT — MD10 IN ENO
NEG_R EN ENO IN OUT	NEG_R EN OUT IN ENO	对浮点数求反	I0.1 — NEG_R EN ENO MD0 — IN OUT — MD10　或　MD0 — I0.1 — EN NEG_R OUT — MD10 IN ENO

（3）实数取整指令。STL 形式的指令如表 3-45 所示。

表 3-45　STL 形式的指令

指令	说 明	示 例
RND	将累加器 1 中的 32 位浮点数转换为长整数，并将结果取整为最近的整数。如果被转换数字的小数部分位于奇数和偶数中间，则选取偶数结果。结果保存在累加器 1 中	L　MD0　　//将 32 位浮点数装入累加器 1 中 RND　　　　//对 32 位浮点数转换为长整数 T　MD20　　//将结果传送到存储双字 MD20
TRUNC	截取累加器 1 中的 32 位浮点数的整数部分，并转换为长整数。结果保存在累加器 1 中	L　MD0　　//将 32 位浮点数装入累加器 1 中 TRUNC　　//截取浮点数的整数部分，并转换为长整数 T　MD20　//将结果传送到存储双字 MD20
RND+	将累加器 1 中的 32 位浮点数转换为大于或等于该浮点数的最小的长整数，结果保存在累加器 1 中	L　MD0　　//将 32 位浮点数装入累加器 1 中 RND+　　　//取大于或等于该浮点数的最小的长整数 T　MD20　//将结果传送到存储双字 MD20
RND-	将累加器 1 中的 32 位浮点数转换为小于或等于该浮点数的最大的长整数，结果保存在累加器 1 中	L　MD0　　//将 32 位浮点数装入累加器 1 中 RND-　　　//取小于或等于该浮点数的最大的长整数 T　MD20　//将结果传送到存储双字 MD20

LAD 和 FBD 形式的指令如表 3-46 所示。

表 3-46　LAD 和 FBD 形式的指令

LAD 指令	FBD 指令	说 明	示 例
ROUND EN ENO IN OUT	ROUND EN OUT IN ENO	将 32 位浮点数转换为最接近的长整数	I0.1 — ROUND EN ENO MD0 — IN OUT — MD4　或　MD0 — I0.1 — EN ROUND OUT — MD4 IN ENO

续表 3-46

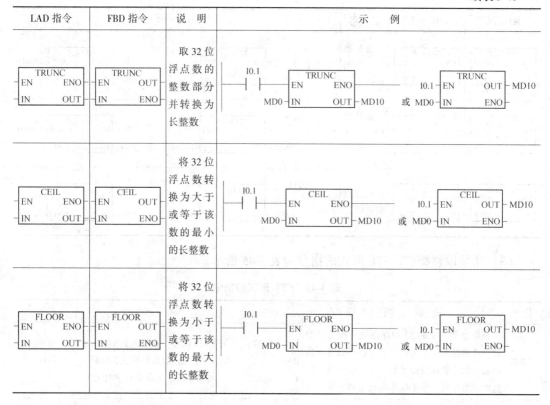

（4）累加器 1 调整指令，见表 3-47。

表 3-47　累加器 1 调整指令格式

指令	说　明	示　例		
CAW	交换累加器 1 低字中的字节顺序	L	MW0	//将 16 位数装入累加器 1 的低字中
				//假设 MW0 的内容为 W#16#X1X2
		CAW		//交换累加器 1 低字中的字节顺序
				//转换结果为 W#16#X2X1
		T	MW20	//将结果传送到存储字 MW20
CAD	交换累加器 1 中的字节顺序	L	MD0	//将 16 位数装入累加器 1 中
				//假设 MW0 的内容为 DW#16#X1X2X3X4
		CAD		//交换累加器 1 低字中的字节顺序
				//转换结果为 DW#16#X4X3X2X1
		T	MD20	//将结果传送到存储双字 MD20

C　比较指令

比较指令可完成整数、长整数或 32 位浮点数（实数）的相等、不等、大于、小于、大于或等于、小于或等于等比较，包括整数比较指令、长整数比较指令和实数比较指令。

（1）整数比较指令，见表 3-48。

表 3-48　整数比较指令

STL 指令	LAD 指令	FBD 指令	说明	STL 指令	LAD 指令	FBD 指令	说明
==I	CMP == I IN1 IN2	CMP == I IN1 IN2	整数相等 (EQ_I)	<I	CMP < I IN1 IN2	CMP < I IN1 IN2	整数小于 (LT_I)
<>I	CMP<>I IN1 IN2	CMP<>I IN1 IN2	整数不等 (NE_I)	>=I	CMP >= I IN1 IN2	CMP >= I IN1 IN2	整数大于或等于 (GE_I)
>I	CMP>I IN1 IN2	CMP>I IN1 IN2	整数大于 (GT_I)	<=I	CMP <= I IN1 IN2	CMP <= I IN1 IN2	整数小于或等于 (LE_I)

（2）长整数比较指令，见表 3-49。

表 3-49　长整数比较指令

STL 指令	LAD 指令	FBD 指令	说明	STL 指令	LAD 指令	FBD 指令	说明
==D	CMP == D IN1 IN2	CMP == D IN1 IN2	长整数相等 (EQ_D)	<D	CMP < D IN1 IN2	CMP < D IN1 IN2	长整数小于 (LT_D)
<>D	CMP<>D IN1 IN2	CMP<>D IN1 IN2	长整数不等 (NE_D)	>=D	CMP>=D IN1 IN2	CMP>=D IN1 IN2	长整数大于或等于 (GE_D)
>D	CMP>D IN1 IN2	CMP>D IN1 IN2	长整数大于 (GT_D)	<=D	CMP <= D IN1 IN2	CMP<=D IN1 IN2	长整数小于或等于 (LE_D)

（3）实数比较指令，见表 3-50。

表 3-50　实数比较指令

STL 指令	LAD 指令	FBD 指令	说明	STL 指令	LAD 指令	FBD 指令	说明
==R	CMP==R IN1 IN2	CMP==R IN1 IN2	实数相等（EQ_R）	<R	CMP<R IN1 IN2	CMP<R IN1 IN2	实数小于（LT_R）
<>R	CMP<>R IN1 IN2	CMP<>R IN1 IN2	实数不等（NE_R）	>=R	CMP>=R IN1 IN2	CMP>=R IN1 IN2	实数大于或等于（GE_R）
>R	CMP>R IN1 IN2	CMP>R IN1 IN2	实数大于（GT_R）	<=R	CMP<=R IN1 IN2	CMP<=R IN1 IN2	实数小于或等于（LE_R）

D　算数运算指令

算术运算指令可完成整数、长整数及实数的加、减、乘、除、求余、求绝对值等基本算数运算，以及 32 位浮点数的平方、平方根、自然对数、基于 e 的指数运算及三角函数等扩展算数运算，包括基本算术运算指令和扩展算术运算指令。

（1）基本算数运算指令（整数运算），见表 3-51。

表 3-51　基本算数运算指令（整数运算）

STL 指令	LAD 指令	FBD 指令	说明
+I	ADD_I EN ENO IN1 OUT IN2	ADD_I EN IN1 OUT IN2 ENO	整数加（ADD_I） 累加器 2 的低字（或 IN1）加累加器 1 的低字（或 IN2），结果保存到累加器 1 的低字（或 OUT）中
-I	SUB_I EN ENO IN1 OUT IN2	SUB_I EN IN1 OUT IN2 ENO	整数减（SUB_I） 累加器 2 的低字（或 IN1）减累加器 1 的低字（或 IN2），结果保存到累加器 1 的低字（或 OUT）中
*I	MUL_I EN ENO IN1 OUT IN2	MUL_I EN IN1 OUT IN2 ENO	整数乘（MUL_I） 累加器 2 的低字（或 IN1）乘累加器 1 的低字（或 IN2），结果（32 位）保存到累加器 1（或 OUT）中

续表 3-51

STL 指令	LAD 指令	FBD 指令	说　明
/I	DIV_I EN　ENO IN1　OUT IN2	DIV_I EN IN1　OUT IN2　ENO	整数除（DIV_I） 累加器 2 的低字（或 IN1）除累加器 1 的低字（或 IN2），结果保存到累加器 1 的低字（或 OUT）中
+<16 位整常数>	—	—	加整数常数（16 位或 32 位） 累加器 1 的低字加 16 位整数常数，结果保存到累加器 1 的低字中

（2）基本算数运算指令（长整数运算），见表 3-52。

表 3-52　基本算数运算指令（长整数运算）

STL 指令	LAD 指令	FBD 指令	说　明
+D	ADD_DI EN　ENO IN1　OUT IN2	ADD_DI EN IN1　OUT IN2　ENO	长整数加（ADD_DI） 累加器 2（或 IN1）加累加器 1（或 IN2），结果保存到累加器 1（或 OUT）中
-D	SUB_DI EN　ENO IN1　OUT IN2	SUB_DI EN IN1　OUT IN2　ENO	长整数减（SUB_DI） 累加器 2（或 IN1）减累加器 1（或 IN2），结果保存到累加器 1（或 OUT）中
*D	MUL_DI EN　ENO IN1　OUT IN2	MUL_DI EN IN1　OUT IN2　ENO	长整数乘（MUL_DI） 累加器 2（或 IN1）乘累加器 1（或 IN2），结果保存到累加器 1（或 OUT）中
/D	DIV_DI EN　ENO IN1　OUT IN2	DIV_DI EN IN1　OUT IN2　ENO	长整数除（DIV_DI） 累加器 2（或 IN1）除累加器 1（或 IN2），结果保存到累加器 1（或 OUT）中
+<32 位整数常数>	—	—	加整数常数（16 位或 32 位） 累加器 1 的内容加 32 位整数常数，结果保存到累加器 1 中
MOD	MOD_DI EN　ENO IN1　OUT IN2	MOD_DI EN IN1　OUT IN2　ENO	长整数收余（MOD_DI） 累加器 2（或 IN1）除累加器 1（或 IN2），将余数保存到累加器 1（或 OUT）中

（3）基本算数运算指令（实数运算），见表 3-53。

表 3-53　基本算数运算指令（实数运算）

STL 指令	LAD 指令	FBD 指令	说　明
+R	ADD_R EN　ENO IN1　OUT IN2	ADD_R EN IN1　OUT IN2　ENO	实数加（ADD_R） 累加器 2（或 IN1）加累加器 1（或 IN2），结果保存到累加器 1（或 OUT）中
-R	SUB_R EN　ENO IN1　OUT IN2	SUB_R EN IN1　OUT IN2　ENO	实数减（SUB_R） 累加器 2（或 IN1）减累加器 1（或 IN2），结果保存到累加器 1（或 OUT）中
*R	MUL_R EN　ENO IN1　OUT IN2	MUL_R EN IN1　OUT IN2　ENO	实数乘（MUL_R） 累加器 2（或 IN1）乘累加器 1（或 IN2），结果保存到累加器 1（或 OUT）中
/R	DIV_R EN　ENO IN1　OUT IN2	DIV_R EN IN1　OUT IN2　ENO	实数除（DIV_R） 累加器 2（或 IN1）除累加器 1（或 IN2），结果保存到累加器 1（或 OUT）中
ABS	ABS EN　ENO IN　OUT	ABS EN　OUT IN　ENO	取绝对值（ABS） 对累加器 1（或 IN1）的 32 位浮点数取绝对值，结果保存到累加器 1（或 OUT）中

（4）扩展算数运算指令，见表 3-54。

表 3-54　扩展算数运算指令

STL 指令	LAD 指令	FBD 指令	说明	STL 指令	LAD 指令	FBD 指令	说明
SQR	SQR EN　ENO IN　OUT	SQR EN　OUT IN　ENO	浮点数平方（SQR）	COS	COS EN　ENO IN　OUT	COS EN　OUT IN　ENO	浮点数余弦运算（COS）
SQRT	SQRT EN　ENO IN　OUT	SQRT EN　OUT IN　ENO	浮点数平方根（SQRT）	TAN	TAN EN　ENO IN　OUT	TAN EN　OUT IN　ENO	浮点数正切运算（TAN）
EXP	EXP EN　ENO IN　OUT	EXP EN　OUT IN　ENO	浮点数指数运算（EXP）	ASIN	ASIN EN　ENO IN　OUT	ASIN EN　OUT IN　ENO	浮点数反正弦运算（ASIN）
LN	LN EN　ENO IN　OUT	LN EN　OUT IN　ENO	浮点数自然对数运算（LN）	ACOS	ACOS EN　ENO IN　OUT	ACOS EN　OUT IN　ENO	浮点数反余弦运算（ACOS）
SIN	SIN EN　ENO IN　OUT	SIN EN　OUT IN　ENO	浮点数正弦运算（SIN）	ATAN	ATAN EN　ENO IN　OUT	ATAN EN　OUT IN　ENO	浮点数反正切运算（ATAN）

E 字逻辑运算指令

字逻辑运算指令可对两个 16 位（WORD）或 32 位（DWORD）的二进制数据，逐位进行逻辑"与"、逻辑"或"、逻辑"异或"运算，见表 3-55。

对于 STL 形式的字逻辑运算指令，可对累加器 1 和累加器 2 中的字或双字数据进行逻辑运算，结果保存在累加器 1 中，若结果不为 0，则对状态标志位 CC1 置"1"，否则对 CC1 置"0"。

对于 LAD 和 FBD 形式的字逻辑运算指令，由参数 IN1 和 IN2 提供参与运算的两个数据，运算结果保存在由 OUT 指定的存储区中。

表 3-55 字逻辑运算指令

STL 指令	LAD 指令	FBD 指令	说明	STL 指令	LAD 指令	FBD 指令	说明
AW	WAND_W EN ENO IN1 OUT IN2	WAND_W EN IN1 OUT IN2 ENO	字"与"（WAND_W）	AD	WAND_DW EN ENO IN1 OUT IN2	WAND_DW EN IN1 OUT IN2 ENO	双字"与"（WAND_DW）
OW	WOR_W EN ENO IN1 OUT IN2	WOR_W EN IN1 OUT IN2 ENO	字"或"（WOR_W）	OD	WOR_DW EN ENO IN1 OUT IN2	WOR_DW EN IN1 OUT IN2 ENO	双字"或"（WOR_DW）
XOW	WXOR_W EN ENO IN1 OUT IN2	WXOR_W EN IN1 OUT IN2 ENO	字"异或"（WXOR_W）	XOD	WXOR_DW EN ENO IN1 OUT IN2	WXOR_DW EN IN1 OUT IN2 ENO	双字"异或"（WXOR_DW）

F 移位指令

移位指令有两种类型：基本移位指令可对无符号整数、有符号长整数、字或双字数据进行移位操作；循环移位指令可对双字数据进行循环移位和累加器 1 带 CC1 的循环移位操作。移位指令包括有符号右移指令、字移位指令、双字移位指令、双字循环移位指令、带累加器循环移位指令。

（1）有符号右移指令，见表 3-56。

表 3-56 有符号右移指令

STL 指令	LAD 指令	FBD 指令	说 明	示 例
SSI 或 SSI <数值>	SHR_I EN ENO IN OUT N	SHR_I EN IN OUT N ENO	有符号整数右移（SHR_I） 空出位用符号位（位 15）填补，最后移出的位送 CC1，有效移位位数是 0~15	Network 1: 整数右移 I0.1 ─┤├─ SHR_I Q4.0 EN ENO ─( ) MW0 ─ IN OUT ─ MW2 W16#3 ─ N

续表3-56

STL 指令	LAD 指令	FBD 指令	说　明	示　例
SSD 或 SSD <数值>	SHR_DI EN　ENO IN　OUT N	SHR_DI EN IN　OUT N　ENO	有符号长整数右移（SHR_DI） 空出位用符号位（位31）填补，最后移出的位送 CC1，有效移位位数是 0~32	Network 1：长整数右移(FBD) I0.1 — EN L#168 — IN　OUT — MD0　Q4.1 W16#18 — N　ENO　　　=

（2）字移位指令，见表3-57。

表3-57　字移位指令

STL 指令	LAD 指令	FBD 指令	说　明	示　例
SLW 或 SLW <数值>	SHL_W EN　ENO IN　OUT N	SHL_W EN IN　OUT N　ENO	字左移（SHL_W） 空出位用"0"填补，最后移出的位送 CC1，有效移位位数是 0~15	L　MW0　//将数字装入累加器1 SLW6　//左移6位 T　MW2　//将结果传送到 MW2
SRW 或 SRW <数值>	SHR_W EN　ENO IN　OUT N	SHR_W EN IN　OUT N　ENO	字右移（SHR_W） 空出位用"0"填补，最后移出的位送 CC1，有效移位位数是 0~15	Network 1：字右移(LAD) I0.1　　　　　SHR_W　　Q4.2 ├──┤ ├──EN　ENO──( )─┤ MW0 — IN　OUT — MW0 MW2 — N

（3）双字移位指令，见表3-58。

表3-58　双字移位指令

STL 指令	LAD 指令	FBD 指令	说　明	示　例
SLD 或 SLD <数值>	SHL_DW EN　ENO IN　OUT N	SHL_DW EN IN　OUT N　ENO	双字左移（SHL_DW） 空出位用"0"填补，最后移出的位送 CC1，有效移位位数是 0~32	L　+3　//将数字+3装入累加器1 L　18　//累加器1→累加器2 　　　//18→累加器1 SLD　//左移5位3 T　MD2　//将结果传送到 MD2
SRD 或 SRD <数值>	SHR_DW EN　ENO IN　OUT N	SHR_DW EN IN　OUT N　ENO	双字右移（SHR_DW） 空出位用"0"填补，最后移出的位送 CC1，有效移位位数是 0~32	L　+5　//将数字+5装入累加器1 L　MD0　//累加器1→累加器2 　　　//MD0→累加器1 SRD　//右移5位 T　MD2　//将结果传送到 MD2

（4）双字循环移位指令，见表3-59。

表 3-59　双字循环移位指令

STL 指令	LAD 指令	FBD 指令	说　明	示　例
RLD 或 RLD <数值>	ROL_DW EN　ENO IN　OUT N	ROL_DW EN IN　OUT N　ENO	双字循环左移（ROL_DW） 有效移位位数是 0~32	Network 1: 双字循环左移(LAD) I0.1 ROL_DW EN　ENO MD0 — IN　OUT — MD2 W#16#2 — N
RRD 或 RRD <数值>	ROR_DW EN　ENO IN　OUT N	ROR_DW EN IN　OUT N　ENO	双字循环右移（ROR_DW） 有效移位位数是 0~32	Network 1: 双字循环右移(FBD) I0.1 — EN ROR_DW ND0 — IN　OUT — MD0　Q4.4 IW0 — N　ENO　=

（5）带累加器循环移位指令格式，见表 3-60。

表 3-60　累加器循环移位指令格式

STL 指令	LAD 指令	FBD 指令	说　明	示　例
RLDA	—	—	累加器 1 通过 CC1 循环左移 累加器 1 的内容与 CC1 一起进行循环左移 1 位。CC1 移入累加器 1 的位 0，累加器 1 的位 31 移入 CC1	L　MD0　　//MD0→累加器 1 RLDA　　　//带 CC1 循环左移 1 位 JP NEXT　//若 CC1＝1，则转到 NEXT
RRDA	—	—	累加器 1 通过 CC1 循环右移 累加器 1 的内容与 CC1 一起进行循环右移 1 位。CC1 移入累加器 1 的位 31，累加器 1 的位 0 移入 CC1	L　MD0　　//MD0→累加器 1 RRDA　　　//带 CC1 循环右移 1 位 T　MD2　　//将结果传送到 MD2

G　控制指令

控制指令可控制程序的执行顺序，使得 CPU 能根据不同的情况执行不同的程序，包括逻辑控制指令、程序控制指令和主控继电器指令。

（1）逻辑控制指令。逻辑控制指令是指逻辑块内的跳转和循环指令，这些指令可以中断原有的线性程序扫描，并跳转到目标地址处重新执行线性程序扫描。目标地址由跳转指令后面的标号指定，该地址标号指出程序要跳往何处，可向前跳转，也可以向后跳转，最大跳转距离为−32768 或 32767 字。逻辑控制指令包括无条件跳转指令、多分支跳转指令、条件跳转指令和循环指令。

1）无条件跳转指令。无条件跳转指令 JU 执行时，将直接中断当前的线性程序扫描，并跳转到由指令后面标号所指定的目标地址处重新执行线性程序扫描，见表 3-61。

表 3-61　无条件跳转指令

指令格式	说　　明
JU<标号>	STL 形式的无条件跳转指令
标号 ——(JHP)——	LAD 形式的无条件跳转指令，直接连接到最左边母线，否则将变成条件跳转指令
标号 …　JMP	FBD 形式的无条件跳转指令，不需要连接任何元件，否则将变成条件跳转指令

2）多分支跳转指令。多分支跳转指令 JL 的指令格式为：JL 标号。

如果累加器 1 低字中低字节的内容小于 JL 指令和由 JL 指令所指定的标号之间的 JU 指令的数量，JL 指令就会跳转到其中一条 JU 处执行，并由 JU 指令进一步跳转到目标地址；如果累加器 1 低字中低字节的内容为 0，则直接执行 JL 指令下面的第一条 JU 指令；如果累加器 1 低字中低字节的内容为 1，则直接执行 JL 指令下面的第二条 JU 指令；如果跳转的目的地的数量太大，则 JL 指令跳转到目的地列表中最后一个 JU 指令之后的第一个指令。

【例 3-4】　多分支跳转指令的使用。

```
          L    MB0        //将跳转目标地址标号装入累加器 1 低字的低字节中
          JL   LSTx       //如果累加器 1 低字的低字节中的内容大于 3，则跳转到 LSTx
          JU   SEG0       //如果累加器 1 低字的低字节中的内容等于 0，则跳转到 SEG0
          JU   SEG1       //如果累加器 1 低字的低字节中的内容等于 1，则跳转到 SEG1
          JU   SEG2       //如果累加器 1 低字的低字节中的内容等于 2，则跳转到 SEG2
          JU   SEG3       //如果累加器 1 低字的低字节中的内容等于 3，则跳转到 SEG3
LSTx      JU   COMM       //跳出
SEG0:     …               //程序段 1
          JU   COMM       //跳出
SEG1:     …               //程序段 2
          JU   COMM       //跳出
SEG2:     …               //程序段 3
          JU   COMM       //跳出
SEG3:     …               //程序段 4
          JU   COMM
COMM:     …               //程序出口
…
```

3）条件跳转指令，见表 3-62。

表 3-62 条件跳转指令

指令格式	说　　明	指令格式	说　　明
JC 标号	RLO 为 "1" 跳转	JO 标号	OV 为 "1" 跳转
标号 ——(JHP)—|	RLO 为 "1" 跳转，LAD 指令。指令左边必须有信号，否则就变为无条件跳转指令	JOS 标号	OS 为 "1" 跳转
标号 …—[JMP]	RLO 为 "1" 跳转，FBD 指令。指令左边必须有信号，否则就变为无条件跳转指令	JZ 标号	为 "0" 跳转
JCN 标号	RLO 为 "0" 跳转	JN 标号	非 "0" 跳转
标号 ——(JMPN)—|	RLO 为 "0" 跳转，LAD 指令	JP 标号	为 "正" 跳转
标号 [JMPN]	RLO 为 "0" 跳转，FBD 指令	JM 标号	为 "负" 跳转
JCB 标号	RLO 为 "1"，且 BR 为 "1" 跳转	JPZ 标号	非 "负" 跳转
JNB 标号	RLO 为 "0" 且 BR 为 "1" 跳转	JMZ 标号	非 "正" 跳转
JBI 标号	BR 为 "1" 跳转	JUO 标号	"无效" 转移
JNBI 标号	BR 为 "0" 跳转		

4）循环指令。循环指令的格式为：LOOP 标号。

使用循环指令（LOOP）可以多次重复执行特定的程序段，由累加器 1 确定重复执行的次数，即以累加器 1 的低字为循环计数器。LOOP 指令执行时，将累加器 1 低字中的值减 1，如果不为 0，则继续循环过程，否则执行 LOOP 指令后面的指令。循环体是指循环标号和 LOOP 指令间的程序段。

【例 3-5】　循环指令的使用。利用循环指令可以完成有规律的重复计算过程，下面是求阶乘 "8!" 的示例程序：

```
        L    L#1        //将长整数常数装入累加器 1
        T    MD20       //将累加器 1 的内容传送到 MD20
        L    8          //将循环次数装入累加器 1 的低字中
NEXT:   T    MW10       //循环开始，将累加器 1 低字的内容（循环变量值）→MW10
        L    MD20       //取部分积
        *D              //MD20×MW10
        T    MD20       //存部分积，循环结束后 MD20 = 8×7×6×5×4×3×2×1 = 40320
        L    MW10       //取当前循环变量值→累加器 1
        LOOP NEXT       //如果累加器 1 低字中的内容不为 0，则转到 NEXT 继续循环执行
                        //并对累加器 1 的低字减 1
        …               //循环结束，执行其他指令
```

（2）程序控制指令。程序控制指令是指功能块（FB、FC、SFB、SFC）调用指令和逻辑块（OB，FB，FC）结束指令，调用块或结束块可以是有条件的或是无条件的。程序控制指令包括基本控制指令和子程序调用指令。

CALL 指令可以调用用户编写的功能块或操作系统提供的功能块，CALL 指令的操作数是功能块类型及其编号，当调用的功能块是 FB 块时还要提供相应的背景数据块 DB。使用 CALL 指令可以为被调用功能块中的形参赋以实际参数，调用时应保证实参与形参的数据类型一致。

1) 基本控制指令，见表 3-63。

表 3-63 基本控制指令

STL 指令	说　明	示　例
BE	无条件块结束。对于 STEP 7 软件而言，其功能等同于 BEU 指令	A　I0.0 JC　NEXT　//若 I0.0 = 1，则跳转到 NEXT A　I4.0　//若 I0.0 = 0，继续向下扫描程序
BEU	无条件块结束。无条件结束当前块的扫描，将控制返还给调用块，然后从块调用指令后的第一条指令开始，重新进行程序扫描	A　I4.1 S　M8.0 BEU　　//无条件结束当前块的扫描 NEXT：…　//若 I0.0 = 1，则扫描其他程序
BEC	条件块结束。当 RLO = "1" 时，结束当前块的扫描，将控制返还给调用块，然后从块调用指令后的第一条指令开始，重新进行程序扫描。若 RLO = "0"，则跳过该指令，并将 RLO 置 "1"，程序从该指令后的下一条指令继续在当前块内扫描	A　I1.0　//刷新 RLO BEC　　//若 RLO = 1，则结束当前块 L　IW0　//若 BEC 未执行，继续向下扫描 T　MW2

2) 子程序调用指令，见表 3-64。

表 3-64 子程序调用指令

STL 指令	说　明	示　例
CALL 块标识	无条件块调用。可无条件调用 FB、FC、SFB、SFC 或由西门子公司提供的标准预编程块。如果调用 FB 或 SFB，必须提供具有相关背景数据块的程序块。被调用逻辑块的地址可以绝对指定，也可以相对指定	CALL　SFB4, DB4 IN：I0.1　//给形参 IN 分配实参 I0.1 PT：T#20S　//给形参 PT 分配实参 T#20S Q：M0.0　//给形参 Q 分配实参 M0.0 ET：MW10　//给形参 ET 分配实参 MW10
CC 块标识	条件块调用。若 RLO = "1"，则调用指定的逻辑块，该指令用于调用无参数 FC 或 FB 类型的逻辑块，除了不能使用调用程序传递参数之外，该指令与 CALL 指令的用法相同	A　I2.0　//检查 I2.0 的信号状态 CC　FC12　//若 I2.0 = "1"，则调用 FC12 A　M3.0　//若 I2.0 = "0"，则直接执行该指令
UC 块标识	无条件调用。可无条件调用 FC 或 SFC，除了不能使用调用程序传递参数之外，该指令与 CALL 指令的用法相同	UC　FC2　　　　//调用功能块 FC2（无参数）

（3）主控继电器指令。主控继电器（MCR）是一种继电器梯形图逻辑的主开关，用于控制电流（能流）的通断，见表 3-65。

表 3-65   主控继电器指令

STL 指令	LAD 指令	FBD 指令	说 明
MCRA	—(MCRA)—|	MCRA	主控继电器启动。从该指令开始可按 MCR 控制
MCR (	—(MCR<)—|	—| MCR<		主控继电器接通。将 RLO 保存在 MCR 堆栈中，并产生一条新的子母线，其后的连接均受控于该子母线
) MCR	—(MCR>)—|	MCR>	主控继电器断开。恢复 RLO，结束子母线
MCRD	—(MCRD)—|	MCRD	主控继电器停止。从该指令开始，将禁止 MCR 控制

【例 3-6】   主控指令的使用。

```
MCRA            //激活 MCR 区
A    I0.0        //扫描 I0.0
MCR (           //若 I0.0＝1，则打开 MCR（子母线开始）
                //MCR 位为 1
A    I0.1        //扫描 I0.1
=    Q4.0        //若 I0.1＝1 且 MCR 位为 1，则 Q4.0 动作
O    I0.2        //扫描 I0.2
O    Q4.0        //扫描 Q4.0
=    Q4.1        //若 Q4.0 信号状态为 1
                //或 MCR 位为 1 且 I0.2＝1，则 Q4.1 动作
)    MCR        //结束 MCR 区
MCRD            //关闭 MCR 区
```

自动化仪表及装置

4.1　控 制 仪 表

4.1.1　控制仪表概述

控制仪表又称控制器，其作用是把被控变量的测量值和给定值进行比较，得出偏差后，按一定的控制规律进行运算，输出控制信号，以推动执行器动作，对生产过程进行自动控制。控制仪表按工作能源主要分类有（液动和混合式用得较少）：（1）电动仪表，以220VAC 或 24VDC 作为工作能源，其输入输出信号均采用 0~10mA 或 4~20mA 的标准信号；（2）气动仪表，以 140kPa 的气压信号作为工作能源，其输入输出信号均采用 20~100kPa 的标准气压信号；（3）自力式仪表，不需要专门提供工作能源，如自力式液位控制器等。

控制仪表的发展基本上分为 3 个阶段。

（1）基地式仪表——模拟式。基地式仪表是将检测、控制、显示功能设计在一个整体内，安装在现场设备上，安装简单、使用方便，但一般通用性差，只适用于小规模、简单控制系统。

（2）单元组合式仪表——模拟式。单元组合式仪表是将仪表按其功能的不同分成若干单元（如变送单元、给定单元、控制单元、显示单元等），每个单元只完成其中的一种功能。其中的控制单元是接受测量与给定信号，然后根据它们的偏差进行控制运算，运算的结果作为控制信号输出。各个单元之间以统一的标准信号相互联系。组件组装式仪表是在单元组合式仪表基础上发展起来的成套控制仪表，它的基本组成部分是一块块功能分离的组件，在结构上可以分为控制柜和操作台两大部分，但是由于 DCS 的出现目前已淘汰。

我国生产的电动单元组合仪表（DDZ），到目前为止已有四代产品。它们分别为：1）DDZ-Ⅰ型仪表，20 世纪 60 年代中期生产的以电子管和磁放大器为主要放大元件（模拟式）；2）DDZ-Ⅱ型仪表，20 世纪 70 年代初开始生产的以晶体管作为主要放大元件输入的标准信号为 0~10mA DC（模拟式）；3）DDZ-Ⅲ型仪表，20 世纪 80 年代初开始生产的，以线性集成电路为主要放大元件，具有安全火花防爆性能，输入的标准信号为 4~20mA DC 或 1~5V DC（模拟式）；4）DDZ-S 型仪表，20 世纪 90 年代初开始生产的以微机芯片为基本部件，输入的标准信号为 4~20mA DC（模拟式+数字式）。这四代产品虽然电路形式和信号标准不同，性能指标和单元划分的方法也不完全一样，但它们实现的控制功能和基本的设计思想是相同的。

（3）以微处理器为中心的控制仪表（装置）——数字式。以微处理器为中心的控制仪表内设微处理器，控制功能丰富，很容易构成各种复杂控制系统，在自动控制系统中广泛应用的有：工业控制计算机（DDS）；集散控制装置（DCS）；单回路数字控制器（SLPC），可认为是 DDZ-S 型；可编程数字控制器（PLC）；现场总线控制装置（FCS）。

以下说明控制仪表中几个重要的概念。

（1）控制规律：指控制器的输出信号与输入偏差信号随时间变化的规律，如 PID 控制规律。

（2）控制器的作用：对来自变送器的测量信号与给定值相比较所产生的偏差进行控制规律（PID）运算，并输出控制信号至执行器。

（3）内、外给定信号：给定信号由控制器内部提供，称为内给定信号（如单回路定值控制系统）；当给定信号来自控制器外部，称为外给定信号（如随动控制系统）。转换通过内外给定开关完成。

（4）正、反作用控制器：控制器的输入 e 与输出 Δy 的变化方向相同，为正作用控制器；如果输入 e 与输出 Δy 变化方向相反，为反作用控制器。

4.1.1.1 控制规律

控制规律是指控制器的输出信号与输入偏差信号之间的关系。控制器的输入信号是变送器送来的测量信号和内部人工设定的或外部输入的设定信号。设定信号和测量信号经比较环节比较后得到偏差信号 e，它是设定值信号 r 与测量信号 x 之差。

控制规律有断续控制和连续控制两类：（1）断续控制——控制器输出接点信号，如双位控制、三位控制；（2）连续控制——控制器输出连续信号，如比例控制、比例积分控制、比例微分控制、比例积分微分控制。

A 位式控制

（1）双位控制：双位控制器只有两个输出值，相应的执行机构只有开和关两个极限位置，因此又称开关控制。双位控制器电路原理如图 4-1 所示。

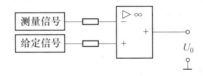

图 4-1　双位控制器电路原理框图

理想的双位控制器，输出 y 与输入偏差 e 之间的关系为：

$$y = \begin{cases} y_{\max} & e > 0 (\text{或 } e < 0) \text{ 时} \\ y_{\min} & e < 0 (\text{或 } e > 0) \text{ 时} \end{cases}$$

具有中间区的双位控制器：将图 4-2 中的测量装置及继电器线路稍加改变，便可成为一个具有中间区的双位控制器，见图 4-3。由于设置了中间区，当偏差在中间区内变化时，控制机构不会动作，因此可以使控制机构开关的频繁程度大为降低，延长了控制器中运动部件的使用寿命。

双位控制过程中一般采用振幅与周期作为品质指标。被控变量波动的上、下限在允许范围内，使周期长些比较有利。双位控制器结构简单、成本较低、易于实现，因而应用很普遍。

116

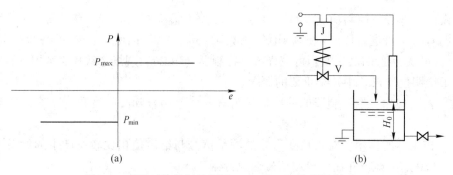

图 4-2 理想双位控制特性图 （a） 和双位控制示例 （b）

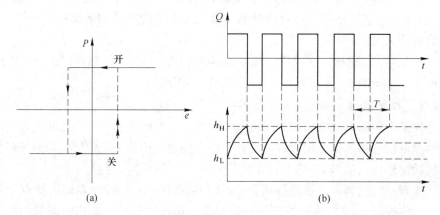

图 4-3 实际的双位控制规律 （a） 和具有中间区的双位控制过程 （b）

（2）三位控制：控制器有三个输出位值，可以控制两个继电器，见图 4-4 和图 4-5。

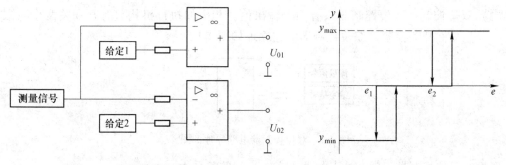

图 4-4 三位控制器电路原理框图　　　图 4-5 实际的三位控制规律

三位控制相对于双位控制，可根据误差大小实现单个或两个继电器的开关，控制速度有所加快，控制输出平稳性有所加强，但要使控制过程平稳准确，必须使用输出值能连续变化的控制器。

B　比例控制（P）

控制器输出 $y(t)$ 和偏差信号 $e(t)$ 成比例关系：

$$y(t) = K_P e(t)$$

式中，K_P 为比例增益。

比例控制的特点：控制及时、适当。只要有偏差，输出立刻成比例地变化，偏差越大，输出的控制作用越强。控制结果存在静差，因为如果被调量偏差为零，控制器的输出也就为零，即调节作用是以偏差存在为前提条件，不可能做到无静差调节。

在实际的比例控制器中，习惯上使用比例度 P 来表示比例控制作用的强弱。$P = 1/K_P$。所谓比例度（比例带），就是指控制器输入偏差的相对变化值与相应的输出相对变化值之比，用百分数表示：

$$P = \left(\frac{e}{x_{max} - x_{min}} \middle/ \frac{y}{y_{max} - y_{min}} \right) \times 100\%$$

式中，e 为输入偏差；y 为控制器输出的变化量；$x_{max} - x_{min}$ 为测量输入的最大变化量，即控制器的输入量程；$y_{max} - y_{min}$ 为输出的最大变化量，即控制器的输出量程。

比例度除了表示控制器输入和输出之间的增益外，还表明比例作用的有效区间。比例度 P 的物理意义是使控制器输出变化 100% 时，所对应的偏差变化相对量，如 $P = 50\%$ 表明：控制器输入偏差变化 50%，就可使控制器输出变化 100%，若输入偏差变化超过此量，则控制器输出饱和，不再符合比例关系。

C　比例积分控制（PI）

当要求控制结果无余差时，就需要在比例控制的基础上，加积分控制作用。

（1）积分控制（I）

输出变化量 y 与输入偏差 e 的积分成正比：

$$y = \frac{1}{T_I} \int_0^t e \, dt$$

式中，T_I 为积分时间。

当有偏差存在时，积分输出将随时间增长（或减小）；当偏差消失时，输出能保持在某一值上。积分作用具有保持功能，故积分控制可以消除余差。积分输出信号随着时间逐渐增强，控制动作缓慢，故积分作用不单独使用。

（2）比例积分控制（PI）

$$y = \frac{1}{P} \left(e + \frac{1}{T_I} \int_0^t e \, dt \right)$$

若将比例与积分组合起来，既能控制及时，又能消除余差。

D　比例微分控制（PD）

对于惯性较大的对象，常常希望能加快控制速度，此时可增加微分作用。

（1）微分控制（D）

理想微分：

$$y = T_D \frac{de}{dt}$$

式中，T_D 为微分时间；$\dfrac{de}{dt}$ 为偏差变化速度。

微分作用能超前控制。在偏差出现或变化的瞬间，微分立即产生强烈的调节作用，使偏差尽快地消除于萌芽状态之中。微分对静态偏差毫无控制能力。当偏差存在，但不变化时，微分输出为零，因此不能单独使用，必须和 P 或 PI 结合，组成 PD 控制或 PID 控制。

（2）比例微分控制（PD）

理想的比例微分控制：

$$y = \frac{1}{P}\left(e + T_\text{D} \frac{\text{d}e}{\text{d}t}\right)$$

理想微分作用持续时间太短，执行器来不及响应，一般使用实际的比例微分作用。

E　比例积分微分控制（PID）

$$y = \frac{1}{P}\left(e + \frac{1}{T_\text{I}} \int_0^t e \text{d}t + T_\text{D} \frac{\text{d}e}{\text{d}t}\right)$$

PID 控制作用中，比例作用是基础控制，微分作用是用于加快系统控制速度，积分作用是用于消除静差。比例增益 K_P、积分时间 T_I、微分时间 T_D 对控制效果的影响如下：（1）K_P 大，系统反应灵敏，过渡过程快，稳定性差；（2）T_I 小，消除余差快，稳定性下降，振荡加剧；（3）T_D 大，克服容量和测量滞后效果好，但对于突变信号反应过大，降低稳定性。将比例、积分、微分三种控制规律结合在一起，只要三项作用的强度配合适当，既能快速调节，又能消除余差，可得到满意的控制效果。PID 控制在工业过程中得到广泛的应用，但对于非线性严重、大滞后对象的控制效果较差，需要采用其他控制算法。

4.1.1.2　控制规律的实现方法

（1）模拟 PID 控制器的实现方法。

PID 控制规律：$u(t) = K_\text{P}\left[e(t) + \frac{1}{T_\text{I}} \int_0^t e(t) \text{d}t + T_\text{D} \frac{\text{d}e(t)}{\text{d}t}\right]$

对应的模拟 PID 控制器的传递函数为：

$$D(s) = \frac{U(s)}{E(s)} = K_\text{P}\left(1 + \frac{1}{T_\text{I}s} + T_\text{D}s\right)$$

式中，K_P 为比例增益，K_P 与比例度 P 成倒数关系即 $K_\text{P} = 1/P$；T_I 为积分时间；T_D 为微分时间；$u(t)$ 为控制量；$e(t)$ 为偏差。

1）串联式 PID 控制器，见图 4-6。

2）微分先行 PID 控制器：微分作用只对测量值有效，在设定值变化时没有针对它的微分作用，见图 4-7。

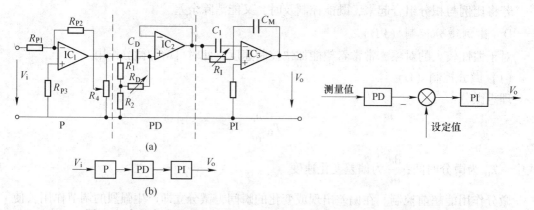

(a)

(b)

图 4-6　串联式 PID 运算电路   图 4-7　测量值微分先行控制器示意图

3）并联式 PID 控制器：K_P 为干扰系数，3 个运算电路并联连接，避免级间误差累积放大，保证整机精度，但 K_P 变化会使实际积分时间和微分时间变化。并联式 PID 运算电路框图如图 4-8 所示。

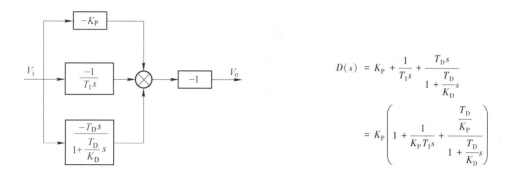

$$D(s) = K_P + \frac{1}{T_I s} + \frac{T_D s}{1 + \frac{T_D}{K_D} s}$$

$$= K_P \left(1 + \frac{1}{K_P T_I s} + \frac{\frac{T_D}{K_P}}{1 + \frac{T_D}{K_D} s} \right)$$

图 4-8　并联式 PID 运算电路框图

4）并联与串并联混合 PID 控制器，见图 4-9。

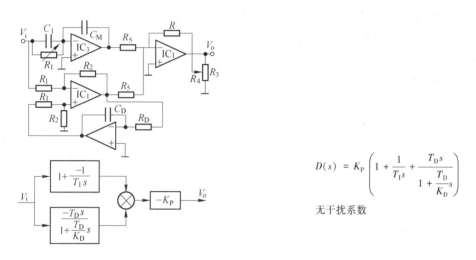

$$D(s) = K_P \left(1 + \frac{1}{T_I s} + \frac{T_D s}{1 + \frac{T_D}{K_D} s} \right)$$

无干扰系数

图 4-9　串并联混合式 PID 运算电路图

（2）数字控制器的实现方法。

由于计算机控制是一种采样控制，它只能根据采样时刻的偏差值计算控制量。在计算机控制系统中，PID 控制规律的实现必须用数值逼近的方法。当采样周期相当短时，用求和代替积分，用后向差分代替微分，使模拟 PID 离散化变为差分方程。采样周期 T 小于信号最小周期的一半，常用 1/8。

1）位置式数字 PID 控制器。

$$u(k) = K_P \left[e(k) + \frac{T}{T_I} \sum_{i=0}^{k} e(i) + T_D \frac{e(k) - e(k-1)}{T} \right]$$

控制系统中如执行机构采用调节阀，则控制量对应阀门的开度，表征了执行机构的位置，此时控制器应采用数字 PID 位置式控制算法。

2）增量式数字 PID 控制器。

$$u(k) = K_P \left[e(k) + \frac{T}{T_I} \sum_{i=0}^{k} e(i) + T_D \frac{e(k) - e(k-1)}{T} \right]$$

$$u(k-1) = K_P \left[e(k-1) + \frac{T}{T_I} \sum_{i=0}^{k-1} e(i) + T_D \frac{e(k-1) - e(k-2)}{T} \right]$$

$$\Delta u(k) = u(k) - u(k-1) = K_P \left[e(k) - e(k-1) \right] + K_I e(k) + K_D \left[e(k) - 2e(k-1) + e(k-2) \right]$$

$$u(k) = u(k-1) + \Delta u(k)$$

控制系统中如执行机构采用步进电机，每个采样周期控制器输出的控制量，是相对于上次控制量的增加，此时控制器应采用数字 PID 增量式控制算法。

一般来讲数字 PID 控制器通常采用增量式控制算法，它具有以下优点：

① 增量算法不需要做累加，控制量增量的确定仅与最近三次误差采样值有关，计算误差或计算精度问题，对控制量的计算影响较小。而位置算法要用到过去的误差累加值，容易产生大的累加误差。

② 增量式算法得出的是控制量的增量，例如阀门控制中只输出阀门开度的变化部分，误动作影响小，必要时通过逻辑判断限制或禁止本次输出，不会严重影响系统的工作。而位置算法的输出是控制量的全量输出，误动作影响大。

③ 采用增量算法，易于实现手动到自动的无冲击切换。

值得注意的是实际应用中为避免理想微分对高频干扰过于敏感，还可将理想微分改为实际微分，加一个阶惯性环节，即低通滤波器。

实际微分传递函数为：

$$Y(s) = \frac{T_D s}{1 + \frac{T_D}{K_D} s} E(s)$$

写成差分方程为：

$$y(k) = \frac{T_D}{T + \frac{T_D}{K_D}} \left[e(k) - e(k-1) \right] + \frac{\frac{T_D}{K_D}}{T + \frac{T_D}{K_D}} y(k-1)$$

将此式代替理想 PID 中的微分部分，即得实用的 PID 运算式。

4.1.2 模拟控制器

4.1.2.1 DDZ-Ⅲ型控制器的特点

模拟式控制器用模拟电路实现控制功能。其发展经历了Ⅰ型（用电子管）、Ⅱ型（用晶体管）和Ⅲ型（用集成电路）。DDZ-Ⅲ型仪表具有以下特点：

（1）采用统一信号标准，即 4~20mA DC 和 1~5V DC。这种信号制的主要优点是电气零点不是从零开始，容易识别断电、断线等故障。同样，因为最小信号电流不为零，可以使现场变送器实现两线制。

（2）广泛采用集成电路，仪表的电路简化、精度提高、可靠性提高、维修工作量减少。

（3）可构成安全火花型防爆系统，用于危险现场。

4.1.2.2 DDZ-Ⅲ型控制器的组成和操作

DDZ-Ⅲ型控制器的主要功能电路有输入电路、给定电路、PID 运算电路、自动与手动（硬手动和软手动）切换电路、输出电路及指示电路，其实物图如图4-10所示，结构方框图如图4-11所示，输入电路见图4-12。

4.1.2.3 全刻度指示控制器的线路实例

（1）输入电路。输入电路的作用有两点：1）获得偏差，偏差 $V_i - V_s$ 放大两倍，差动输入，输入阻抗高；2）电平移动，0V 基准电压提升到 10V，满足运放 IC 器件 + 24VDC 供电时电压范围 2~19V 要求。

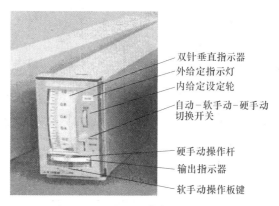

图 4-10   DDZ-Ⅲ型控制器的实物图

双针垂直指示器
外给定指示灯
内给定设定轮
自动-软手动-硬手动切换开关

硬手动操作杆
输出指示器
软手动操作板键

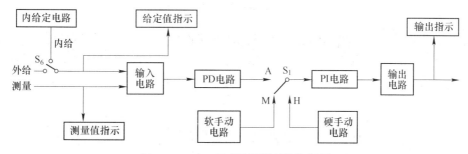

图 4-11   DDZ-Ⅲ型控制器结构方框图

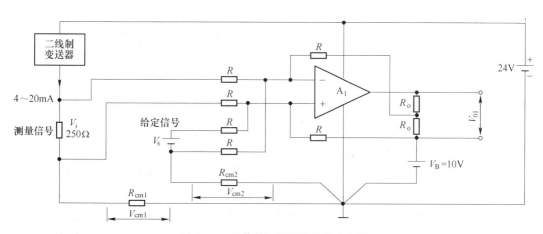

图 4-12   DDZ-Ⅲ型控制器的输入电路

（2）PID 运算电路。PID 运算电路由 PI 和 PD 两个运算电路串联而成（如图4-13所示），由于输入电路中已采取电平移动措施，故这里各信号电压都是以 $V_B = 10V$ 为基准起算的。PD 电路以 A_2 为核心组成。微分作用可选择用与不用。开关 S_8 打向"断"时，构成 P 电路；开关 S_8 打向"通"时，构成 PD 电路。PI 电路以 A_3 为核心组成，开关 S_3 为积分时间倍乘开关。当 S_3 打向×1 档时，1K 电阻被悬空，不起分压作用；当 S_3 打向×10 档时，1K 电阻接到基准线，静态 V_{02} 被分压输入。由于 10μF 电容积分需要较大电流，在 A_3 输出端加一功放三极管。

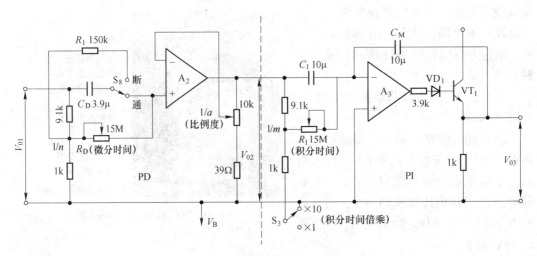

图 4-13 DDZ-Ⅲ型控制器的 PID 电路

（3）输出电路。输出电路的任务是将 PID 电路输出电压 $V_{03} = 1 \sim 5V$ 变换为 $4 \sim 20mA$ 的电流输出，并将基准电平移至 0V。在 A_4 后面用 VT_1、VT_2 组成复合管，进行电流放大，同时以强烈的电流负反馈来保证良好的恒流特性（见图 4-14）。

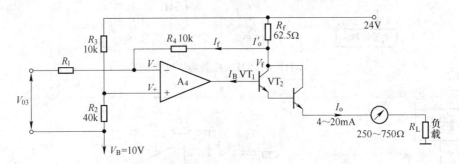

图 4-14 DDZ-Ⅲ型控制器的输出电路

（4）手动操作电路及无扰切换。通过切换开关 S_1 可以选择自动调节 "A"、软手动操作 "M"、硬手动操作 "H" 三种控制方式（见图 4-15）。

1）A、H → M 间的切换（切换目标为 M 时无扰动），用这种手动操作来改变控制器输出，信号变化比较缓和，称为 "软手动"。

2）A、M → H 间的切换（切换目标为 H 时有扰动），当切换开关 S_1 由自动位置 A，切向硬手动 H 时，放大器 A_3 接成具有惯性的比例电路，由于 C_M 充电迅速，A_3 的输出近似为比例电路。

3）M、H→A 间的切换（切换目标为 A 时无扰动），S_1 由 A 切向 M 或 H 时，联动开关同时将积分电容 C_1 接 V_B，使 V_{C_1} 始终等于 V_{02}。当 S_1 再由 H、M 切回 A 时，由于电压没有突变，切换也是无扰动。

（5）测量及给定指示电路。用动圈表头来指示测量值和给定值。S_5 切换到 "标定" 时，可进行示值标定（见图 4-16）。流过动圈表头的电流为 $I_0 \approx \dfrac{V_0}{R_0} = \dfrac{V_i}{R_0}$。

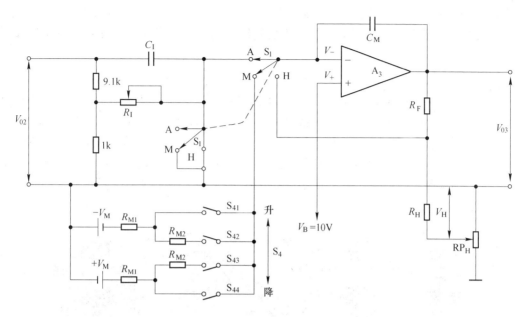

图 4-15　DDZ-Ⅲ型控制器的手动自动切换电路

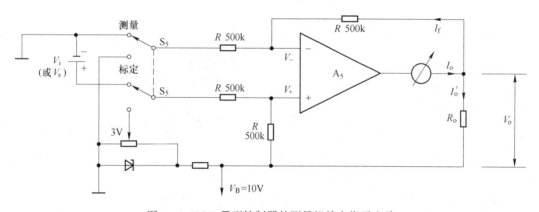

图 4-16　DDZ-Ⅲ型控制器的测量机给定指示电路

DDZ-Ⅲ型是模拟仪表的典型代表。实际电路中还有电源、补偿、滤波、保护、调整等辅助环节。

4.1.3　数字控制器

随着生产规模的发展和控制要求的提高，模拟仪表的局限性越来越明显，具体如下：（1）功能单一，灵活性差；（2）信息分散，需大量仪表，监视操作不便；（3）接线过多，系统维护困难。随着大规模集成电路和计算机技术的发展，测控仪表也迅速推出各种以微处理器为核心的数字式仪表。

数字仪表具有以下优点：（1）功能丰富，更改灵活，体积小，功耗低；（2）具有自诊断功能；（3）具有数据通信功能，可以组成测控网络。数字仪表集中了自动控制、计算机及通信技术（3C，Control Computer Communication），包括简单的可编程单回路控制器、多回路控制器（适合多个被控对象和反馈回路，适用于复杂、滞后和控制品质高的场合，如串级、前馈、比值控制等），还有集连续控制和逻辑控制于一身的可编程逻辑控制器，简称 PLC。

4.1.3.1 可编程单回路控制器 SLPC

SLPC（Single Loop Programmable Controller）单回路控制器是西安仪表厂生产的 YS-80 系列的基型品种，特点为：可接受 5 路模拟量、6 路开关量输入/输出、2 路 1~5VDC 输出，但只有 1 路 4~20mA DC 输出，只能控制一个执行器，这是称为单回路仪表的原因；能取代多台单元仪表，实现复杂的控制运算；外形、操作与模拟仪表相同，可与模拟仪表混用；具有通信及故障诊断功能。YS-80 单回路控制器实物图如图 4-17 所示。

图 4-17　YS-80 单回路控制器实物图

可编程单回路控制器 SLPC 的电路如图 4-18 所示。

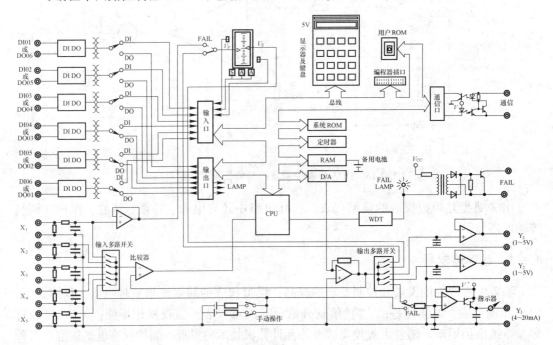

图 4-18　可编程单回路控制器 SLPC 的电路

该电路的具体特点如下：

（1）6 个开关量 DI/DO 可编程接口，通过高频变压器隔离。

（2）模拟量输入 $X_1 \sim X_5$ 接受 $1 \sim 5V$ DC 信号，用逐位比较法实现 A/D 转换，1 片 μPC648D 型 12 位高速 D/A 芯片。

（3）8251 可编程通信接口，可与上位机作双向串行通信，速率为 15.625Kbit/s；故障报警输出；Y_2、Y_3 输出 $1 \sim 5V$ DC，与控制室其他仪表联络用，Y_1 输出 $4 \sim 20mA$ DC。

（4）高速 8 位微处理器 8085A、10MHz，可使仪表在 0.2s 的控制周期内最多运行 240 步用户程序，可根据需要，将控制周期加快到 0.1s。

（5）系统 ROM：1 片 27256EPROM，32K，存放系统管理程序及运算子程序。用户 ROM：1 片 2716EPROM，2K，存放用户程序。RAM：2 片 μPD4464，低功耗 CMOS 存储器，8K，存放现场设定数据及中间计算结果。

（6）仪表正面板：测量值、设定值、操作值显示；自动/手动/串级切换开关；数据设定按钮。仪表侧面板：8 位 16 段笔画显示器，显示各种运行参数可通过键盘上 16 个调整键进行修改；并有编程器接口。

A　SPLC 的数字控制算法

SPLC 的数字 PID 控制算法可参考前面的位置式和增量式数字 PID 控制算法，这里不再详述。但为了改善操作性能和控制品质，常对基本的 PID 运算进行修改，以适应不同工况。这里为了分析，仅仅列出各种修改算法的传函形式，实际应用中需要离散化变为差分方程。

（1）微分先行的 PID 算法（PI-D）：适合给定值经常变化情况。有些工艺生产中，经常改变给定值，而用基本 PID 控制的话，当给定值突变时，微分作用会使控制器输出产生剧烈的跳动，称微分冲击，影响工况的稳定。为了改善这种操作特性，可对给定值不进行微分运算，称为微分先行的 PID 算法。

PI-D 算式：
$$Y(s) = \frac{1}{P}\left[\left(\frac{1}{T_i s} + 1 \right) E(s) - T_d s V_P(s) \right]$$

这种算法与基本 PID 算法的差别如图 4-19 所示；可将图 4-19（b）等效变换为图 4-19（c）。比较图 4-19（a）与图 4-19（c），可见 PI-D 算法相当于在 PID 的给定值通道中，增加了一个一阶惯性滤波器，从而给定值快速变化时，对输出的冲击大为缓和。

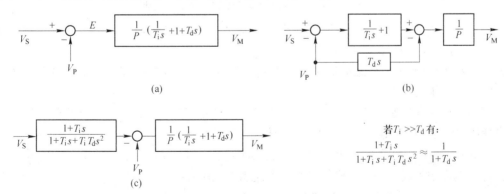

图 4-19　微分先行 PID 控制器

（a）基本 PID 控制器；（b）微分先行 PID；（c）图（b）的等效变换

（2）比例微分先行的 PID 算法（I-PD）：适合给定值经常变化情况。比例运算也能传递阶跃扰动。由微分先行得到启示，若对比例运算作同样修改，比例冲击也能消除。可将图 4-20（b）等效变换为图 4-20（c）。比较图 4-20（a）与图 4-20（c），可见 I-PD 算法相当于在 PID 的给定值通道中，增加了一个二阶惯性滤波器，从而给定值快速变化时，对输出的冲击更为缓和。

PD 算式：
$$Y(s) = \frac{1}{P}\left[\frac{1}{T_i s} \cdot E(s) - (1 + T_d s)V_P(s)\right]$$

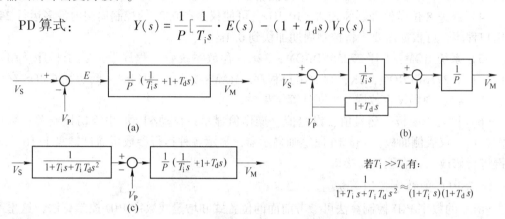

图 4-20　比例微分先行 PID 控制器

（a）基本 PID 控制器；（b）比例微分先行 PID；（c）图（b）的等效变换

（3）带可变形设定值滤波器 SVF 的 PID 算法。PI-D 算法相当于在设定值输入通道上加了一个一阶滤波环节，P-ID 算法相当于在设定值输入通道上加了一个二阶滤波环节。把两者揉合在一起，针对不同的对象特性和控制要求，可以进行柔性调整，实现最佳控制。带可变形设定值滤波器的 PID 算法正是根据这一思路设计而成，见图 4-21。

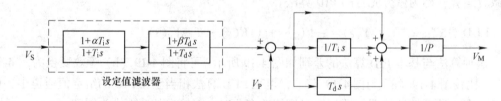

图 4-21　带可变形设定值滤波器 SVF 的 PID 控制器

SVF 算法在设定值通道中设置了一个二阶滤波器，α、β 为控制器设定值通道整定参数，α、β 为 0~1。$\alpha = 0$，$\beta = 0$ 时，为比例微分先行 PID；$\alpha = 1$，$\beta = 0$ 时，为微分先行 PID。当 α、β 在 0~1 间任意取值时，可得到由 PI-D 到 I-PD 连续变化的响应变化，因而有可能实现二维的最佳整定。

当然，还有其他修改算法，比如积分分离 PID 算法（大幅度升降给定值积分饱和）、带有死区 PID 算法（精度要求不高，控制作用尽量少变化）、采样 PI 算法（滞后，调一调等一等）、批量 PID 算法（初始偏差大断续生产，先手动后自动）等等。SLPC 中将上述各种控制算法编成控制程序模块，存在系统 ROM 中，供用户调用。

B　SLPC 单回路可编程控制器的用户程序

为便于用户编程，SLPC 为用户提供的是采用面向问题、面向过程的"自然语言"编程平台。生产商预先将常用的运算控制功能编制成标准程序模块，以指令命名。使用时将所需运算模块和控制模块"组态"，实现控制功能。

SLPC 的用户基本指令共 46 种分 3 类。数据传输类指令两种：LD、ST；结束指令：END；功能指令：43 种。

（1）基本运算模块 11 个，有 +−×÷ 运算，$\sqrt{}$、$\sqrt{}$E 运算（小信号切除点固定的开方、小信号切除点可变的开方），取绝对值运算，高选、低选，高、低限幅。

（2）函数运算模块 13 个，包括折线函数、一阶惯性、微分运算、纯滞后运算、变化率运算、变化率限幅、移动平均运算、状态变化监测、计时、程序设定、脉冲计数、积算脉冲输出。

（3）条件判断运算模块 14 个，包括上下限报警、逻辑运算、转移指令、转子指令、子程序块、比较指令、信号切换。

（4）运算寄存器位移指令 CHG、ROD。

（5）控制模块 3 种，其功能框图如图 4-22 所示。

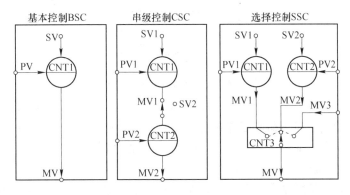

图 4-22　SLPC 的 3 种控制模块

1）基本控制模块 BSC：内含 1 个调节单元 CNT1，相当于模拟仪表中的 1 台 PID 控制器。

2）串级控制模块 CSC：内含两个调节单元 CNT1 和 CNT2，根据串级开关状态，CNT2 可接受 CNT1 的输出作为设定信号，组成双回路串级控制系统，也可直接接受另一设定信号 SV2，实现副回路的单独控制。

3）选择控制模块 SSC：内部包含两个并行工作的 PID 调节单元 CNT1 和 CNT2，另有一自动选择单元 CNT3，可组成选择控制系统。

（6）用户程序的写入和调试。利用编程器逐句键入用户程序：主程序（MPR）⇒子程序（SBP）⇒指定 DIO 功能⇒指定控制字 CNT1～CNT5 ⇒其他参数⇒END。

程序的调试：仿真调试⇒真实对象调试⇒写入 EPROM ⇒移入 ROM 插座。

4.1.3.2　多回路控制系统与多回路控制器

单回路控制系统包含一个测量变送器、一个控制器、一个执行器和对象，对对象的某一个被控参数进行闭环负反馈控制。单回路控制系统适用于被控对象滞后时间较小，负载和干扰不大，控制质量要求不很高的场合。

多回路控制系统内部包含两个以上的回路系统，对过程两个以上的参数进行闭环负反馈控制，其控制目标保证被控过程的被控参数满足工艺要求。多回路控制系统适应于被控对象滞后时间较大，有较大干扰且控制质量要求比较高的场合。

A 常见的多回路控制系统

a 串级控制

串级控制系统由主控制回路和副控制回路串接组成，如图4-23所示。主控制器的输出信号作为副控制器的给定值，因此主控制器所形成的系统是定值控制系统；而副控制器的工作是随动控制系统。利用副控制回路的快速控制作用，以及主副回路的串级作用，可以大大改善控制系统的性能。主参数为主控制器所控制的参数。副参数为副控制器所检测和控制的参数，是为了稳定主参数而引入的辅助参数。

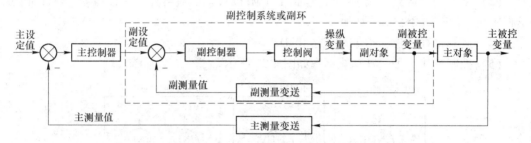

图4-23 串级控制结构框图

串级控制系统的特点是：能迅速克服副回路的干扰，抗干扰的能力强，控制质量高，改善过程的动态特性，对负荷和操作条件的变化适应性强；克服被控对象中变化较剧烈、幅值较大的局部干扰；适用于滞后大、时间常数大的对象。

b 前馈-反馈控制

前馈控制又叫补偿控制，它与反馈控制不同，是按照引起被控参数变化的干扰大小进行调节的。当干扰刚出现且能测出时，控制器就能发出信号，使调节量做相应变化，使两者抵消于被调参数发生偏差之前。前馈控制能更快地克服可测难控的主要干扰，而由反馈控制克服其他的次要干扰及监控前馈控制产生的效果，使控制质量提高。前馈-反馈控制结构框图如图4-24所示。

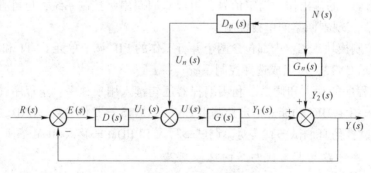

图4-24 前馈-反馈控制结构框图

c 比值控制

凡是用来实现两个或两个以上参数保持一定的比值关系的过程控制系统，称为比值控制系统，比值控制系统分为单闭环比值控制系统（结构简单，调整方便，两个流量间的比值较精确），双闭环比值控制系统，以及具有其他变量调整的固定比值控制系统，如图4-25所示。

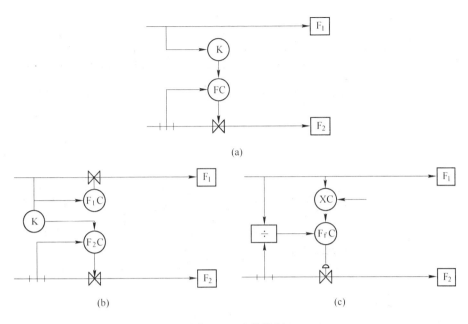

图 4-25　比值控制

（a）单闭环比值控制；（b）双闭环比值控制；（c）变比值控制

d　分程控制

控制器的输出同时控制两个或两个以上的控制阀，每个控制阀根据工艺要求在控制器输出的一段信号范围内起作用。分程控制系统分为控制阀同向动作的分程控制系统和控制阀异向动作的分程控制系统，应用对象为按工艺要求和节能目的变更调节量，保证工艺参数稳定和避免发生事故，满足工艺生产在不同负荷下的控制要求。分程控制系统如图 4-26 所示。

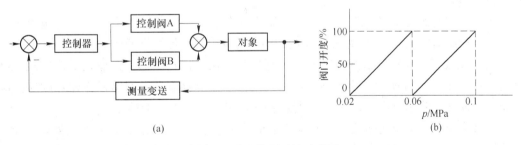

图 4-26　分程控制系统示意图

（a）方框图；（b）工作特性

e　选择性控制

选择性控制就是能根据生产状态自动选择合适的控制方案，系统设有多个控制回路，由选择器根据设计的逻辑关系选通某个控制回路。选择性控制通过选择器实现选择功能。选择器可以接在控制器的输出端，对控制信号进行选择；也可以接在变送器的输出端，对测量信号进行选择。选择性控制称为控制系统的软保护措施，当生产出现不正常状况时，能自动切换到保护性控制回路，当生产恢复正常时，再自动切回稳定性控制回路。选择性控制如图 4-27 所示。

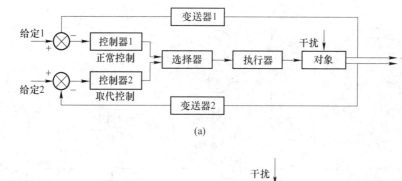

(a)

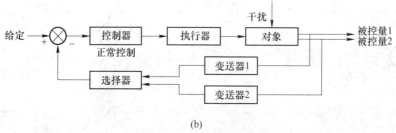

(b)

图 4-27　选择性控制

（a）对控制器输出信号进行选择；（b）对变送器输出信号进行选择

B　多回路控制器

多回路控制器是用微处理机实现多回路调节功能的数字控制器，主要用在单元生产过程中，能完成单元过程的全部或大部调节要求。由于单元过程的类型很多，因而多回路控制器的设计有很大的针对性。各种多回路控制器在规模、功能和结构上有很大差异。多回路控制器在高炉、工业炉窑、化工聚合装置、乙烯裂解等单元性过程装置上已得到广泛的应用，一般用它可实现 8～16 个调节回路和 200～1500 条指令的顺序控制和批量控制。

多回路控制器实现多回路控制时，只需要一个多回路控制器（多回路控制也可由多个单回路控制器实现）。多回路控制器按结构分为仪表型和计算机型两类。

（1）仪表型多回路控制器。它的特点是外观很像模拟控制器，操作也沿用模拟控制器的方式，如图 4-28 所示。仪表型多回路控制器由运算控制器、回路操作器和顺序控制操作器三种基本单元组成，如图 4-29 所示，其功能分配图如图 4-30 所示。

运算控制器是实现连续控制功能和顺序控制功能的核心部件，内部设有微处理机和与回路操作器、顺序控制操作器相连接的串行数据总线接口，在前面板上设有数字显示器和各种按键，用来显示和设定各回路的调节参数和运算参数，还可附加与上一级计算机通信的接口。

回路操作器是回路的显示操作装置和回路与过程间的输入输出接口，在前面板上有过程变量指示器、设定值指示器、设定值操作器、输出指示器、输出操作器和控制模式切换器。

顺序控制操作器是监视、操作顺序控制过程的人机接口和顺序控制的输入输出接口，内部也设有微处理机，用来实现监视、操作功能。前面板上有显示器和各种按键，用来对启动或停止指令、顺序状态显示、显示器等编程。

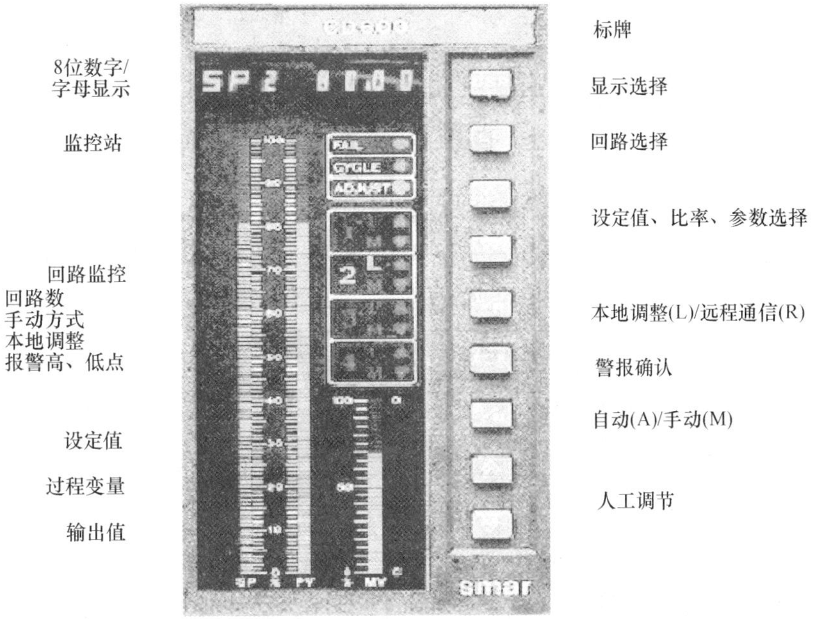
8位数字/
字母显示
监控站
回路监控
回路数
手动方式
本地调整
报警高、低点
设定值
过程变量
输出值
标牌
显示选择
回路选择
设定值、比率、参数选择
本地调整(L)/远程通信(R)
警报确认
自动(A)/手动(M)
人工调节
FAIL
CYCLE
ADJUST
smar

图 4-28 CD600 多回路控制器（仪表型）

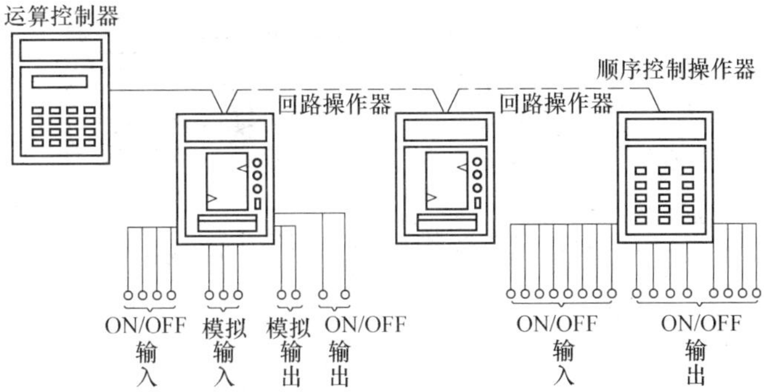
运算控制器
回路操作器
回路操作器
顺序控制操作器
ON/OFF 输入
模拟 输入
模拟 输出
ON/OFF 输出
ON/OFF 输入
ON/OFF 输出

图 4-29 仪表型多回路控制器的构成

（2）计算机型多回路控制器。它的特点是外观很像计算机（如图 4-31 所示），用阴极射线管（CRT）控制台作为人机接口。

多回路控制器的主要功能由标准软件模块提供，这些软件模块存放在只读存储器（ROM）中。不同的用户在构成自己的控制方案时先从标准软件模块中选出需要的模块作为功能块；然后指明功能块间的连接关系和功能块与过程输入输出间的连接关系。用户指定的信息被存储在随机存取存储器（RAM）中，这一过程称为控制方案组态，一旦构成组态便形成某一特定用户的应用系统。其优点是改变控制方案时无需变更控制器的硬件。

4.1.3.3 可编程逻辑控制器 PLC

可编程逻辑控制器简称 PLC，是基于微机技术进行开关顺序控制。随着功能的扩大，现在它除了可用于开关量逻辑控制外，有的 PLC 还配有 PID 模块，集连续控制和逻辑控制于一身，它还可以实现定时控制、数据处理、信号联锁、通信联网等功能。可编程序控制器与过去的继电器控制系统相比，它的最大特点是可编程，可通过改变软件来改变控制方式和逻辑规律。PLC 实物图如图 4-32 所示。

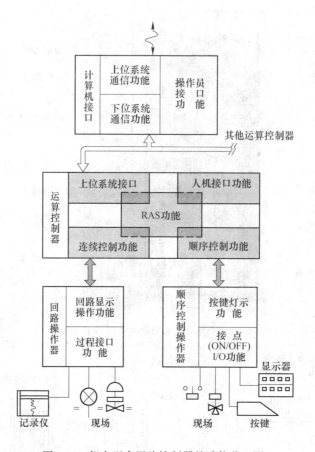

图 4-30　仪表型多回路控制器的功能分配图

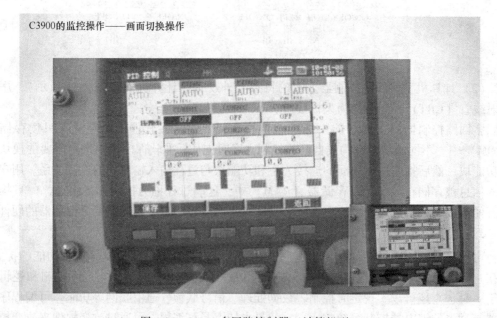

图 4-31　C3900 多回路控制器（计算机型）

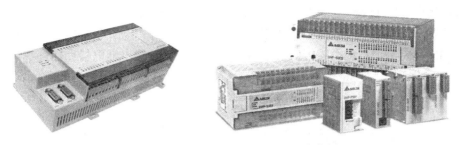

图 4-32 可编程逻辑控制器 PLC 的实物图

A   PLC 的组成

PLC 采用了典型的计算机结构，主要部分包括中央处理器 CPU，存储器和输入、输出接口电路等，如图 4-33 所示。外部的开关信号、模拟信号以及各种传感器检测信号作为 PLC 的输入变量，它们经 PLC 的输入端子进入 PLC 的输入存储器，收集和暂存被控对象实际运行的状态信息和数据；经 PLC 内部运算与处理后，按被控对象实际动作要求产生输出结果；输出结果送到输出端子作为输出变量，驱动执行机构。PLC 的各部分协调一致地实现对现场设备的控制。

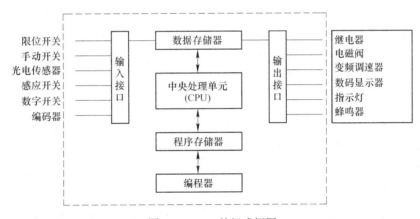

图 4-33   PLC 的组成框图

B   PLC 的内部等效继电器电路

任何一个继电器控制系统，都是由输入部分、逻辑部分和输出部分组成，如图 4-34 所示。

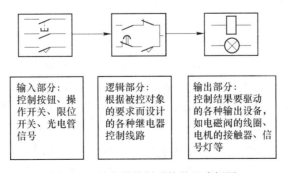

图 4-34   继电器控制系统的组成框图

PLC 就是用软件代替用硬件（继电器）构成的逻辑控制电路。为便于理解逻辑关系，还将 PLC 看成是由许多"软继电器"组成的控制器，画出其内部等效电路，如图 4-35 所示。在 PLC 内部为用户提供的等效继电器有输入继电器、输出继电器、辅助继电器、时间继电器、计数继电器等。这些等效继电器实际上是一段段程序模块，用指令命名。

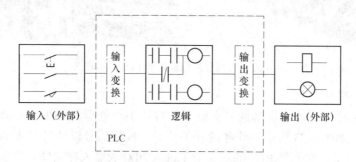

输入（外部）　　　　　　逻辑　　　　　　输出（外部）

图 4-35　"软继电器" PLC 的内部等效电路

C　PLC 的编程语言

PLC 品种繁多，有各种不同的编程语言，通常有梯形图、语句表、控制系统流程图、逻辑方程或布尔代数式等。最常用的是梯形图和语句表，前面讲解 STEP 7 编程语言已详细讲解过，这里不再详述。PLC 的指令包括顺序输入、顺序输出、顺序控制、定时器和计数器等，这些指令用来执行以 bit 为单位的逻辑运算，是 PLC 代替继电器的基础。

4.1.3.4　数字 PID 控制器的正反作用

A　正偏差与负偏差

在自动控制系统中，被调参数由于受到干扰的影响，常常偏离设定值，即被调参数产生了偏差：$e=pv-sp$，式中，e 为偏差；pv 为测量值；sp 为给定值。习惯上，$e>0$，称为正偏差；$e<0$，称为负偏差。

B　控制器的正反作用

对于控制器来说，按照统一的规定，如果测量值增加，控制器输出增加，控制器放大系数 K_c 为正，则该控制器称为正作用控制器；测量值增加，控制器输出减小，K_c 为负，则该控制器称为反作用控制器。

任何一个控制系统在投运前，必须正确选择控制器的正反作用，使控制作用的方向对头，否则，在闭合回路中进行的不是负反馈而是正反馈，它将不断增大偏差，最终必将把被控变量引导到受其他条件约束的高端或低端极限值上。

C　控制器的正反作用的选择原则

闭环控制系统为一般负反馈控制系统，控制器的正反作用的选择原则是保证控制系统为负反馈控制系统，所以，首先应确定控制回路中各环节的符号。

控制对象：控制参数增加时（如阀门开大），被控参数增加（如液上升），则符号为正，反之为负。

调节阀：当输入信号增加时，开度增加（如气开阀），则为"+"，反之为"−"（如气关阀）。

变送器：输入变量增大（如液位升高），输出信号也增大（如毫安信号变大），则为

"+"，反之为"-"。

判断控制器的正反作用：将对象符号与调节阀符号相乘，同号相乘等于"+"，异号相乘等于"-"（例如："+"×"+"="+"，"+"×"-"="-"，"-"×"-"="+"），控制器的正负与相乘的符号相反，这是单回路的选择，复杂回路可按照上述方法确定。

4.1.3.5 数字控制器的手动、自动方式

自动：PID 参与调节。

手动分为软手动（包括保持）和硬手动方式。软手动：控制器输入电流与手动操作信号成积分关系，线性增加或减小，用于系统投运；硬手动：控制器输入电流与手动操作信号成比例关系，用于系统故障。

手动到自动无扰切换时，PID 执行以下操作：（1）置 PV＝SP，人为改变 SP 前恒定；（2）置 PV$(n-1)$＝PV(n)。无扰切换算法：手动 $u(t-)$＝自动 $u(t+)$。

自动控制时，积分部分状态按下式计算：$u_i(kT) = u_m(kT) - u_p(kT) - u_d(kT)$。

4.2 检 测 仪 表

4.2.1 检测仪表概述

4.2.1.1 测量过程与测量误差

测量过程：参数检测就是用专门的技术工具，依靠能量的变换、实验和计算找到被测量的值，我们一般通过传感器或变送器来实现参数检测。

传感器又称为检测元件或敏感元件，它直接响应被测变量，经能量转换并转化成一个与被测变量成对应关系的便于传送的输出信号，如 mV、V、mA、Ω、Hz、位移、力等等。

变送器由于传感器的输出信号种类很多，而且信号往往很微弱，一般都需要经过变送环节的进一步处理，把传感器的输出转换成如 0~10mA、4~20mA 等标准统一的模拟量信号或者满足特定标准的数字量信号。

测量误差：仪表测得的测量值 x_i 与被测真值 x_t 之差。由于真值在理论上是无法真正被获取的，因此，测量误差就是指检测仪表 x_i（精度较低）和标准表 x_o（精度较高）在同一时刻对同一被测变量进行测量所得到的 2 个读数之差。测量误差有多种表达形式：

绝对误差：$\Delta x = x_i - x_o$　　　　　　实际相对误差：$\delta_1 = \dfrac{\Delta x}{x_t} \times 100\%$

标称相对误差：$\delta_2 = \dfrac{\Delta x}{x_o} \times 100\%$　　　　相对百分误差：$\delta_3 = \dfrac{\Delta x}{x_{max} - x_{min}} \times 100\%$

4.2.1.2 测量仪表的品质指标

A　精度等级（精确度等级）

仪表的精度等级（精确度等级）是指仪表在规定的工作条件下允许的最大相对百分误差去掉"±"和"%"，$\delta = \dfrac{最大绝对误差}{量程} = \dfrac{\Delta x_{max}}{x_{max} - x_{min}} \times 100\%$。

目前，按照国家统一规定所划分的仪表精度等级有：

0.005，0.02，0.05，0.1，0.2，0.4，0.5，1.0，1.5，2.5，4.0 等。

所谓的 0.5 级仪表，表示该仪表允许的最大相对百分误差为±0.5%，以此类推。精度等级一般用一定的符号形式表示在仪表面板上。仪表的精度等级是衡量仪表质量优劣的重要指标之一。精度等级数值越小，表示仪表的精确度越高。精度等级数值小于等于 0.05 的仪表通常用来作为标准表，而工业用表的精度等级数值一般大于等于 0.5。

B　灵敏度和分辨率

对于模拟式仪表，灵敏度表示指针式测量仪表对被测参数变化的敏感程度，常以仪表输出（如指示装置的直线位移或角位移）与引起此位移的被测参数变化量之比表示。灵敏限表示指针式仪表在量程起点处，能引起仪表指针动作的最小被测参数变化值。

对于数字式仪表，则用分辨率和分辨力表示灵敏度和灵敏限。分辨率表示仪表显示值的精细程度，如一台仪表的显示位数为四位，其分辨率便为千分之一。数字仪表的显示位数越多，分辨率越高。分辨力是指仪表能够显示的最小被测值，如一台温度指示仪，最末一位数字表示的温度值为 0.1℃，即该表的分辨力为 0.1℃。

C　变差

在外界条件不变的情况下，同一仪表对被测量进行往返测量时（正行程和反行程），产生的最大差值与测量范围之比称为变差。造成变差的原因是传动机构间存在的间隙和摩擦力，弹性元件的弹性滞后等。

D　响应时间

当用仪表对被测量进行测量时，被测量突然变化以后，仪表指示值总是要经过一段时间后才能准确地显示出来，这段时间称为响应时间，即从输入一个阶跃信号开始，到仪表的输出信号（即指示值）变化到新稳态值的 95% 所用的时间。

4.2.1.3　测量仪表的分类

（1）根据所测参数的不同，分成压力（差压、负压）测量仪表、流量测量仪表、物位（液位）测量仪表、温度测量仪表、物质成分分析仪表及物性检测仪表等。

（2）按仪表所用能源分，可分为气动仪表、电动仪表和液动仪表。目前常用为气动仪表和电动仪表。

（3）按精度等级及使用场合的不同，分成实用仪表、范型仪表和标准仪表，分别使用在现场、实验室、标定室。

4.2.2　温度检测仪表

温度是表征物体冷热程度的物理量，是物体内部分子热运动平均动能的标志。温度不能直接测量，一般根据物质的某些物理特性值（如液体的体积、导体的电阻）与温度之间的函数，通过对这些特性值的测量间接获得。

温标是为了保证温度量值的统一和准确而建立起来的温度标尺，是衡量温度高低、表示温度数值的一套规则。它规定了温度的读数起点（零点）和测量温度的基本单位。温标有华氏温标 $F(℉)$、摄氏温标 $t(℃)$ 和热力学温标 $T(K)$，其中热力学温标为国际温标。它们之间的换算关系为：$F = 1.8t + 32(℉)$，$t = (F - 32) ÷ 1.8(℃)$，$T = t +$

$273.15(K)$，$t = T - 273.15(℃)$。

温度检测方法一般可以分为两大类，即接触测量法和非接触测量法，见表4-1。接触式（与介质直接接触）：测量仪表简单、可靠、精度高，但有滞后现象，还可能产生化学反应，且不能应用于很高温度的测量。非接触式：测温范围广，可用于高温测量，速度较快，但精度低。

表 4-1 常见温度检测方法

检测方式	仪表名称	测温原理	测量范围/℃	精度/%	特 点
接触式	双金属温度计	金属热膨胀、变形量随温度变化	−100~600 一般−80~600	1~2.5	结构简单可靠，读数方便，精度较低，不能远传
	压力式温度计	气（汽）体、液体在定容条件下，压力随温度变化	0~600 一般 0~300	1~2.5	结构简单可靠，可较远距离传送（小于50m），精度较低，受环境温度影响大
	玻璃管液体温度计	液体热膨胀、体积随温度变化	−200~600 一般−100~600	0.1~2.5	结构简单，精度高，读数不便，不能传送
	热电阻	金属或半导体的电阻值随温度变化	−258~1200 一般−200~650	0.5~3.0	精度高，便于传送；需外加电源
	热电偶	热电效应	−269~2800 一般−200~1800	0.5~1.0	测温范围大，精度高，便于远传，低温精度差
非接触式	光学高温计	物体单色辐射强度及亮度随温度变化	200~3200 一般 600~2400	1.0~1.5	结构简单，携带方便，不破坏对象温度场；易产生目测误差，外界反射、辐射会引起检测误差
	辐射高温计	物体辐射随温度变化	100~3200 一般 700~2000	1.5	结构简单，稳定性好，光路上环境介质吸收辐射，易产生检测误差

4.2.2.1 温度测量仪表

A 热电阻

热电阻是利用金属导体或半导体材料的电阻率随温度而变化的特性进行温度测量。对于500℃以下的中低温，热电偶输出的热电势很小，容易受到干扰而测不准。一般使用热电阻温度计来进行中低温度的测量。热电阻有金属热电阻和半导体热敏电阻两类，如图4-36和图4-37所示。

（1）金属热电阻。金属热电阻测温精度高。大多数金属电阻阻值随温度升高而增大，具有正温度系数。作为工业用热电阻的材料要求：电阻温度系数大，电阻率大；在测温范围内物理化学性能稳定；温度特性的线性度好。工业中用得最多的是铂电阻和铜电阻，也有镍电阻、铟电阻、锰电阻及碳电阻等，用于低温及超低温测量。

电阻测温信号通过电桥转换成电压时，热电阻的接线如用两线接法，接线电阻随温度变化会给电桥输出带来较大误差，必须用三线制接法（消除引线电阻带来的测量误差），见图4-38。

138

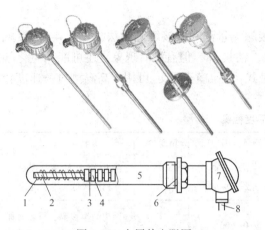

图 4-36 金属热电阻图

1—热电阻丝；2—电阻体支架；3—引线；4—绝缘瓷管；
5—保护套管；6—连接法兰；7—接线盒；8—引线孔

图 4-37 半导体热敏电阻

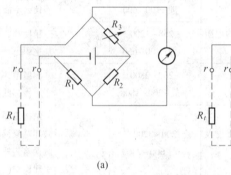
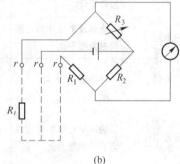

(a)　　　　　　　　　　　(b)

图 4-38 热电阻的两线制和三线制接法

（a）两线制；（b）三线制

（2）半导体热敏电阻。半导体材料的电阻值具有负温度系数，可以作温度传感元件，特点是：电阻率大，电阻体积小，响应快；温度系数大，灵敏度高；非线性严重，影响精度；温度特性分散，互换性差。

B 热电偶

热电偶将两个不同导体或半导体焊接成一闭合回路，利用热电效应，产生电动势，在回流中形成电流，采用两线制连接，见图 4-39。

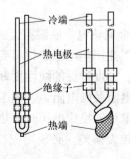
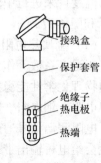

冷端

热电极

绝缘子

热端

接线盒

保护套管

绝缘子
热电极

热端

图 4-39 热电偶

常用热电偶有：S 型热电偶（铂铑 10-铂），1600℃；K 型热电偶（镍铬-镍硅），400℃（热电偶分度号为 S、R、B、N、K、E、J、T）。

热电偶的热电势大小不仅与热端温度有关，还与冷端温度有关。所以使用时，需保持热电偶冷端温度恒定。但热电偶的冷端和热端离得很近，使用时冷端温度较高且变化较大。为此应将热电偶冷端延至温度稳定处。

为了节约，工业上选用在低温区与所用热电偶的热电特性相近的廉价金属，作为热偶丝在低温区的替代品来延长热电偶，称为补偿导线，见图 4-40。根据中间温度定律，补偿导线和热电偶相连后，其总的热电势等于两支热电偶产生的热电势的代数和。

$$E(t, t_0) = E_偶(t, t_n) + E_补(t_n, t_0)$$

图 4-40　热电偶的补偿导线

用补偿导线延长热电偶的必须条件是：补偿导线的热电特性在低温段与所配热电偶相同。因此，不同的热电偶配不同的补偿导线。

使用补偿导线只是将热电偶的冷端延长到温度比较稳定的地方，而标准热电势要求冷端温度为零度，为此还要采取进一步的补偿措施。主要有查表法（根据标准热电势查分度表）、仪表零点调整法（将仪表指针调整到冷端温度处，用于测温要求不太高的场合）、补偿电桥法（利用不平衡电桥产生的电势来补偿热冷端温度变化而引起的热电势变化值）、冰浴法（冷端插入盛有绝缘油的试管中，然后将试管放入装有冰水混合物的容器中，保持冷端为 0℃，多数用于热电偶的检定）和半导体 PN 结补偿法（利用半导体 PN 结电压随温度升高而降低的特性自动补偿冷端温度引起的误差）。

4.2.2.2　温度变送器

温度变送器即温度测量仪表配以转换放大电路将温度转换成与之成线性关系的 4~20mA 标准电流信号的设备。可分为 DDZ-Ⅲ 型温度变送器、一体化温度变送器、智能式温度变送器三类。

（1）DDZ-Ⅲ 型温度变送器。温度变送器一般由测温探头（热电阻或热电偶传感器）和两线制固体电子单元组成，分为热电阻和热电偶两种类型。根据电阻的阻值、热电偶的电势随温度不同发生变化的原理，经过稳压滤波、运算放大、线性电路、V/I 转换、反接保护、限流保护等电路处理后，最终把 mV 信号和 Ω 信号转换为与温度成线性关系的标准电流为 4~20mA（见图 4-41）。

（2）一体化温度变送器。一体化温度变送器是由温度传感器和信号转换器组成，信号转换器安装在温度传感器的冷端接线盒内，温度传感器受温度影响产生电阻或电势效应，经转换产生一个差动电压信号。此信号经放大器放大，再经电压、电流变换，输出与量程相对应的 4~20mA 的电流信号或其他 0~5V/0~10V 等信号。一体化温度变送器也分为一体化热电阻和一体化热电偶两类，通常和显示仪表、记录仪表以及各种控制系统配套使用（见图 4-42）。它具有以下特点：1）变送器直接从现场输出 4~20mA 电流信号，抗

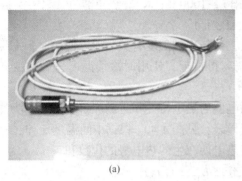
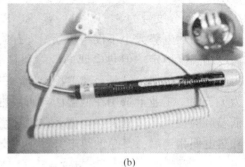

(a) 　　　　　　　　　　　　　(b)

图 4-41　DDZ-Ⅲ型温度变送器的测温探头

(a) 热电阻探头；(b) 热电偶探头

干扰能力强，省去了热电偶的补偿导线和热电阻的三线接法；2）变送模块微型化、芯片化，利用做成一体化隔爆型温度变送器；3）变送器一般采用硅橡胶密封，耐震、耐湿、可靠，适合恶劣工况；4）对环境温度要求比较高，工业标准为−40~85℃。

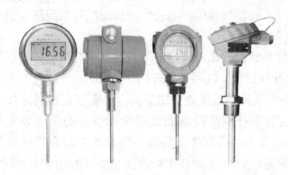

图 4-42　一体化温度变送器

（3）智能温度变送器（见图 4-43）。智能式变送器＝(多参数)传感器+微处理器，它充分利用微处理器的运算和存储能力，可对传感器进行数据处理，对测量信号进行调理（如滤波、放大、A/D 转换等）、数据显示、自动校正和自动补偿等。它具有如下特点：1）自动补偿能力。对非线性、温漂等自动补偿，自检，数据处理，系统精度高，稳定可靠，零点迁移范围宽，量程比大。2）双向通信能力。接收处理传感器数据，并反馈信息调节控制测量过程。3）数字量接口输出能力。方便与计算机和现场总线连接，可进行就地或远程组态。

数据传输类型：FF现场总线
输入信号类型：各种热电阻 Cu10、Ni120、Pt50、Pt100、Pt500
　　　　　　　各种热电偶 B、E、J、K、N、R、S、T、L、U
　　　　　　　其他 mV、Ω
　　　　　　　量程可以组态

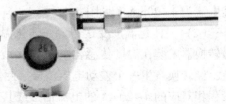

图 4-43　SMART 公司的 TT302 温度变送器

TT302 温度变送器的软件包括系统程序和功能模块两大部分。系统程序使变送器各硬件电路能正常工作并实现所规定的功能，同时完成各组成部分之间的管理。功能模块提供了各种功能，用户可以选择所需要的功能模块以实现用户所要求的功能，主要功能模块包括资源模块 RES、转换功能模块 TRD、显示转换 DSP、组态转换 DIAG 和模拟输入 AI 等（见图 4-44）。

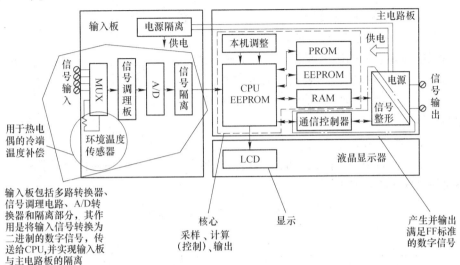

图 4-44　TT302 温度变送器的硬件组成

4.2.3　压力检测仪表

压力是垂直而均匀地作用在单位面积上的力，单位为帕（Pa）。压力有 3 种表示方法，绝对压力 p_a（指物体所受的实际压力），表压力 p（压力表所测得的压力，它是高于大气压力的绝对压力与大气压力之差），负压或真空度 p_h（大气压与低于大气压的绝对压力之差），如图 4-45 所示。本书提及的压力均指表压。

目前工业上常用的压力检测方法和压力检测仪表很多，根据敏感元件和转换原理的不同，一般分为 4 类：

（1）液柱式压力检测。一般采用充有水或水银等液体的玻璃 U 形管或单管进行测量。

（2）弹性式压力检测。它是根据弹性元件受力变形的原理，将被测压力转换成位移进行测量的。常用的弹性元件有弹簧管、膜片和波纹管等。

（3）电气式压力检测。它是利用敏感元件将被测压力直接转换成各种电量进行测量的仪表，如电阻、电荷量等。

（4）活塞式压力检测。它是根据液压机液体传送压力的原理，将被测压力转换成活

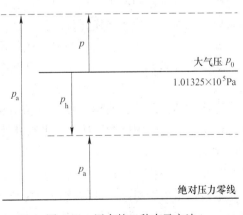

图 4-45　压力的 3 种表示方法

塞面积上所加平衡砝码的质量来进行测量。活塞式压力计测量精度较高，允许误差可以小到 $0.05\% \sim 0.02\%$，它普遍被用作标准仪器对压力检测仪表进行检定。

4.2.3.1　液柱式压力检测

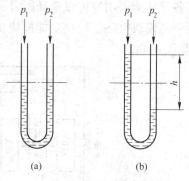

图 4-46　液柱式压力检测原理

液柱式压力检测以液体静力学原理为基础，一般采用水银或水为工作液，用 U 形管进行测量，常用于较低压力、负压或压力差的检测，如图 4-46 所示。液柱式压力检测的特点为直观、可靠、准确度较高等，但 U 形管只能测量较低的压力或差压，为了便于读数，U 形管一般是用玻璃做成，易破损，另外它只能进行现场指示。用 U 形管进行压力检测，其误差来源主要有温度误差和安装误差。

4.2.3.2　弹性式压力检测

弹性式压力检测是用弹性元件把压力转换成弹性元件位移的一种检测方法。常用弹性式压力检测元件如图 4-47 所示。

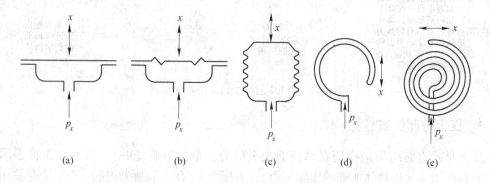

图 4-47　常用弹性式压力检测元件
（a）平薄膜；（b）波纹膜；（c）波纹管；（d）单圈弹簧管；（e）多圈弹簧管

膜片受压力作用产生位移，可直接带动传动机构指示，但更多的是和其他转换元件合起来使用，通过膜片和转换元件把压力转换成电信号。

波纹管的位移相对较大，一般可在其顶端安装传动机构，带动指针直接读数。其特点是灵敏度高（特别是在低压区），常用于检测较低的压力（$1.0 \sim 10^6$ Pa），但波纹管迟滞误差较大，精度一般只能达到 1.5 级。

弹簧管结构简单、使用方便、价格低廉，它使用范围广，测量范围宽，可以测量负压、微压、低压、中压和高压，因此应用十分广泛。根据制造的要求，仪表精度最高可达 0.15 级。

4.2.3.3　电气式压力检测

电气式压力检测是一种能将压力转换成电信号进行传输及显示的仪表，由压力传感器、测量电路和信号处理装置组成。常用电参数有电阻、电感、电容、电压等，因此常见压力传感器有应变式压力传感器、压阻式压力传感器、电容式压力传感器、霍尔片式压力传感器和力矩平衡式压力传感器。

（1）应变片式压力差压变送器。当电阻体受外力作用时，电阻体的长度、截面积或电阻率会发生变化，即其阻值也会发生变化，这种因尺寸变化引起阻值变化称为应变效应。应变片多以金属材料为主，一般和弹性元件一起使用。

（2）压阻式（扩散硅）压力差压变送器。扩散硅压力变送器是一种半导体应变式变送器，其感压元件是用半导体材料（单晶硅）制成的硅杯成膜片。它利用集成电路工艺使半导体材料在感压元件上扩散制成半导体应变电阻来检测感压元件应变的大小，这种因电阻率变化引起阻值变化称为压阻效应。扩散电阻的灵敏系数是金属应变片的几十倍，能直接测量出微小的压力变化，精度已达到 0.5 级。这种传感器的缺点则是扩散电阻存在温度效应，容易受环境温度的影响。

扩散硅式压力（差压）变送器主要由测量部分和放大转换部分组成，测量部分见图 4-48，变送器的组成框图见图 4-49。采用硅杯压阻传感器为敏感元件，通常是在硅膜片上用离子注入和激光修正方法形成四个阻值相等的扩散电阻，应用中将其接成惠斯通电桥（单臂电桥）形式。输入差压，作用于测量部分的扩散硅压阻传感器上，压阻效应使硅材料上扩散电阻（应变电阻）的阻值发生变化，从而使这些电阻组成的电桥产生不平衡电压，由前置放大器放大，再与调零电路产生的调零信号的代数和送入电压-电流转换器转换为整机的输出信号。

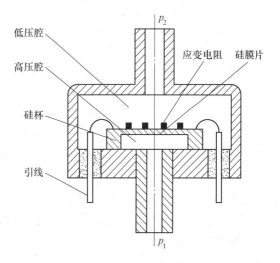

图 4-48　扩散硅式压力变送器测量部分

（3）电容式压力差压变送器。电容式压力变送器是先将压力的变化转换为电容量的变化，然后进行测量的。电容式差压变送器的传感器有左右固定极板，在两个固定极板之间是弹性材料制成的测量膜片，作为电容的中央动极板，在测量膜片两侧的空腔中充满硅油。电容式差压变送器的结构可以有效地保护测量膜片，当差压过大并超过允许测量范围时，测量膜片将平滑地贴靠在玻璃凹球面上，因此不易损坏，与力矩平衡式相比，电容式没有杠杆传动机构，因而尺寸紧凑，密封性与抗振性好，测量精度相应提高，可达 0.2 级。

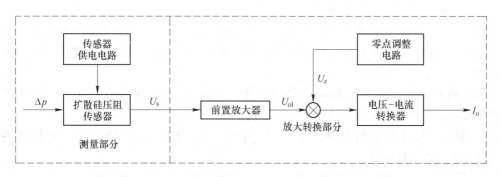

图 4-49　扩散硅式压力变送器的组成框图

电容式压力差压变送器一般采用圆形金属薄膜或镀金属薄膜作为电容器的一个电极，当薄膜感受压力而变形时，薄膜与固定电极之间形成的电容量发生变化，通过测量电路即可输出与电压成一定关系的电信号。电容式压力差压变送器从结构上属于极距变化型电容式变送器，可分为单电容式和差动电容式两种，如图4-50所示。

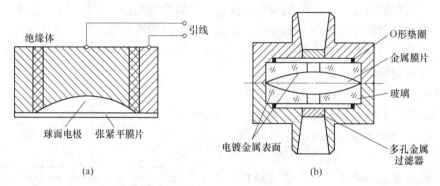

图4-50　电容式压力差压变送器测量部分

(a) 单电容式；(b) 差动电容式

变送器包括测量部分和转换放大电路两部分，其构成方框如图4-51所示。输入差压Δp_i作用于测量部分的感压膜片，使其产生位移，从而使感压膜片（即可动电极）与两固定电极所组成的差动电容器之电容量发生变化。此电容变化量由电容-电流转换电路转换成电流信号，电流信号与调零信号的代数和同反馈信号进行比较，其差值送入放大电路，经放大得到整机的输出电流I_o。

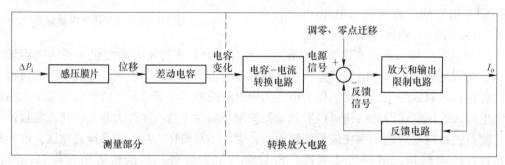

图4-51　电容式压力差压变送器的组成框图

4.2.3.4　智能压力变送器

智能压力变送器是在普通压力或差压传感器的基础上增加微处理器电路而形成的智能检测仪表。通过编制各种程序，使变送器具有自修正、自补偿、自诊断及错误方式告警等多种功能，可进行远程通信。

（1）ST3000智能压力变送器（霍尼韦尔Honeywell）。ST3000智能压力变送器及结构原理见图4-52，通过双向数字通信具有以下功能：

1）组态：可以选择操作参数，如位号、量程、输出形式、阻尼时间等，可把这些数据直接存入变送器存储器。

2）诊断：可以对组态、通信、变送器或过程中出现的问题进行诊断。

3）校验：可以校验变送器的输出或对现有的过程输入值整定零点。

4）显示：可以显示变送器存储器中的信息。

ST3000 支持 HART 和 DE 通信协议，可用 SFC 或 HART 智能现场手操通信器（见图 4-53）进行故障诊断和组态修改。

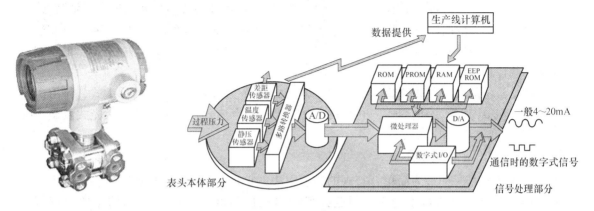

图 4-52　ST3000 智能压力变送器及结构原理

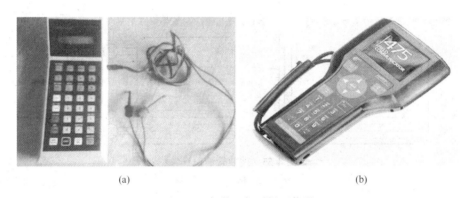

(a)　　　　　　　　　　　　　　　　(b)

图 4-53　智能现场手操通信器

（a）SFC 手操通信终端；（b）HART 手操通信终端

（2）3051C 智能压力变送器（罗斯蒙特 Rosemount）。3051C 智能压力变送器采用电容式压力传感器进行压力检测，也支持智能现场手操器通信，这里不再详述，其外形及组成框图如图 4-54 所示。

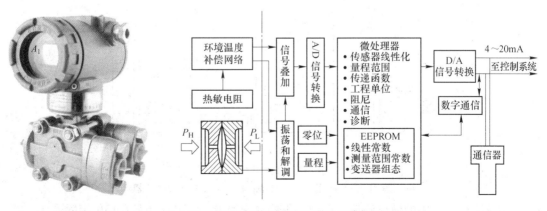

图 4-54　3051C 智能压力变送器及组成框图

4.2.4 液位检测仪表

在工业生产过程中，常遇到大量的液体物料和固体物料，它们占有一定的体积，堆成一定的高度。把生产过程中罐、塔、槽等容器中存放的液体表面位置称为液位；把料斗、堆场仓库等储存的固体块、颗粒、粉料等的堆积高度和表面位置称为料位；两种互不相溶的物质的界面位置叫做界位。液位、料位以及相界面总称为物位。对物位进行测量的仪表被称为物位检测仪表。

测量液位的仪表有玻璃管（板）式，静压式（压力式、差压式），称重式、浮力式（浮筒、浮球、浮标），电容式、电感式、电阻式，超声波式、放射性式、激光式及微波式等。

4.2.4.1 直接测量法

直接测量是一种最为简单、直观的测量方法，它是利用连通器的原理，将容器中的液体引入带有标尺的观察管中，通过标尺读出液位高度。图 4-55 所示的是玻璃管液位计。

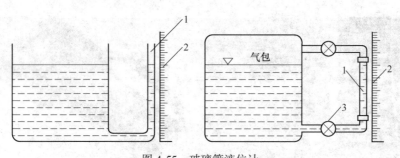

图 4-55 玻璃管液位计
1—容器；2—标尺；3—旋塞阀

4.2.4.2 压力法

压力法依据液体重量所产生的压力进行测量。由于液体对容器底面产生的静压力与液位高度成正比，因此通过测容器中液体的压力即可测算出液位高度。开口容器的三种压力式液位计如图 4-56 所示。

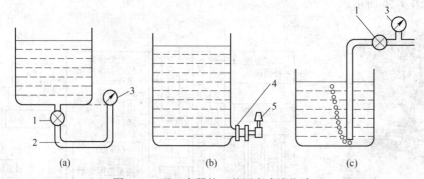

图 4-56 开口容器的三种压力式液位计
1—旋塞阀；2—引压管；3—压力表；4—法兰；5—压力变送器

对于密闭容器中的液位测量，可用差压法进行测量，它可在测量过程中消除液面上部气压及气压波动对示值的影响，图 4-57 为差压式液位计测量原理。对于具有腐蚀性或含有结晶颗粒以及黏度大、易凝固的介质，引压导管易被腐蚀或堵塞，影响测量精度，应采用法兰式压力（差压）变送器，见图 4-58。

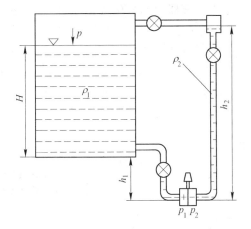

图 4-57　密闭容器的差压式液位计

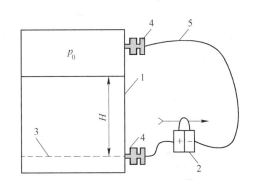

图 4-58　密闭容器的法兰式液位计
1—容器；2—差压计；3—液位零面；4—法兰；5—毛细管

　　无论是压力检测法还是差压法，均要求零液位与检测仪表在同一水平高度，否则会产生附加静压误差。对压力变送器进行零点调整，使在只受附加静压力时输出为"零"。迁移量为正值为正迁移，迁移量为负值为负迁移，正负迁移的实质是改变变送器的零点，同时改变量程的上下限，而量程范围不变。

4.2.4.3　浮力法

　　浮力式液位检测分为恒浮力式检测与变浮力式检测。恒浮力式检测的基本原理是通过测量漂浮于被测液面上的浮子（也称浮标）随液面变化而产生的位移，如钢带浮子式液位计（图 4-59）、浮球液位计、磁性浮子或浮球式液位计（图 4-60）等。变浮力式检测是利用沉浸在被测液体中的浮筒（也称沉筒）所受的浮力与液面位置的关系检测液位，如浮筒式液位计（图 4-61）、电动浮筒式液位计（图 4-62）等。

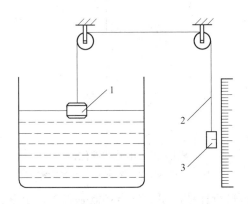

图 4-59　钢带浮子式液位计
1—浮子；2—钢带；3—平衡阻尼器

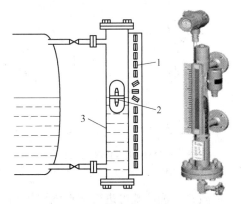

图 4-60　磁性浮子式液位计
1—指示翻板；2—磁性浮子；3—连通容器

　　磁性浮子或浮球式液位计主要由本体部分、就地指示器、远传变送器以及上、下限液位报警器等几部分组成，如图 4-60 所示。磁性浮子式液位计通过与工艺容器相连的筒体内浮子随液面（或界面）的上下移动，由浮子内的磁钢利用磁耦合原理驱动磁性翻板指示器，用红蓝两色（液红气蓝）明显直观地指示出工艺容器内的液位或界位。

　　电动浮筒式液位计的杠杆末端吊有内筒，浮筒随介质的浮力 F_1 变化而升降。这个浮力作用在杠杆 1 上，使杠杆系统以轴封膜片为支点而产生微小偏转（轴封膜片一方面作为杠杆的支点，另一方面起密封作用），带动杠杆 2 转动，传感器将偏移量经信号处理及转换电路转换成 4~20mA 标准信号输出，即完成变换过程，其结构原理见图 4-62。

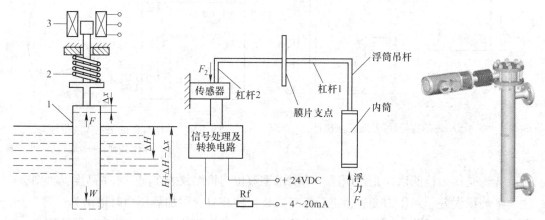

图 4-61　浮筒式液位计　　　　　图 4-62　电动浮筒式液位计
1—浮筒；2—弹簧；3—磁钢室

4.2.4.4　电学法

　　电学法按工作原理不同又可分为电阻式、电感式和电容式，如图 4-63~图 4-65 所示。用电学法测量无摩擦件和可动部件，信号转换、传送方便，便于远传，工作可靠，且输出可转换为统一的电信号，与电动单元组合仪表配合使用，可方便地实现液位的自动检测和自动控制。

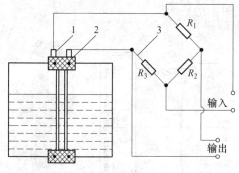

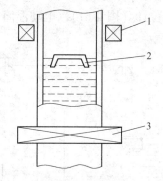

图 4-63　电阻式液位计　　　　　图 4-64　电感式液位计
1—电阻棒；2—绝缘套；3—测量电桥　　1—上限线圈；2—浮子；3—下限线圈

　　电阻式液位计既可进行定点液位控制，也可进行连续测量。定点控制是指液位上升或下降到一定位置时引起电路的接通或断开，引发报警器报警。电阻式液位计的原理是基于液位变化引起电极间电阻变化，由电阻变化反映液位情况。

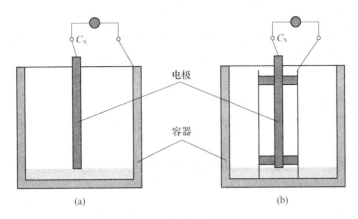

图 4-65　电容式液位计

（a）容器为金属材料；（b）容器为非金属材料或容器直径远大于电极直径

电感式液位计利用电磁感应现象，液位变化引起线圈电感变化，感应电流也发生变化。电感式液位计既可进行连续测量，也可进行液位定点控制。

电容式液位计利用液位高低变化影响电容器电容量大小的原理进行测量。电容式液位计的结构形式很多，有平极板式、同心圆柱式等等。它的适用范围非常广泛，对介质本身性质的要求不像其他方法那样严格，对导电介质和非导电介质都能测量，此外还能测量有倾斜晃动及高速运动的容器液位，不仅可作液位控制器，还能用于连续测量。

4.2.4.5　热学法

在冶金行业中常遇到高温熔融金属液位的测量。由于测量条件的特殊性，目前除使用核辐射法外，还常用热学方法进行检测。它利用了高温熔融液体本身的特性，即在空气和高温液体的分界面处温度场出现突变的特点，用测量温度的方法间接获得高温金属熔液液位。热学法按温度测量转换原理的不同，通常又分为热电法和热磁感应法。

热电法采用热电偶测量温度场，图 4-66（a）为热电偶测量高温金属熔液液位原理图。在容器壁上选定一系列测量点，装上热电偶，并将各测点上热电偶的输出记录下来，得到如图 4-66（b）所示为温度–电势分布曲线，曲线上反映出第 7 个和第 8 个测点之间产生了温度突变，因此液面就在第 7 与第 8 测点之间。

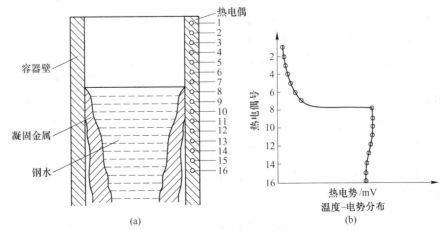

图 4-66　热电偶测量高温金属熔液液位（热电法）

热磁感应法也称热磁敏法。前面热电法测温元件为一组耐高温热电偶，它们把金属熔液液面处温度场出现变化转换为电势大小的变化；热磁感应法测温元件为一组热敏磁性元件，把金属熔液液面处温度场出现变化转换为电抗（电感）大小的变化。

4.2.4.6 超声波及射线法

超声波液位计利用波在介质中的传播特性。因此，在容器底部或顶部安装超声波发射器和接收器，发射出的超声波在相界面被反射，并由接收器接收。测出超声波从发射到接收的时间差，便可测出液位高低。超声波液位计按传声介质不同，可分为气介式、液介式和固介式三种，如图 4-67 所示；按探头的工作方式可分为自发自收的单探头方式和收发分开的双探头方式。相互组合可以得到六种液位计的方案。

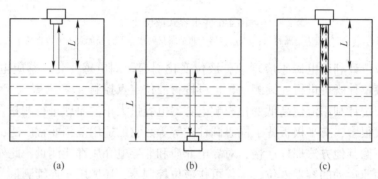

图 4-67　单探头超声波液位计

（a）气介式；（b）液介式；（c）固介式

导波雷达液位计运用了 TDR（时域反射原理）技术，发射的电磁波脉冲沿着杆或缆传送当遇到比先前传导介质（空气或蒸发气）介电常数大的介质表面时，脉冲波被反射回来。用超高速计来计算脉冲波的传导时间，从而达到精确的液位测量。

射线式液位计是由于放射性同位素在蜕变过程中会放射出 α、β、γ 三种射线，由于射线的可穿透性，它们常被用于情况特殊或环境条件恶劣的场合实现液位的非接触式检测。

4.2.5 流量检测仪表

流量测量的任务是根据测量目的，被测流体的种类、状态、测量场所等条件，研究各种相应的测量方法，并保证流量值的正确传递。流量的几个基本概念如下。

瞬时流量：指单位时间内流经管道某截面的流体数量的大小。

总量或累积流量：指瞬时流量在某一段时间内流过管道的流体的总和。

体积流量：以体积表示的瞬时流量用 Q 表示，单位为 m^3/s；以体积表示的累积流量用 Q_v 表示，单位为 m^3。

$$Q_v = \int_0^t Q \mathrm{d}t$$

质量流量：以质量表示的瞬时流量用 M 表示，单位为 kg/s；以质量表示的累积流量用 M_v 表示，单位为 kg。

$$Q = \frac{M}{\rho}（\rho \text{ 为密度}） \qquad M_v = \int_0^t M \mathrm{d}t$$

流量检测方法有很多，就测量原理而言，可以分为直接测量法和间接测量法两类。直接测量法是直接测量出管道中的体积流量或质量流量；间接测量法是通过测量出流体的（平均）流速，结合管道的截面积、流体的密度及工作状态等参数计算得出。如果按测量对象来分，可分为速度式、质量式、容积式三类。

速度式流量仪表——以流体流量的流速为测量依据，常用单位：m^3/h、L/h 等，常用仪表：叶轮式水表、涡轮流量计、靶式流量计、转子流量计、涡街流量计、孔板流量计、超声波流量计、电磁流量计等。此种流量计应用广泛。

质量式流量仪表——以单位时间内所排出的流体的固定容积的数目为测量依据，常用单位：t/h、kg/h 等，常用品牌：艾默生、横河。此种流量计主要应用于需精确测量的场合。

容积式流量仪表——以单位时间内所排出流体的固定容积为测量依据，常用仪表：腰轮流量计、椭圆齿轮流量计等，主要测量黏稠的介质。此种流量计在炼油行业中广泛应用。

4.2.5.1 差压式流量计

差压式流量计也称为节流式流量计，它是目前工业生产过程中流量测量最成熟、最常用的仪表之一，如图 4-68 所示。差压式流量计是基于流体流动的节流原理，即在管道中安装一个比管道截面小比并带孔的阻件（节流件），当流体流过该阻件的孔时，由于流体流束的收缩而使流速加快、静压力降低，其结果是在阻件前后产生一个较大的压差。压差的大小与流体流速的大小有关，流速愈大，差压也愈大，因此只要测出差压就可以推算出流速，进而可以计算出流体的流量。如果通过压差变送器转换成相应的标准信号，则可供显示、记录或控制。

标准节流件包括标准孔板、标准喷嘴和标准文丘里管，如图 4-69 所示。

图 4-68 差压式流量计实物图

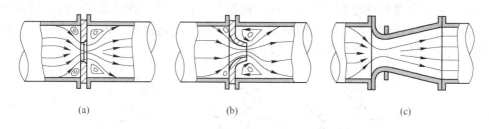

(a)   (b)   (c)

图 4-69 标准节流件

（a）标准孔板；（b）喷嘴；（c）文丘里管

4.2.5.2 转子流量计

在工业生产中经常遇到小流量的测量，因其流体的流速低，这就要求测量仪表有较高的灵敏度，才能保证一定的精度。转子流量计特别适宜于测量管径 50mm 以下管道的流量，测量的流量可小到每小时几升。转子流量计主要由两个部分组成：一是由下往上逐渐扩大的锥形管（通常用透明玻璃制成），二是放在锥形管内可自由运动的转子。

它的测量原理是被测流体由锥形管下端进入，流经转子与锥形管之间的环隙，再从上端流出。当流体流过的时候，位于锥形管中的转子受到向上的一个力，使其浮起。当这个力正好等于转子重量减去流体对转子的浮力，此时转子就停浮在一定的高度上。平衡的高度 h 与流体的流量成对应关系。转子流量计目前习惯称为浮子流量计，有两大类型：采用玻璃锥管的直读式浮子流量计和采用金属锥管的远传式浮子流量计，如图 4-70 和图 4-71 所示。

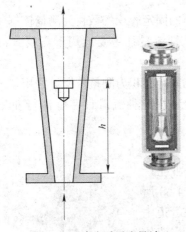

图 4-70 玻璃浮子流量计

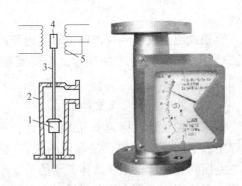

图 4-71 电远传式金属浮子流量计

1—转子；2—锥管；3—连杆；4—铁芯；5—差动线圈

4.2.5.3 椭圆齿轮流量计

椭圆齿轮流量计的基本原理是"一碗一碗"计量，转子每旋转一周，就排出 4 个由椭圆齿轮与外壳围成的半月形空腔的流体体积（$4V$），如图 4-72 所示。在半月形体积 V 一定的情况下，只要测出流量计的转速 n 就可以计算出被测流体的流量。质量流量：$Q = 4nV$。

椭圆齿轮流量计的特点是：计量精度高，一般可达 0.2~0.5 级，有的甚至能达到 0.1 级；一般只适用于 10~150mm 的中小口径；容积式流量计对被测流体的黏度变化不敏感，特别适合于测量高黏度的流体（例如重油、树脂等）甚至糊状物的流量，但要求被测介质干净，不含固体颗粒，所以一般情况下，流量计前要装过滤器；由于受零件变形的影响，容积式流量计一般不宜在高温或低温下使用。

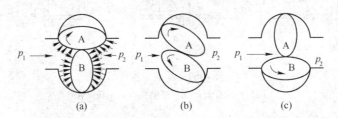

图 4-72 椭圆齿轮流量计的计量原理

4.2.5.4 电磁流量计

电磁流量计可以检测具有一定电导率的酸、碱、盐溶液，腐蚀性液体以及含有固体颗粒的液体流量，但不能检测气体、蒸气和非导电液体的流量。基本原理是当导电的流体在磁场中以垂直方向流动而切割磁力线时，就会在管道两边的电极上产生感应电势，感应电势的大小与磁场的强度、流体的速度和流体垂直切割磁力线的有效长度成正比，在管道直径 D 已经确定，磁场强度 B 维持不变时，流体的体积流量与磁感应电势成线性关系。电磁流量计的基本原理及实物图如图 4-73 所示。

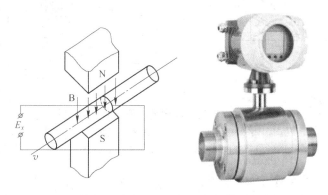

图 4-73　电磁流量计测量原理及实物图

电磁流量计具有以下特点：测量导管内无可动或突出于管道内部的部件，因而压力损失极小；只要是导电的，被测流体可以是含有颗粒、悬浮物等，也可以是酸、碱、盐等腐蚀性物质；流量计的输出电流与体积流量成线性关系，并且不受液体的温度、压力、密度、黏度等参数的影响；电磁流量计的量程比一般为 10∶1，精度较高的量程比可达 100∶1；测量口径范围大，可以从 1mm 到 2m 以上，特别适用于 1m 以上口径的水流量测量；测量精度一般优于 0.5 级；电磁流量计反应迅速，可以测量脉动流量。

电磁流量计的主要缺点是：被测流体必须是导电的，不能小于水的电导率；不能测量气体、蒸气和石油制品等的流量；由于衬里材料的限制，一般使用温度为 0~200℃；因电极嵌装在测量导管上，使工作压力受限制（一般不大于 0.25MPa）。

4.2.5.5　涡轮流量计

涡轮流量计的基本原理是流体冲击涡轮叶片，使涡轮旋转，涡轮的旋转速度随流量的变化而变化，涡轮叶片周期性地扫过磁钢，使磁路磁阻发生周期性的变化，线圈因霍尔效应产生的交流电信号频率与涡轮转速成正比，即与流速成正比，通过涡轮外的磁电转换装置可将涡轮的旋转转换成电脉冲。涡轮流量计的测量原理及结构如图 4-74 所示。

涡轮流量计的特点是：可以测量气体、液体流量，但要求被测介质洁净，并且不适用于黏度大的液体测量；安装方便，磁电感应转换器与叶片间不需密封和齿轮传动机构，因而测量精度高，可达到 0.5 级以上，在小范围内误差可以小于等于±0.1%；因为基于磁电感应的转换原理，使涡轮流量计具有较高的反应速度，可测脉动流量；由于流量与涡轮转速之间成线性关系，仪表刻度可为线性，范围度可达（10~20）∶1，主要用于中小口径的流量检测；输出频率信号便于远传及与计算机相连，仪表有较宽的工作温度范围（-200~400℃），可耐较高工作压力（低于 10MPa）。涡轮流量变送器将涡轮流量传感器与显示仪表配套可组成智能涡轮流量计，可广泛应用于石油、化工、冶金、造纸等行业测量液体的体积瞬时流量和体积总量。

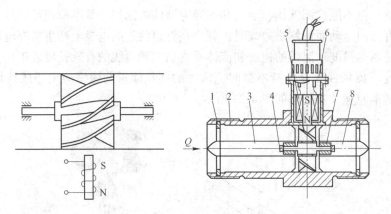

图 4-74　涡轮流量计测量原理及结构示意图

1—紧固环；2—壳体；3—前导流件；4—止推片；5—叶轮；
6—磁电转换器；7—轴承；8—后导流件

4.2.5.6　涡街流量计

把一个旋涡发生体（非流线型对称物体）垂直插在管道中，当流体绕过旋涡发生体时会在其左右两侧后方交替产生旋转方向相反的旋涡，形成涡列，该旋涡列就称为卡门涡街。

只有当两列旋涡的间距 h 与同列中相邻旋涡的间距 l 满足 $h/l=0.281$ 条件时，卡门涡列才是稳定的，且稳定旋涡产生的频率 f 与流体流速 v 成正比，与柱体的特征尺寸 d（旋涡发生体的迎面最大宽度）成反比。旋涡频率的检测方法有热敏检测法、电容检测法、压力检测法、超声检测法等。

涡街流量计输出信号（频率）不受流体物性和组分变化的影响，仅与旋涡发生体形状和尺寸以及流体的雷诺数有关。涡街流量计适用于气体、液体和蒸气介质的流量测量，其测量几乎不受流体参数（温度、压力、密度、黏度）变化的影响。涡街流量计的特点是在仪表内部无可动部件，使用寿命长；压力损失小，尤其适用于大口径管道的流量测量；输出为频率信号，测量精度比较高，可为 0.5 级或 1.0 级。它是一种正在得到广泛应用的新型流量仪表（见图 4-75 和图 4-76）。

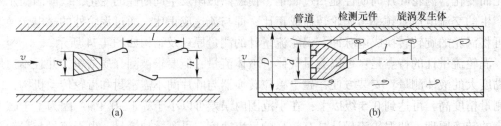

图 4-75　涡街流量计检测原理

（a）卡门旋涡形成原理的示意图；（b）三角柱涡街检测器原理示意图

4.2.5.7　质量流量计

质量流量测量仪表通常可分为两大类：直接式质量流量计和间接式质量流量计。直接式质量流量计是直接输出与质量流量相对应的信号，以反映质量流量的大小。间接式质量流量计采用密度或温度、压力补偿的办法，在测量体积流量的同时，测量流体的密度或流体的温度、压力值，再通过运算求得质量流量。现在带有微处理器的流量传感器均可实现这一功能，这种仪表又称为推导式质量流量计。

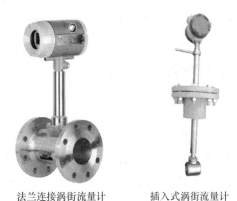

（1）科里奥力质量流量计（直接式质量流量计）。科里奥力质量流量计的检测原理是将充水软管（水不流动）两端悬挂，使其中段下垂成 U 形，静止时，U 形的两管处于同一平面，并垂直于地面，左右摆时，两管同时弯曲，仍然保持在同一曲面，如图 4-77（a）所示。将软管与水源相接，使水由一端流入，从另一端

法兰连接涡街流量计　　　插入式涡街流量计

图 4-76　涡街流量计实物图

流出，如图 4-77（b）和（c）所示。当 U 形管受外力作用向左右摆动时，它将发生扭曲，扭曲的方向总是出水侧的摆动要早于入水侧。随着质量流量的增加，这种现象变得更加明显，出水侧摆动相位超前于入水侧更多。这就是科氏力质量流量的检测原理，它利用两管的振动（摆动）相位差来反映流经该 U 形管的质量流量。

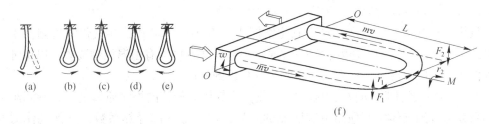

图 4-77　科氏力质量流量计测量原理

利用科氏力构成的质量流量计有直管、弯管、单管、双管等多种形式。双弯管型（最常见）由两根金属 U 形管组成，其端部连通并与被测管路相连。科氏力质量流量计的测量精度较高，主要用于黏度和密度相对较大的单相和混相流体的流量测量。由于结构等原因，这种流量计适用于中小尺寸管道的流量检测。

（2）间接式质量流量测量。间接式质量流量测量是由测量体积流量的仪表与测量密度的仪表配合，再用运算器将两表的测量结果加以适当的运算，间接得出质量流量，测量原理见图 4-78。

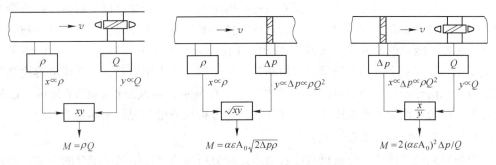

图 4-78　间接式质量流量计测量原理

4.2.6 成分检测仪表

成分检测仪表是检测物质的组成和含量的仪表，用于检测气体成分、液体成分、固体成分及浓度等。

4.2.6.1 气体成分检测仪表

气体成分检测仪表的目的是分析各种气体混合物中各组分的含量或其中某一组分的含量。气体成分的检测特点和温度、压力不一样，一般有一个取样系统，取出被测样品，由过滤器，分离、冷却器和抽吸设备等组成。气体成分检测仪表按测量原理分类主要有电化学式、热学式、光学式、射线式、磁学式、色谱式、电子光学式和离子光学式。

（1）氧量分析仪（电化学式）。氧量分析仪是利用氧化锆电解质作传感器，测量混合物气体中氧气的含量。氧化锆（ZrO_2）是一种陶瓷固体电解质，在高温下有良好的离子导电特性。作为氧含量检测用的氧化锆一般都掺入一定量（通常15%）的化学 CaO（也可以是 Y_2O_2）作为稳定剂，经600℃以上高温焙烧后则形成稳定的萤石型立方晶系。氧化钙固溶在氧化锆中，其中 Ca^{2+} 置换了 Zr^{4+} 的位置，而在晶体中留下了氧离子空穴。空穴的多少与掺杂量有关。如果在一块 ZrO_2 电解质的两侧分别附上一个多孔铂电极，若两侧气体的含氧量不同，则在两电极间就会出现电势，该电势称为浓差电势，从而根据能斯特公式可求得参比气体的氧百分浓度。

氧化锆氧含量测量的检测器（氧化锆探头）有各种的形式，在氧化锆检测器中，最重要的是控制氧化锆的工作温度：一方面，一般检测器中均有恒温控制装置，以保证氧化锆工作在恒定的温度；另一方面，还要选取合适的温度值。

（2）热导式气体分析仪（热学式）。热导式气体分析仪的检测原理是基于待测组分的导热系数与被测气体中其他组分有明显的差异，由于氢气的导热系数是其他气体的好多倍，所以这方法最适合用于氢气含量的检测。热导式气体分析仪由传感器（常称为热导检测器或热导池）、测量电路、显示单元、电源和温度控制器等组成。热导池是将混合气体的导热系数的变化转换为电阻值变化的关键部件。

（3）红外式气体分析仪（光学式）。红外线是指波长为 $0.76\sim1000\mu m$ 范围内的电磁波。既然它是一种电磁波，因此它具有折射、反射、散射、干涉和吸收等性质。红外线气体成分检测主要是利用红外线的吸收性质。

红外线气体分析仪由两个独立的光源分别产生两束红外线，该射线束分别经过切光片（调制器），成为5Hz的射线。根据实际需要，射线可通过一个滤光室减少背景气体中其他吸收红外线的气体组分的干扰。红外线通过两个气室，一个是充以不断流过的被测气体的测量室，另一个是充以无吸收性质的背景气体的参比室。工作时，当测量室内被测气体浓度变化时，吸收的红外线光量发生相应的变化，而基准光束（参比室光束）的光量不发生变化。从二室出来的光量差通过检测器，使检测器产生压力差，并变成电容检测器的电信号。此信号经信号调节电路放大处理后，送往显示器以及总控的 CRT 显示。该输出信号的大小与被测组分浓度成比例。红外线气体分析仪测量原理如图 4-79 所示。

4.2.6.2 色谱仪（色谱式）

前面谈到的气体成分分析仪只能自动连续地分析混合气体中某一组分的含量，而色谱仪是一种能对混合物（气体或液体）进行全面分析，能鉴定混合物是由哪些组分组成，并能测出各组分的含量。因此这种仪器得到广泛的应用。

　　色谱分析方法是利用色谱柱将混合物各组分分离开来，然后按各组分从色谱柱出现的先后顺序分别测量，根据各组分出现的时间及测量值的大小可确定混合物的组成以及各组分的浓度。固定相对某一组分的吸收能力越强，则流出柱口的时间越慢，如果在柱的出口处安装一个检测器，测出各组分的浓度，就可以得到一个色谱图，如图4-80所示。

　　色谱法利用不同物质在不同相态的选择性分配，以流动相对固定相中的混合物进行洗脱，混合物中不同的物质会以不同的速度沿固定相移动，最终达到分离的效果。色谱法根据固定相和流动相的不同，可分为：气相色谱（流动相为气体，氦气或氢气），包括气液色谱和气固色谱；液相色谱（流动相为液体，纯稳黏度小），包括液液色谱和液固色谱。

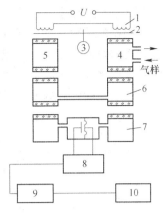

图 4-79　红外线气体分析仪测量原理
1—光源；2—切光片；3—同步电机；
4—测量气室；5—参比气室；6—滤光
气室；7—检测气室；8—前置
放大器；9—主放大器；10—记录器

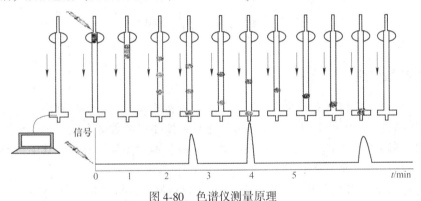

图 4-80　色谱仪测量原理

经典色谱和现代色谱的比较，见图4-81。

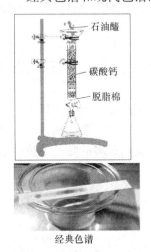

石油醚
碳酸钙
脱脂棉

进样器
流动相
进样口
色谱柱
检测器
色谱图
流动相
电脑
现代色谱

经典色谱　　　　　气相色谱柱　　　　　液相色谱柱

图 4-81　经典色谱和现代色谱的比较

色谱图是色谱定性定量分析的基础，从色谱图可以获得以下信息。

（1）根据峰的数目，可以判断该试样所含组分的最少个数。

（2）根据峰的保留值，可以进行组分的定性。

（3）根据峰高或者峰面积，可以进行组分的定量。

（4）根据峰间距和峰宽，可以对分离效能进行评价。

色谱图的术语，见图4-82。

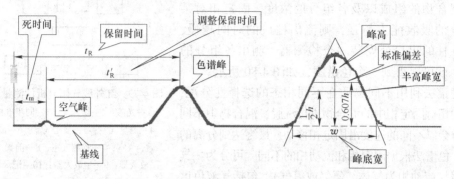

图 4-82　色谱图的术语

4.3 执 行 器

4.3.1 执行器概述

执行器是自动控制系统中的重要组成部分，它将控制器送来的控制信号转换成执行动作，从而操纵进入设备的能量，将被控变量维持在所要求的数值上或一定的范围内。执行器有自动控制阀门、自动电压控制器、自动电流控制器、控制电机等。其中自动控制阀门是最常见的执行器，种类繁多。

20世纪50年代开始使用气动执行器和液动执行器，防爆性能好，应用广，但对气源要求较高。50年代末出现电动执行器，信号传输速度快。80年代出现电脑的智能电动执行器，用于DCS。90年代出现智能执行器，用于现场总线控制。执行器由执行机构和控制机构组成。

执行器按动力分类有气动、电动和液动执行机构；按动作极性分类有正作用执行器和反作用执行器；按动作特性分类有比例式执行器和积分式执行器；按动作形成分类有角行程执行器和直行程执行器。

电动执行器的电源配备方便，信号传输快、损失小，可远距离传输，但推力较小。气动执行器的结构简单，可靠，维护方便，防火防爆，但气源配备不方便。液动执行器用液压传递动力，推力最大，但安装、维护麻烦，使用不多。工业中使用最多的是气动执行器和电动执行器。

4.3.2 气动执行器

4.3.2.1 气动执行器的结构

气动执行器也称为气动控制阀，是由气压信号控制的阀门，由执行机构和控制机构两部分组成，如图 4-83 所示。

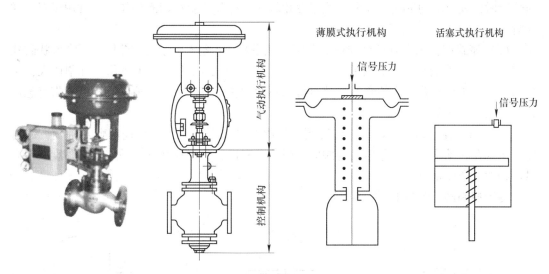

薄膜式执行机构　　　活塞式执行机构

信号压力

信号压力

图 4-83　气动执行器实物及结构示意图

　　执行机构是推动装置，它是将信号压力的大小转换为阀杆位移的装置。执行机构按调节器输出的控制信号，驱动调节机构动作。气动执行机构的输出方式有角行程输出和直行程输出两种。直行程输出的气动执行机构有两类，分别为薄膜式执行机构和活塞式执行机构。

　　控制机构是阀门，是一个局部阻力可以改变的节流元件，它将阀杆的位移转换为流通面积的大小。阀门由阀体、阀座、阀芯、阀杆、上下阀盖组成，阀芯具有直行程阀芯和角行程阀芯两种形式。根据不同的使用要求，阀门的结构类型很多。控制阀除了结构类型的不同外，其他的主要技术参数是流量特性和口径。

　　（1）单座直通阀：结构简单、泄漏量小，流体对阀芯的不平衡作用力大，一般用在小口径、低压差的场合。阀门中的柱式阀芯可以正装，也可以反装。

　　（2）直通双座阀：阀体内有两个阀芯和阀座。流体流过时，作用在上、下两个阀芯上的推力方向相反且大小相近，可以互相抵消，所以不平衡力小。但是，由于加工的限制，上下两个阀芯阀座不易保证同时密闭，因此泄漏量较大。

　　（3）角形控制阀：两个接管呈直角形，一般为底进侧出，这种阀的流路简单、对流体的阻力较小，适用于现场管道要求直角连接，介质为高黏度、高压差和含有少量悬浮物和固体颗粒状的场合。

　　（4）三通控制阀：有三个出入口与工艺管道连接。流通方式有合流型（两种介质混合成一路）和分流型（一种介质分成两路）两种，适宜配比控制与旁路控制。

　　（5）隔膜控制阀：采用耐腐蚀材料作隔膜，将阀芯与流体隔开。结构简单、流阻小、流通能力比同口径的其他种类的阀要大。由于介质用隔膜与外界隔离，故无填料，介质也不会泄漏。耐腐蚀能力强，适用于强酸、强碱、强腐蚀性介质的控制，也能用于高黏度及悬浮颗粒状介质的控制。

　　（6）蝶阀：又名翻板阀。结构简单、重量轻、流阻极小，但泄漏量大，适用于大口径、大流量、低压差的场合，也可以用于含少量纤维或悬浮颗粒状介质控制的场合。

（7）球阀：阀芯与阀体都呈球形体，阀芯内开孔。转动阀芯使之与阀体处于不同的相对位置时，就有不同的流通面积。流量变化较快，可起控制和切断的作用，常用于双位式控制。

（8）笼式阀：阀内有一个圆柱形套筒（笼子）。套筒壁上有一个或几个不同形状的孔（窗口），利用套筒导向，阀芯在套筒内上下移动，改变阀的节流孔面积。可调比大，不平衡力小，更换开孔不同的套筒，就可得到不同的流量特性。但不适于高黏度或带有悬浮物的介质流量控制。

（9）凸轮挠曲阀：又名偏心旋转阀。其阀芯呈扇形球面状，与挠曲臂及轴套一起铸成，固定在转动轴上。阀芯球面与阀座密封圈紧密接触，密封性好，适用于高黏度或带有悬浮物的介质流量控制。

各种控制阀的结构如图 4-84 所示。

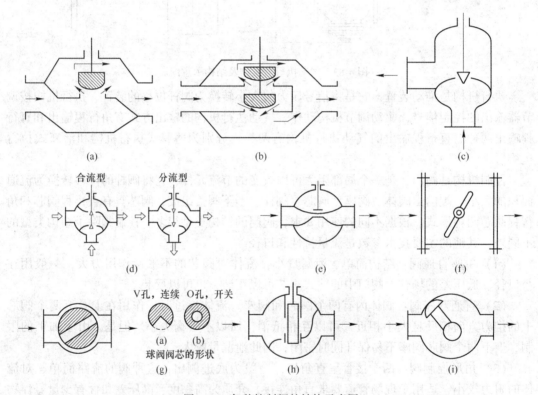

图 4-84　各种控制阀的结构示意图

（a）单座直通阀；（b）直通双座阀；（c）角形控制阀；（d）三通控制阀；（e）隔膜控制阀；

（f）蝶阀；（g）球阀；（h）笼式阀；（i）凸轮挠曲阀

4.3.2.2　电/气转换器和阀门定位器

如果采用电/气转换器和气动执行机构配合，是开环系统，调节精度不高。如果采用阀门定位器与气动执行机构配合，执行机构的输出位移通过凸轮杠杆反馈到阀门定位器，利用负反馈，提高气动调节阀的位置精度。电/气转换器作用是将 4~20mA 的电流信号转换成 20~100kPa 的标准气压信号，以实现电动仪表与气动仪表的连用，构成混合控制系统，充分发挥电/气仪表的优点。

气动调节阀中，阀杆的位移是由薄膜上气压推力与弹簧反作用力平衡确定的。为了防止阀杆处的泄漏，要压紧填料，使阀杆摩擦力增大，且个体差异较大，这会影响输入信号P的执行精度。在调节阀上加装阀门定位器，引入阀杆位移负反馈，使阀杆能按输入信号精确地确定自己的开度。

实际应用中，常把电/气转换器和阀门定位器结合成一体，组成电/气阀门定位器，还有采用微处理器控制的智能电/气阀门定位器（见图 4-85）。

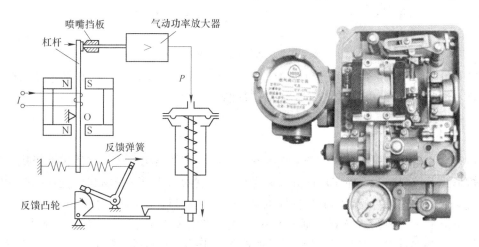

图 4-85　电/气阀门定位器结构及实物图

4.3.3　电动执行器

电动执行器也称为电动控制阀，接受来自控制器的电流信号，阀门开度连续可调。电磁阀也接受来自控制器的电流信号，但阀门开度是位式调节。

电动执行器也由执行机构和控制机构两部分组成。执行机构是推动装置，它将输入信号转换成相应的动力，带动控制机构动作，执行机构的外形及原理如图 4-86 所示。阀门是控制机构，它与气动执行器的阀门通用。

电动执行器按应用分类，执行机构用控制电机作动力装置，输出形式有：

（1）直行程（DKZ，SKZ，ZKZ）输出推力+直线位移。电机转动经减速器减速并转换为直线位移（推力）输出，用于单双座调节阀、套筒阀、闸阀和滑板阀等。

（2）角行程（DKJ，SKJ，ZKJ）输出力矩+90°转角。电机转动经减速器后转角（力矩）输出，用于球阀、蝶阀、旋塞阀和百叶阀等。

（3）多转式输出力矩（超 360°转角）。转角输出，功率比较大，主要用来控制截止阀、管夹阀和隔膜阀等多转式阀门。

如果按控制方式分类，有：

（1）开关型（两位型）。执行机构接收开关信号控制输出，即使开关复位，输出件继续移动，直到极限位置停止。执行机构除非紧急按停，不能停在中间位置。原理与远控调节型相同，区别是能自动保持开关信号。

（2）远控开关型（控制型）。执行机构接收开关（继电）信号控制输出位移，开关复位，输出件停止运动，是一种开环的可间断调节的控制系统。

（3）比例控制型。执行机构接收系统的控制信号自动实现工业过程调节控制，控制行程与输入信号成正比，是一种带负反馈的偏差控制系统。

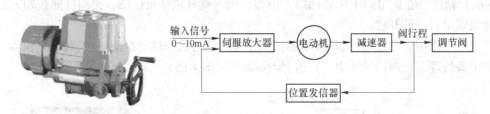

图 4-86　电动执行机构实物及原理方框图

随着电子技术的迅速发展，微处理器也被引入到调节阀中，出现了智能式电动控制阀，具有控制及执行、补偿及校正、通信、诊断、保护等功能。

4.3.4　执行器的选择

执行器的选择首先应根据生产工艺要求选择控制阀的结构形式，然后再选择执行机构的结构形式。控制阀的选择应从四方面来考虑：控制阀结构形式及材料的选择；控制阀气开、气关形式的选择；控制阀流量特性的选择；控制阀口径的选择。

（1）执行器结构形式选择。通常根据工艺条件，如使用温度、压力，介质的物理、化学特性（如腐蚀性、黏度等），对流量的控制要求等，并参照各种阀门结构的特点进行综合考虑，同时兼顾经济性来选择控制阀的结构形式及材料。

控制阀的类型有直通阀（双座式和单座式）、角阀、三通阀、球形阀、阀体分离阀、隔膜阀、蝶阀、高压阀、偏心旋转阀和套筒阀等。直通阀和角阀供一般情况下使用，其中直通单座阀适用于要求泄漏量小的场合；直通双座阀适用于压差大、口径大的场合，但其泄漏量要比单座阀大；角阀适用于高压差、高黏度、含悬浮物或颗粒状物质的场合；三通阀适用于需要分流或合流控制的场合，其效果比两个直通阀要好；蝶阀适用于大流量、低压差的气体介质；隔膜阀则适用于有腐蚀性的介质。此外，还应根据操纵介质的工艺条件和特性选择合适的材质。

执行机构结构形式的选择一般要考虑下列因素：执行机构的输出动作规律；执行机构的输出动作方式和行程；当采用气动仪表时，应选用气动执行机构；执行机构的静态特性和动态特性。

根据各种执行机构的特点，一般按下列原则进行选择：控制信号为连续模拟量时，选用比例式执行机构，而控制信号为断续（开/关）形式时，应选择积分式执行机构；当系统中要求程序控制时，可选用能接受断续信号的电动执行机构；对于具有爆炸危险或环境条件比较恶劣的场所，可选用气动执行机构。

（2）控制阀气开、气关形式的选择。气动控制阀在气压信号中断后阀门会复位。无压力信号时阀全开，随着信号增大，阀门逐渐关小的称为气关式。反之，无压力信号时阀全闭，随着信号增大，阀门逐渐开大的称为气开式。对于一个具体的控制系统来说，究竟选气开阀还是气关阀，即在阀的气源信号发生故障或控制系统某环节失灵时，阀是处于全开的位置安全，还是处于全关的位置安全，要由具体的生产工艺来决定。

控制阀气开、气关形式的选择应遵循几条原则，即要满足生产安全（最重要），保证产品质量，降低原料、成品、动力损耗和考虑介质的特点。

（3）控制阀流量特性的选择。被控介质流过阀门的相对流量与阀门的相对开度（相对位移）间的关系称为控制阀的流量特性，见图4-87，与阀芯形状有关。实际工作时由于阀前后压差发生变化，流量特性会畸变，称为工作流量特性。控制阀的流量特性在生产中常用的是直线、等百分比和快开三种。而快开特性主要用于两位式控制及程序控制中，因此，在考虑控制阀流量特性选择时通常是指如何合理选择直线和等百分比流量特性。

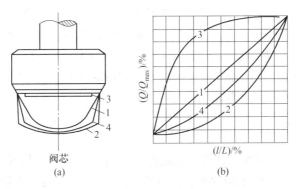

图 4-87　阀前后压差恒定的理想流量特性

1—直线特性；2—等百分比特性；3—快开特性；4—抛物线特性

控制阀工作流量特性的选择目前较多采用经验法，一般可从下面的几个方面来考虑：根据过程特性选择，系统总放大系数恒定；根据配管情况选择压降比 S；根据负荷变化情况选择，负荷变化较大或小开度工作常选用等百分比流量特性。最后通过控制阀的工作流量特性来选择控制阀的理想流量特性，见表4-2。

表 4-2　从控制阀的工作特性选择控制阀的理想流量特性

压降比 S	$S > 0.6$			$0.3 < S < 0.6$			$S < 0.3$
所需工作流量特性	线性	等百分比	快开	线性	等百分比	快开	宜用低 S 控制阀
应选理想流量特性	线性	等百分比	快开	等百分比	等百分比	线性	

（4）控制阀口径的选择。为保证工艺的正常进行，必须合理选择调节阀的尺寸，正常工况下要求控制阀开度处于15%~85%之间。如果调节阀的口径选得太大，使阀门经常工作在小开度位置，造成调节质量不好。如果口径选得太小，阀门完全打开也不能满足最大流量的需要，就难以保证生产的正常进行。

调节阀的口径决定了调节阀的流通能力，调节阀的流通能力用流量系数 C 值表示，即在阀两端压差 100kPa，流体为水（$10^3 kg/m^3$）的条件下，阀门全开时每小时能通过调节阀的流体流量（m^3/h）。

4.4　变　频　器

4.4.1　变频调速概念及原理

变频技术是应交流电机无级调速的需要而诞生的，变频器是把工频电源变换成各种频率的交流电源,以实现电机变速运行的设备。变频调速是通过改变电机定子绕组供电的频率来达到调速的目的。我们现在使用的变频器主要采用交-直-交方式(VVVF 变频或矢量控制变频),先把工频交流电源通过整流器转换成直流电源,然后再把直流电源转换成频率、电压均可控制的交流电源以供给电动机。变频器的电路一般由整流、中间直流环节、逆变和控制四个部分组成。整流部分为三相桥式不可控整流器,逆变部分为 IGBT 三相桥式逆变器,且输出为 PWM 波形,中间直流环节为滤波、直流储能和缓冲无功功率。

变频器的分类方法有多种,按照主电路工作方式分类,可以分为电压型变频器和电流型变频器;按照开关方式分类,可以分为 PAM 控制变频器、PWM 控制变频器和高载频 PWM 控制变频器;按照工作原理分类,可以分为 V/F 控制变频器、转差频率控制变频器和矢量控制变频器等;按照用途分类,可以分为通用变频器、高性能专用变频器、高频变频器、单相变频器和三相变频器等。

4.4.2 变频器控制方式

控制方式是决定变频器使用性能的关键所在。目前市场上低压通用变频器品牌很多,包括欧、美、日及国产的共约 50 多种。选用变频器时不要认为档次越高越好,而要按负载的特性,以满足使用要求为准,以便做到量才使用、经济实惠。表 4-3 中所列参数供选用时参考。

表 4-3 变频器控制方式参数

控制方式	U/f=C 控制		电压空间矢量控制	矢量控制		直接转矩控制
反馈装置	不带 PG	带 PG 或 PID	调节器	不要	不带 PG	带 PG 或编码器
速比 I	<1:40	1:60	1:100	1:100	1:1000	1:100
启动转矩(在 3Hz)	150%	150%	150%	零转速时为 150%	零转速时为 >150%~200%	
静态速度精度/%	±(0.2~0.3)	±(0.2~0.3)	±0.2	±0.2	±0.02	±0.2
适应场合	一般风机、泵类等	较高精度调速或控制	一般工业上的调速或控制	所有调速或控制	伺服拖动、高精传动、转矩控制	负荷启动、起重负载转矩控制系统、恒转矩波动大负载

4.4.3 变频器的选用

在选用变频器时,首先要根据机械对转速(最高、最低)和转矩(启动、连续及过载)的要求,确定机械要求的最大输入功率(即电机的额定功率最小值)。有经验公式

$$P = nT/9950$$

式中 P——机械要求的输入功率,kW;

　　　n——机械转速,r/min;

　　　T——机械的最大转矩,N·m。

　　然后，选择电机的极数和额定功率。电机的极数决定了同步转速，要求电机的同步转速尽可能地覆盖整个调速范围，使连续负载容量高一些。为了充分利用设备潜能，避免浪费，可允许电机短时超出同步转速，但必须小于电机允许的最大转速。转矩取设备在启动、连续运行、过载或最高转速等状态下的最大转矩。最后，根据变频器输出功率和额定电流稍大于电机的功率和额定电流的原则来确定变频器的参数与型号。

第二部分

应 用 技 术

5　PLC 编程软件及使用

5.1　STEP 7-Micro/WIN 软件

STEP 7-Micro/WIN32 西门子编程软件是基于 Windows 的应用软件，它是西门子公司专门为 S7-200 系列可编程控制器而设计开发，是西门子 PLC 用户不可缺少的开发工具。它是基于 Windows 的应用软件，功能强大，既可用于开发用户程序，又可实时监控用户程序的执行状态。本节将主要介绍该软件的基本使用方法。

5.1.1　硬件连接

为了实现 PLC 与计算机之间的通信，西门子公司为用户提供了两种硬件连接方式：一种是通过 PC/PPI 电缆直接连接，另一种是通过带有 MPI 电缆的通信处理器连接。

典型的单主机与 PLC 直接连接如图 5-1 所示，它不需要其他的硬件设备，方法是把 PC/PPI 电缆的 PC 端连接到计算机的 RS-232 通信口（一般是 COM1），把 PC/PPI 电缆的 PPI 端连接到 PLC 的 RS-485 通信口即可。

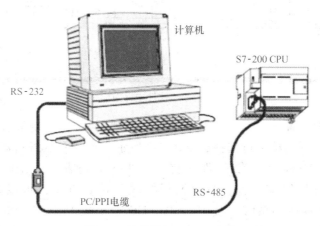

图 5-1　计算机与 S7-200 连接

5.1.2 软件基本设置

STEP 7-Micro/WIN32 的基本功能是协助用户完成应用程序的开发，同时它具有设置 PLC 参数、加密和运行监视等功能。编程软件在联机工作方式（PLC 与计算机相连）可以实现用户程序的输入、编辑、上载、下载运行，通信测试及实时监视等功能。在离线条件下，也可以实现用户程序的输入、编辑、编译等功能。

（1）软件主界面。启动 STEP 7-Micro/WIN32 编程软件，其主要界面外观如图 5-2 所示。

软件主界面一般可分为以下 6 个区域：菜单栏、工具栏、浏览栏（可快速切换到程序块、符号表、状态表、通信、数据块、系统块等窗口）、指令树（快捷操作窗口）、输出窗口和用户窗口。

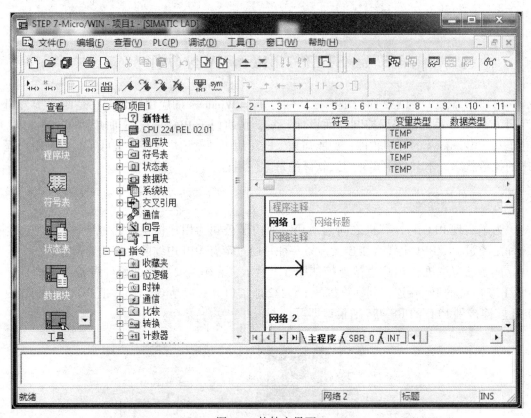

图 5-2　软件主界面

（2）常规选项设置。选择"工具→选项→常规"，进入常规设置界面，可以对编程模式、编程语言等选项进行选择，如图 5-3 所示。在"默认编辑器"选择框中，可以选择由 STEP 7-Micro/WIN32 软件所提供 STL（语句表）、LAD（梯形图）、FBD（逻辑功能图）三种编程语言。在"编程模式"选择框中，可以选择 SIMATIC 和 IEC1131-3 两种基本指令系统。其中，SIMATIC 指令集专为 S7-200 系列 PLC 设计，选中后可以选择 STL、LAD、FBD 三种编程语言；IEC1131-3 指令集为通用 PLC 语言，只能用 LAD 与 FBD 进行编程。

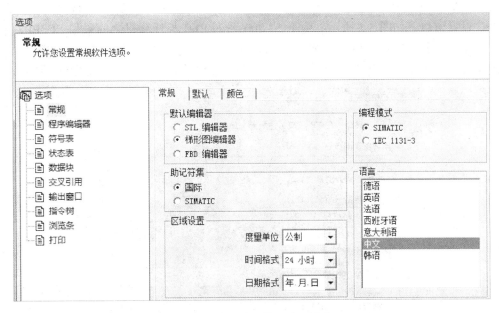

图 5-3　设置助记符和编程模式

（3）通信参数设置。在软件主界面左下方，选择 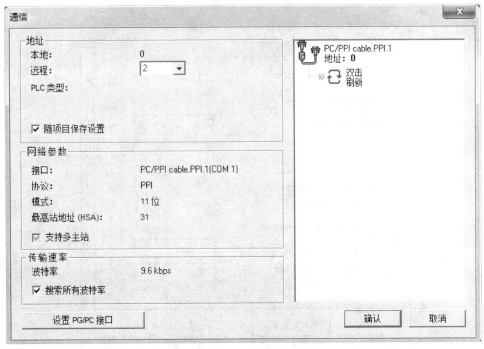通信图标，进入通信参数设置窗口，如图 5-4 所示。S7-200 系列 CPU 默认的站地址为 2，波特率为 9.6kbps。如果需要为 STEP 7-Micro/WIN 配置波特率和网络地址，在设置参数后，必须双击⟳图标，刷新通信设置，这时可以看到 CPU 的型号和网络地址 2，说明通信正常。

图 5-4　设置通信参数

第二部分 应用技术
170

（4）设置 PG/PC 接口。在软件主界面左下方，选择 ▣ 设置 PG/PC 接口图标，进入 PG/PC 设置窗口，如图 5-5 所示。由于 S7-200 系列 PLC 与计算机之间采用 PC/PPI 电缆进行通信，因此需要进行 PG/PC 接口参数设置窗口，选择"PC/PPI cable. PPI. 1"。若需进行地址及通信速率的配置，可选择属性，进入 PPI 参数设置界面，如图 5-6 所示。

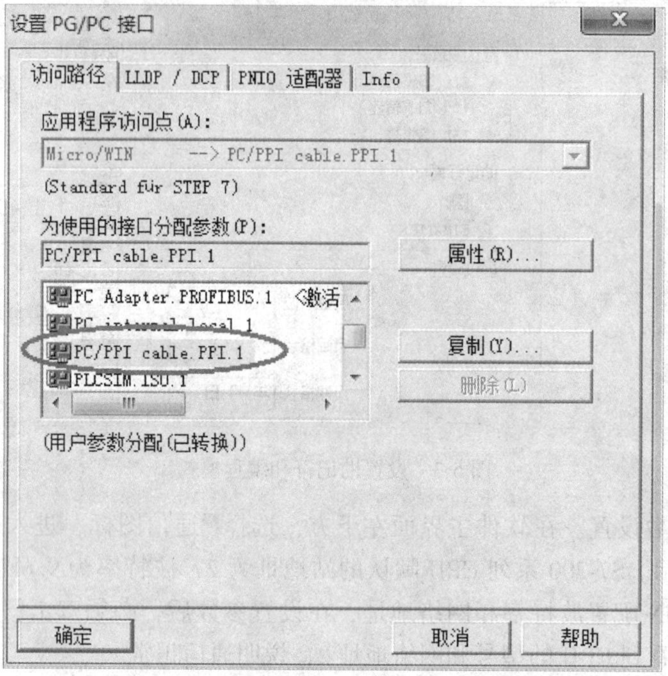

图 5-5　设置 PG/PC 接口

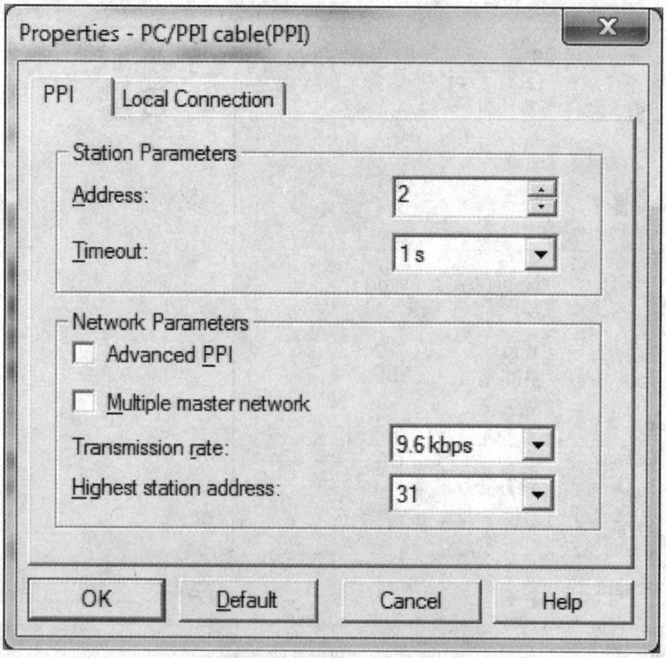

图 5-6　设置 PPI 参数

5.2　PC Access 软件

西门子推出的 PC Access 软件是专门用于 S7-200 系列 PLC 的 OPC 服务器（Server）软件，可以与任何标准的 OPC 客户端（Client）通信并提供数据信息。PC Access 软件自带 OPC 客户机测试端，用户可以方便地检测其项目的通信质量及配置的正确性。PC Access 软件界面如图 5-7 所示。

图 5-7　PC Access 软件界面

PC Access 可以用于连接西门子，或者第三方的支持 OPC 技术的上位软件。在本书中，S7-200 系列 PLC 通过 PC Access，实现与组态软件 WinCC 之间的通信。

配置 PC Access 项目，通常包括以下 4 个基本步骤：

（1）设置通讯访问通道，即设置 PG/PC 接口为 PC/PPI cable（PPI）。

（2）创建 PLC，设置 PLC 的名称和网络地址。

（3）创建变量。

（4）将变量拖到测试客户机窗口，并点击测试按钮，测试通讯质量。

5.3　STEP 7 软件

SIMATIC Manager 管理器用于全面管理 PLC 的硬件、软件及与 PLC 联网的相关设备。

STEP 7 可对 SIMATIC S7-300/400 系列 PLC 创建可编程逻辑控制程序，支持常用的三种基本编程语言，分别是梯形图（LAD）、语句表（STL）、功能块图（FBD），并且具有参数设置、硬件配置和通讯组态等功能。

运用 STEP 7 进行 PLC 项目开发，主要包括以下 6 个步骤：

（1）启动（双击 SIMATIC Manager）。

（2）建立新项目（点击新建图标→建立项目，也可通过项目向导创建）。

（3）插入新对象（右击项目名→建立 SIMATIC 300 站点）。

（4）硬件组态（点击 SIMATIC 300 站→双击硬件图标→硬件组态）。

（5）编程（插入 OB1 → 编程，插入 FB/FC → 编程……）。

（6）调试（仿真调试或现场调试）。

5.3.1 创建项目

以下将以西门子 S7-300 系列 PLC 中常用的 CPU315-2 PN/DP 为例，进行 PLC 项目创建和硬件组态。

（1）检查 PLC 系统网络配置。按照图 5-8，检查 PLC 的硬件和网络配置是否正确。

（2）通讯设置。打开计算机中 SIMATIC STEP 7 软件，进行通讯方式设置。本实训中，PLC 与 PC 机选择采取以太网通信方式。

打开计算机后，双击位于桌面上的 SIMATIC Manager 图标，打开 STEP 7 软件，界面如图 5-9 所示。

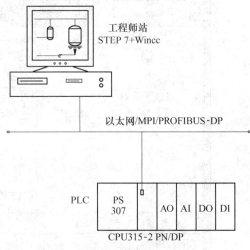

图 5-8 PLC 系统网络配置

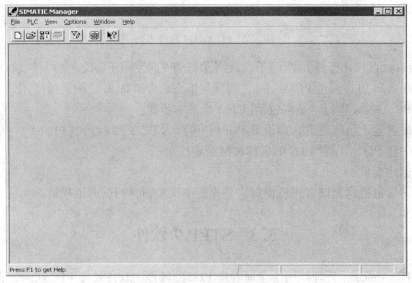

图 5-9 SIMATIC Manager 界面

点击工具栏中的"Options→set PG/PC Interface"，将会弹出设定通信的界面，设置 PLC 通讯方式为 TCP/IP，如图 5-10 所示。

（3）新建项目。在 STEP 7 软件的 SIMATIC Manager 中建立新项目。在此，选择项目向导的方式创建 PLC 项目。

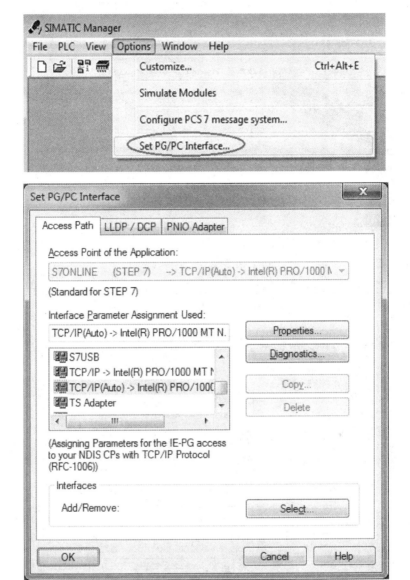

图 5-10　PLC 通信设置界面

1）建立新项目，选择 CPU 型号和编程语言。根据项目新建向导进行新项目的建立，项目新建向导如图 5-11 所示。

2）选择 CPU 类型。点击 Next，出现如图 5-12 所示界面，此时需要选择 CPU 类型。本实训中选择 CPU315-2 PN/DP。

3）选择编程语言。点击 Next，出现如图 5-13 所示界面，其中 Blocks 下拉框中，可以选择 OB 块，根据需要选择 OB1 以及 OB100（S7-300 在暖启动时调用 OB100，只执行一次，可用于变量的初始化），通常只需要用到 OB1。而 Blocks 下拉框下面是编程语言的选择，此时需要注意，这里选择的是梯形图语言，也就是 LAD，用户也可根据自己需要选择语言。

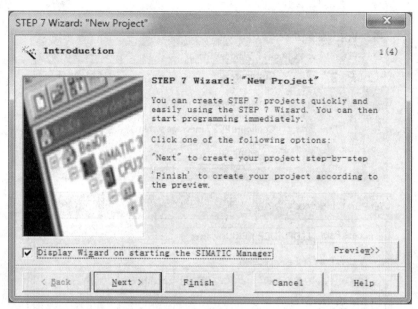

图 5-11　项目新建向导

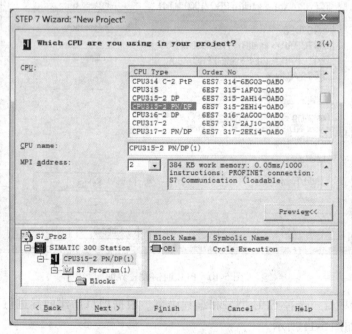

图 5-12　选择 CPU 型号

　　然后定义项目名称，点击 Finish，一个新的项目就成功建立了，项目名为 S7_ Project。如图 5-14 所示。

5.3.2　硬件组态

　　在 Hardware 界面中进行硬件组态。点击 SIMATIC Manager 界面的左边窗口的 SIMATIC 300 Station，在右面的窗口出现 Hardware 图标，就可以进行硬件组态了，如图 5-15 所示。

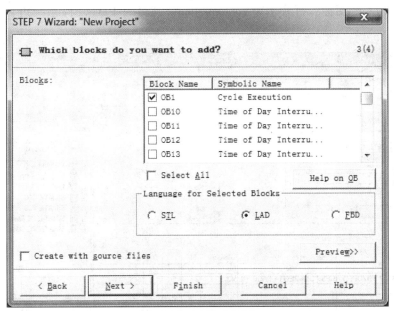

图 5-13 选择编程语言

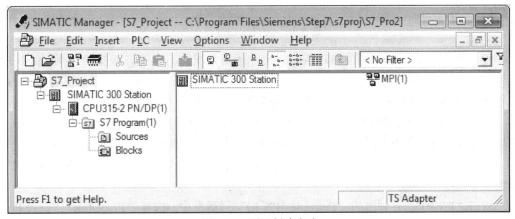

图 5-14 项目创建完成

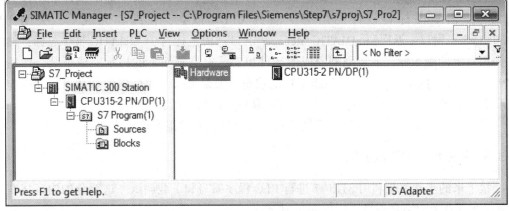

图 5-15 硬件组态过程 1

双击 Hardware 图标，打开 HW configuration，就可对 PLC 硬件系统进行组态，如图 5-16所示。

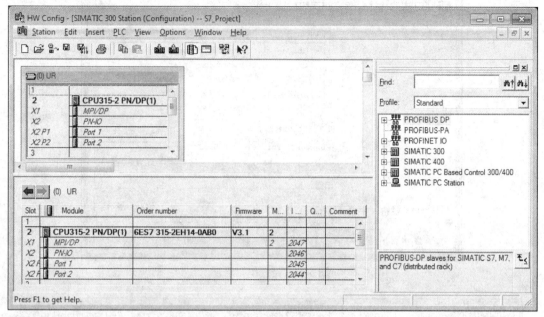

图 5-16　硬件组态过程 2

硬件组态需要根据用到的 PLC 系统的实际运用情况进行组态。根据 PLC 所有模块的型号和排列顺序，在硬件组态对话框的右边硬件目录中进行各个模块的添加。各模块的订货号可查看硬件实物的下方标识。选中的模块型号一定要与实际的模块型号一致。槽位 1，插入电源模块 PS；槽位 2，插入 CPU；槽位 3，空白；槽位 4 及后面的槽位，插入的模块对应实际 I/O 模块的安装顺序。全部硬件插入完毕后如图 5-17 所示。

若 PLC 采用以太网通信方式，那么在硬件组态界面新建以太网络，并进行相关参数设置。

双击 "PN-IO"，在弹出的 "Properties-PN-IO" 对话框中，选择 "Properties"，进入 Properties-Ethernet 界面点击 "new"，新建以太网络，设置 IP 地址和子网掩码，如图 5-18 所示。

点击画面上的▦图标，对刚刚完成的硬件组态进行编译。系统提示编译成功没有错误后，点击▦图标将硬件的组态下装到 CPU。或者，在编译完成后，关闭 HW configuration 窗口，返回到 SIMATIC Manager 窗口，用鼠标选中 SIMATIC 300 图标，然后点击窗口上的▦图标，下装刚刚完成的硬件组态。根据画面上的提示完成下装，然后将 CPU 打倒 RUN 的位置，观察运行指示灯的状态，如果是绿色的灯先闪烁几下然后稳定一直亮，代表硬件组态下装成功，并且与实际硬件的配置一致无误。

注意：若只是进行 PLC 控制系统仿真，可以跳过硬件组态这一步骤。

5.3.3　程序编写和下载调试

接下来的步骤就是利用 STEP 7 进行 PLC 程序编写和下载调试。这部分的内容将在第 7 章的实训章节中结合项目进行详细介绍。

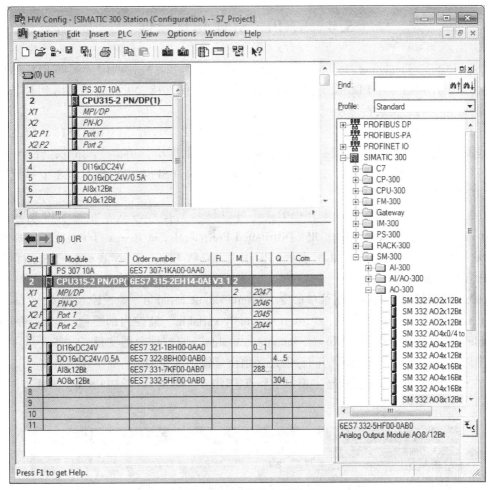

图 5-17　硬件组态过程 3

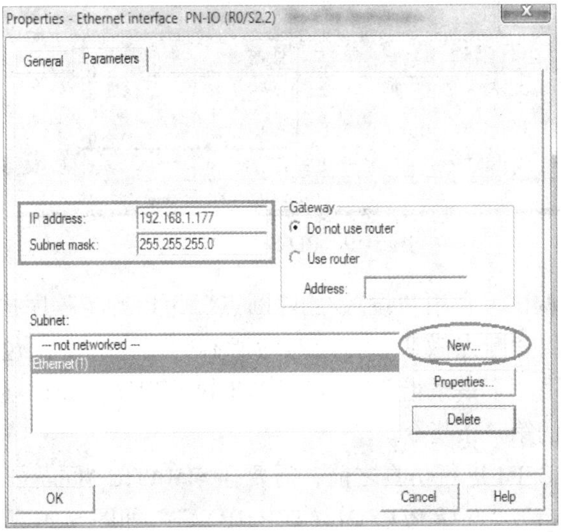

图 5-18　设置 PLC 的 IP 参数

5.4 S7-PLCSIM 仿真软件

S7-PLCSIM Simulating Modules 由西门子公司推出，可以替代西门子硬件 PLC 的仿真软件，当设计和编写好 PLC 控制程序后，无须 PLC 硬件支持，可以直接调用 PLC 仿真软件来验证程序的逻辑是否符合控制要求。

（1）模拟 PLC 的寄存器。S7-PLCSIM 可以模拟 512 个计时器（T0-T511）、131072 位（二进制）M 寄存器、131072 位 I/O 寄存器、4095 个数据块、2048 个功能块（FB）和功能（FC）、本地数据堆栈 64K 字节、66 个系统功能块（SFB0-SFB65）、128 个系统功能（SFC0-SFB127）、123 个组织块（OB0-OB122）。

（2）对硬件进行诊断。对于 CPU，还可以显示其操作方式，如图 5-19 所示。SF（System Fault）表示系统报警，DP（Distributed Peripherals, or Remote I/O）表示总线或远程模块报警，DC（Power Supply）表示 CPU 有直流 24V 供给，RUN 表示系统在运行状态，STOP 表示系统在停止状态。

（3）对变量进行监控。用菜单命令"Insert→input variable"监控输入变量，"Insert→output variable"监控输出变量，"Insert→memory variable"监控内部变量，"Insert→timer variable"监控定时器变量，"Insert→counter variable"监控计数器变量。这些变量可以用二进制、十进制、十六进制来访问，但是必须注意输出变量 QB 一般不强制修改。

在 SIMATIC Manager 管理器主窗口中，点击图标"⊞"，打开 PLCSIM，界面如图5-19 所示。

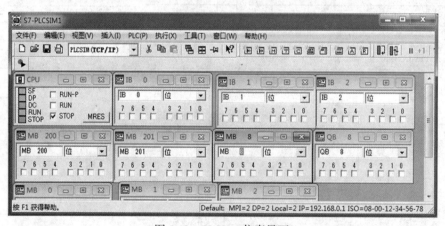

图 5-19　PLCSIM 仿真界面

（4）对程序进行调试。利用"设置/删除断点"可以确定程序执行到何处停止。断点处的指令不执行。利用"断点激活"可以激活所有的断点，不仅包括已经设置的，也包括那些要设置的。利用"下一条指令"，可以单步执行程序。如果遇到块调用，用"下一条指令"就跳到块后的第一条指令。

注意：在进行 PLCSIM 进行仿真之前，需要在 SIMATIC Manager 的菜单栏中选择"选项""设置 PG/PC 接口""选择 PLCSIM（TCP/IP）"，如图 5-20 所示。

当 PG/PC 接口设置好后，在 PLCSIM 界面中将 PLC 设置在 STOP 模式下，选中"SI-

图 5-20　PG/PC 接口设置

MATIC 300 Station"点击图标"🖆",下载硬件组态和程序块,如图 5-21 所示。

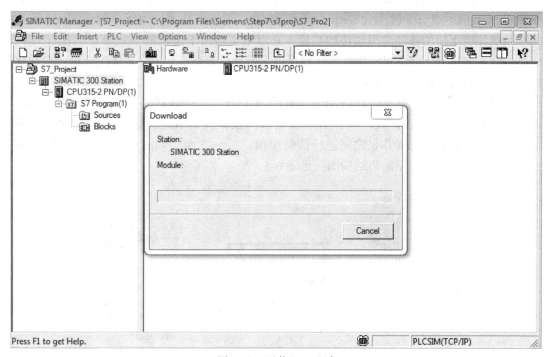

图 5-21　下载 PLC 程序

6　组态软件——WinCC 及使用

6.1　WinCC 概述

　　工业控制组态软件是可以从可编程控制器、各种数据采集卡等现场设备中实时采集数据，发出控制命令并监控系统运行的一种软件包，利用 Windows 强大的图形编辑功能，以动画方式显示监控设备的运行状态，方便地构成监控画面和实现控制功能，并可生成报表、历史数据库等，其为工业监控软件开发提供了便利的软件开发平台，从整体上提高了工控软件的质量。

　　SIMATIC WinCC（Windows Control Center，视窗控制中心），是西门子在自动化领域中的先进技术和 Microsoft 的强大功能相结合而生成的工业控制组态软件，是可运行于个人计算机上的人机界面和 SCADA（Supervisory Control and Data Acquisition）系统。WinCC 集成了 SCADA、组态、脚本（Script）语言和 OPC 等先进技术，为用户提供了 Windows 操作系统环境下使用各种通用软件的功能，它继承了西门子公司的全集成自动化（TIA）产品的技术先进和无缝集成的特点，从而可以容易地结合标准和用户程序生成符合自动化生产过程的人机界面，满足实际工业生产要求。

　　WinCC 是一个在 Windows 下使用的强大的 HMI 系统。HMI 代表 "Human Machine Interface（人机界面）"，即人（操作员）和机器（设备控制系统，如 PLC 等）之间的界面。一方面，WinCC 与操作员之间进行信息交换；另一方面，WinCC 和自动化系统之间进行信息交换。PLC 控制网络结构图，见图 6-1。

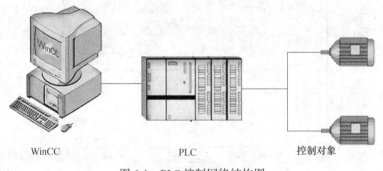

WinCC　　　　　　　　　　　PLC　　　　　　　　　控制对象

图 6-1　PLC 控制网络结构图

6.1.1　WinCC 的结构

　　WinCC 的基本部件是组态软件和实时运行软件（见图 6-2）。WinCC 浏览器是组态软件的核心，在 WinCC 浏览器中显示整个项目的结构以及项目的管理，为了开发和组态项目，提供了一组特殊的编辑器，由 WinCC 的浏览器访问这些编辑器。通过每一个编辑器，组态 WinCC 的一个特殊的子系统，而应用实时运行软件，操作员能够运行和监视工业生产过程。

变量记录
（存档）

报警记录
（消息系统）

过程可视化

报表编辑器
（报表系统）

用户管理器

PLC
通信

编程接口

图 6-2   WinCC 基本功能

WinCC 的主要子系统有：

（1）变量管理器。变量管理器管理 WinCC 中所使用的外部变量（PLC 的变量）、内部变量（WinCC 内的变量）和通信驱动程序（WinCC 与 PLC 连接的驱动程序）。

（2）图形系统。图形编辑器用于设计各种图形 HMI 画面。

（3）报警系统。报警记录负责采集和归档报警消息。

（4）归档系统。归档系统用来对指定的数据进行归档的编辑器，并长期存储所记录的过程值。

（5）报表编辑器。报表编辑器提供许多标准的报表，也可以设计各种格式的报表，并可按照规定的时间进行打印。

（6）全局脚本。全局脚本是系统设计人员用 C 及 VB 编写的代码，以满足项目的需要。

（7）用户管理器。用户管理器用来分配、管理和监控用户对组态和运行系统的访问权限。

6.1.2   WinCC 设计和组态项目的步骤

（1）启动 WinCC，建立一个项目。

（2）选择和安装通信驱动。

（3）定义变量（外部变量和内部变量）。

（4）建立和编辑 HMI 画面。

（5）画面对象动态连接。

（6）在 WinCC 实时运行下激活画面。

（7）应用仿真器测试过程屏幕。

6.2 创建和编辑项目

6.2.1 项目类型

WinCC 项目分为三种类型：单用户项目、多用户项目、客户机项目。用户在创建项目时，根据项目的实际要求，选择项目类型。

（1）单用户项目。这是一种只拥有一个操作终端的项目类型。在此计算机上可以完成组态、与过程总线的连接以及项目数据的存储。如果只希望在 winCC 项目中使用一台计算机进行工作，可创建单用户项目。

（2）多用户项目。多用户项目的特点是同一项目使用多台客户机和一台服务器。在此最多可有 16 台客户机访问一台服务器，可以在服务器或任意客户机上组态。项目数据，如画面、变量和归档，最好存储在服务器上，并且使它们能被所有客户机使用。服务器执行与过程总线的连接和过程数据的处理。运行系统通常由客户机控制。

（3）客户机项目。这是一种能够访问多个服务器数据的项目类型。每个多客户机和相关的服务器都拥有自己的项目。在服务器或客户机上完成服务器项目的组态，在多客户机上完成多客户项目的组态。最多 16 个客户机或多客户机能够访问服务器。在运行时多客户机能访问至多 6 个服务器。也就是说，6 个不同的服务器的数据可以在多客户机上的同一幅画面中可视化显示。

6.2.2 创建项目

6.2.2.1 指定项目的类型

启动 WinCC，单击 WinCC 项目管理器工具栏上的新建按钮，打开 WinCC 资源管理器对话框，选择项目类型，并单击"确定"按钮，即可打开"创建新项目"对话框，如图 6-3 所示。

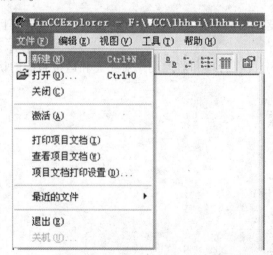

图 6-3　新建项目及项目类型选择

6.2.2.2　指定项目名称和项目存放的文件夹

在"创建新项目"对话框中输入项目名称和项目的完整存放路径。单击"创建"按钮后，WinCC开始创建项目，如图6-4所示，随后在WinCC项目管理器中将该项目打开。

图6-4　新建项目命名及存储路径

6.2.3　编辑项目

6.2.3.1　项目属性设置

（1）单击WinCC项目管理器浏览窗口中的项目名称，并在快捷菜单中选择"属性"项，打开"项目属性"对话框，如图6-5所示。

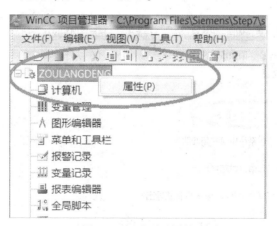

图6-5　打开项目属性

（2）在"项目属性"对话框中，可修改项目的类型、修改者及版本等内容，如图6-6所示。

（3）在"更新周期"选项卡上，可选择更新周期，并可定义5个用户周期，用户周期的时间可选择。

（4）在"选项"对话框中选中ES上允许激活，才能使项目在ES上激活运行系统，如图6-7所示。

184

图 6-6　项目常规属性

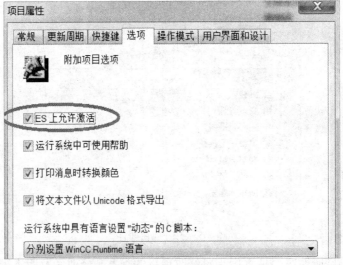

图 6-7　ES 允许激活

6.2.3.2　计算机的属性设置

（1）在"常规"选项卡上，检查"计算机名称"输入框中是否输入了正确的计算机名称，此名称与 Windows 的计算机名称相同，如图 6-8 所示。

（2）如果创建了一个多用户项目，则"计算机类型"可指示此计算机组态是服务器，

图 6-8 计算机属性

还是用户机，单击"确定"按钮，关闭对话框。如果对项目中的计算机名称进行了修改，则必须关闭并重新打开项目才能生效。

（3）单击"启动"选项，可选择当前服务计算机需要启动的运行系统，包括全局脚本运行系统、报警记录运行系统、变量记录运行系统、报表运行系统、图形运行系统、消息顺序报表和用户归档，如图 6-9 所示。

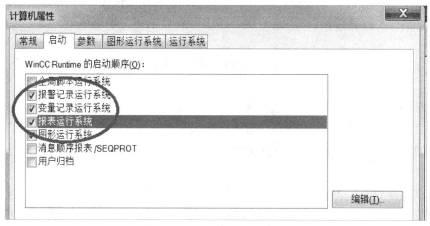

图 6-9 计算机属性启动参数设置

（4）在"图形运行系统"选项卡上，应设置 WinCC 项目的启动画面，如图 6-10 所示。这样，项目启动时将首先打开所选择的启动画面。在此选项卡上，还可设置 WinCC 图形运行系统的窗口属性及其他图形运行系统的属性。

（5）在"运行系统"选项卡上，可设置 Visual Basic 画图脚本和全局脚本的调试特性，还可设置是否启用监视键盘（软键盘）等选项。

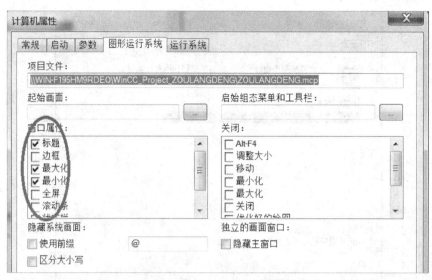

图 6-10　计算机属性图形运行系统设置

（6）当启动 WinCC 运行系统时，WinCC 根据在"计算机属性"对话框中设置的属性运行，并可随时修改运行系统的设置，对运行系统的修改，大部分的设置需要重新激活后即可生效，部分设置须重新启动 WinCC 后才能生效。

6.2.4　启动和退出运行系统

（1）启动运行系统。在 WinCC 项目管理器中打开所需要的项目，单击工具栏上的 ▶ 按钮，WinCC 将启动运行系统。

（2）退出运行系统。退出运行系统时，取消激活项目。所有激活的过程均将停止。

单击工具栏上的 ■ 按钮，"WinCC 运行系统"窗口关闭，退出运行系统。

6.3　WinCC 与 S7-300 系列 PLC 的通信组态

WinCC 与 SIMATIC S7 PLC 的通信无论用哪种通信方式，都需要在 WinCC 的变量管理器中添加"SIMATIC S7 Protocol Suitechn"驱动程序。添加 S7 驱动程序后产生了在不同网络上应用的 S7 协议组。用户需要在其中选择与其物理连接相应的通道单元，与 S7 PLC 进行逻辑连接。

以下以选择和添加 TCP/IP 通信驱动为例，进行介绍和分析。

（1）在 PLC 硬件组态过程中，即在 STEP 7 的 HW Configuration 组态界面中，对 CP 模板进行设置，创建一个以太网，并设置 CPU 的 IP 地址。

双击"PN-IO"，在弹出的"Properties-PN-IO"对话框中（图 6-11），选择"Properties"，进入 Properties-Ethernet 界面点击"new"，新建一条以太网络，并设置 IP 地址和子网掩码，如图 6-12 所示。IP 地址为 PLC 的真实 IP 地址。

（2）设置 PG/PC 接口。在 SIMATIC 管理器的菜单栏中选择"选项→设置 PG/PC 接口"，在打开的 Set PG/PC 界面中，选择 PC 计算机的网卡"TCP/IP（Auto）"，如图

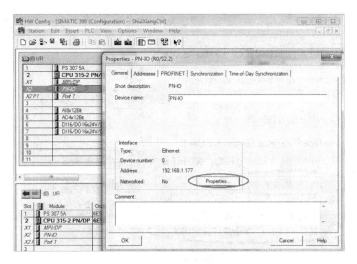

图 6-11　打开 Properties-PN-IO 对话框

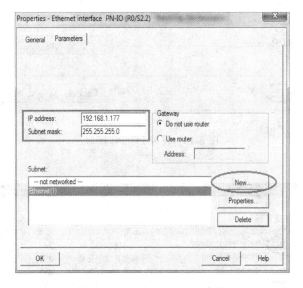

图 6-12　设置 PLC 的 IP 参数

6-13 所示。如果采用仿真 PLC 进行通信，那么则选择"PLCSIM（TCP/IP）"。

（3）添加通信驱动程序和新建 TCP/IP 连接。打开 WinCC 软件，在项目管理器窗口中选中"变量管理"，点击鼠标右键，在弹出的菜单中选择"添加新的驱动程序"，在弹出的子菜单中点击"SIMATIC S7 Protocol Suite"，如图 6-14 所示。

因此，在变量管理目录下新增一个"SIMATIC S7 Protocol Suite"子目录，在其中找到"TCP/IP"，点击鼠标右键，在弹出的菜单中选择"新建连接"，连接名为"NewConnection1"，如图 6-15 所示。

（4）设置 TCP/IP 连接参数。鼠标右键点击连接名"NewConnection1"，选择"连接参数"，在弹出的对话框中进行"IP 地址、机架号、插槽号"等参数的设置，如图 6-16所示。

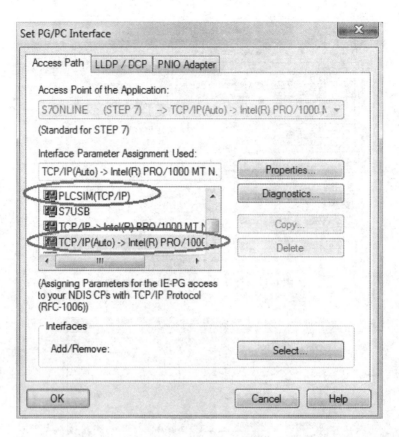

图 6-13 设置 PG/PC 接口

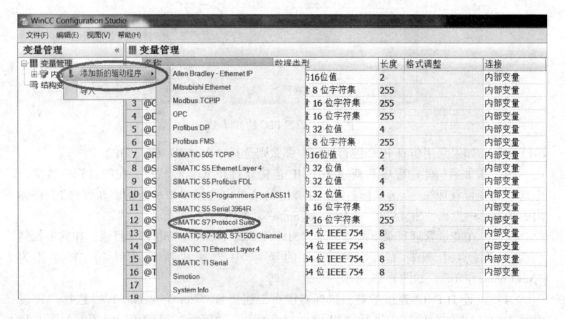

图 6-14 选择驱动程序

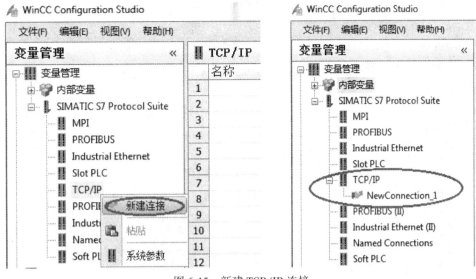

图 6-15　新建 TCP/IP 连接

图 6-16　设置 TCP/IP 连接参数

IP 地址就是最初在 S7 程序中设置 CP 的 IP 地址；机架号是指 CPU 模板在哪个机架上，一般都会放到第 0 号上；插槽号是指 CPU 在哪个槽上（一般在第 2 个插槽，通过 S7 硬件组态也可以看到）。

（5）设置 TCP/IP 系统参数。在变量管理目录下的"SIMATIC S7 Protocol Suite"子目录中找到"TCP/IP"，点击鼠标右键，在弹出的菜单中选择"系统参数"。在弹出的"系统参数"对话框中选择"单位"选项卡，"选择逻辑设备名称"下拉列表框中，可以选择

WinCC 与 PLC 通信的硬件设备（对应于 PC 机的网卡），如图 6-17 所示。

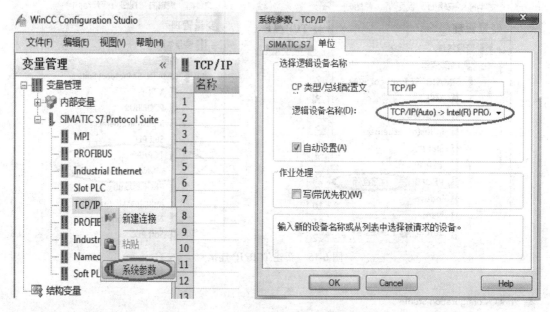

图 6-17 设置 TCP/IP 系统参数

如果采用的是仿真 PLC，那么在"系统参数"对话框中的"逻辑设备名称"下拉列表框中，选择"PLCSIM（TCP/IP）"，如图 6-18 所示。

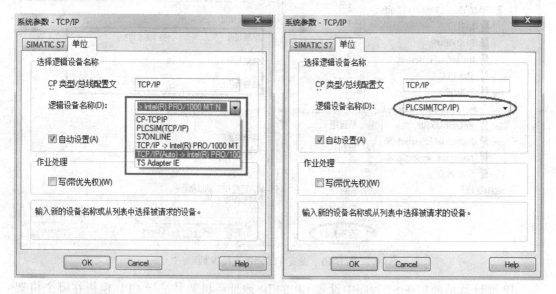

图 6-18 设置 TCP/IP 系统参数（选择仿真 PLC）

6.4 变量组态

变量系统是组态软件的重要组成部分，在组态软件的运行环境下，工业现场的生产状况实时地反映在变量的数值中；操作人员监控过程数据，计算机上发布的指令可通过变量传送给生产现场。

WinCC 的变量系统是变量管理器，WinCC 使用变量管理器来组态变量。变量管理器对项目所使用的变量和通讯驱动程序进行管理。WinCC 与自动化控制系统 PLC 的通信依靠通信驱动程序来实现，自动化控制系统 PLC 与 WinCC 工程间的数据交换通过过程变量来完成。

6.4.1 变量类型

6.4.1.1 外部变量

由外部过程为其提供变量值的变量，称为 WinCC 的外部变量，也称为过程变量。每个外部变量都属于特定的过程驱动程序和通道单元，并属于一个通道连接。相关的变量将在该通信驱动程序的目录结构中创建。外部变量的最大数目由 Power Tages 授权限制。

6.4.1.2 内部变量

过程没有为其提供变量值的变量，称为内部变量。内部变量没有对应的过程驱动程序和通道单元，不需要建立相应的通道连接。内部变量在"内部变量"目录中创建，所组态的内部变量的数目不受限制。

6.4.1.3 系统变量

WinCC 提供了一些预定义的中间变量，称为系统变量，每个系统变量均有明确的意义，可以提供现成的功能，一般用以表示运行系统的状态。系统变量由 WinCC 自动创建，组态人员不能创建系统变量，但可使用。系统变量以"@"开头，以区别于其他变量，系统变量可以在整个工程的脚本和画面中使用。

6.4.1.4 脚本变量

脚本变量是在 WinCC 的全局脚本及画面脚本中定义并使用的变量，它只能在其定义时所规定的范围内使用。

6.4.2 变量的建立

6.4.2.1 新建二进制变量

以新建二进制变量"HMI_Beng_Start"为例，在如图 6-19 所示的"名称"栏里填入新建的变量名"HMI_Beng_Start"，在数据类型栏里选择"二进制变量"，点击地址栏右边的 ⋯，弹出地址属性对话框。

在地址属性对话框中，"数据"栏里往下拉，假设是新建输出变量，则点击输出选项，此变量地址设为 Q8.0，再点确定则完成了一个 PLC 输出变量在 WinCC 中的建立。WinCC 调用该变量时，其值由 PLC 里的 Q8.0 传送过来。

图 6-20 为新建 1 个二进制 DB 数据变量。图 6-21 为新建的 2 个 WinCC 二进制变量。

6.4.2.2 新建模拟量变量

模拟量的设置方法同上，在此以新建浮点数类型的变量为例，变量名为"HMI_Ye-Wei"，如图 6-22 和图 6-23 所示。

图 6-19　新建 WinCC 二进制变量（输出数据类型）

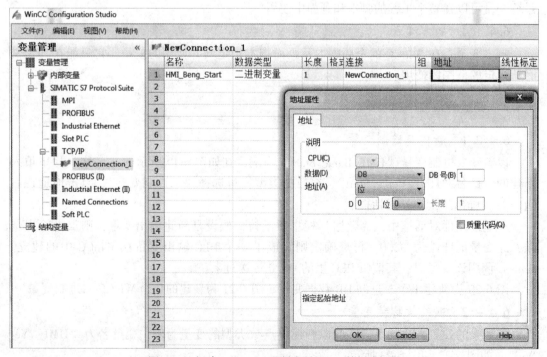

图 6-20　新建 WinCC 二进制变量（DB 数据类型）

图 6-21　WinCC 二进制变量

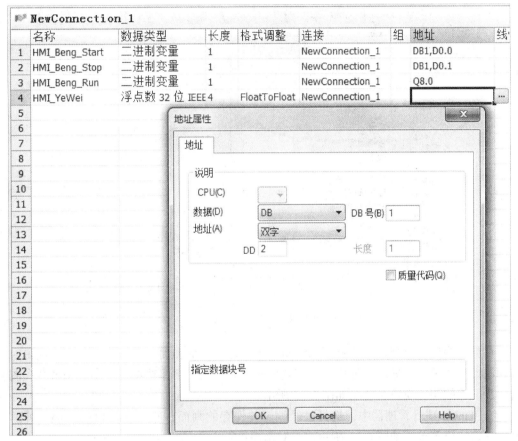

图 6-22　新建 WinCC 模拟量变量

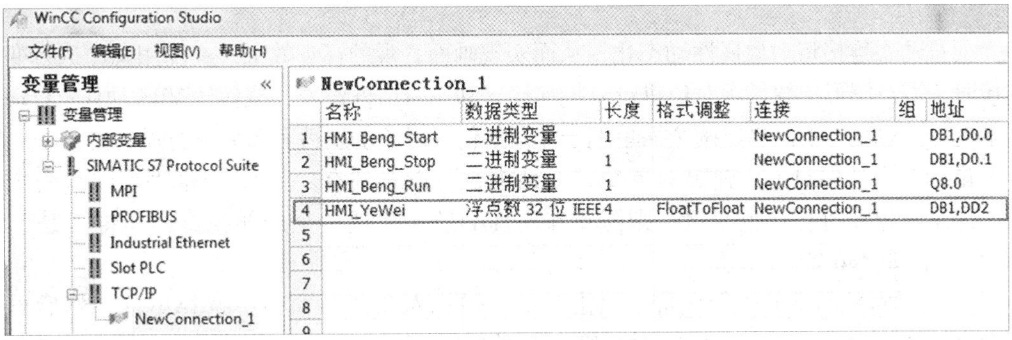

图 6-23　WinCC 模拟量变量

6.5　画面组态

6.5.1　图形编辑器

图形编辑器是用于创建过程画面并使其动态化的编辑器。WinCC 图形编辑器所编辑画面文件的扩展名为 .PDL，打开方式如图 6-24 所示。

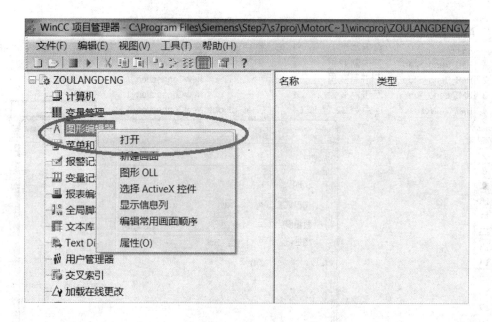

图 6-24　打开图形编辑器

在打开图形编辑器之后，就可以编辑对象，进行图形和动画的制作了。整个编辑窗口有标题栏、菜单栏、标准工具栏、对齐选项板、调色板、字体选项板、图形编辑区和图层选项板。它的相应模块及功能如图 6-25 所示。

在 WinCC 项目管理器中，选择已经编辑并保存的画面，然后点击鼠标右键，可弹出该画面的快捷菜单，如图 6-26 所示，可对画面进行重命名和定义启动画面等。

6.5.2　对象动态连接

通过动态连接将对象属性动态化，从而实现画面直观的视觉效果。在使用画面进行变量连接时，需对图形、控件等对象进行直接连接、动态对话框设置，或使用 VBS 动作、C 动作脚本进行动态化。下面将以两个简单例子介绍如何对对象的属性和事件进行设置的方法。

鼠标双击选中对象，弹出对象属性对话框，可以看到有"属性"和"事件"两个选项，如果对象要进行颜色变化，则需要在属性的效果栏选中全局颜色方案，将"是"改为"否"，如图 6-27 所示。

（1）对对象的事件进行设置：双击对象，进入对象属性窗口，选择事件，然后再选择命令输入的途径，比如鼠标、键盘等，如图 6-28 所示。

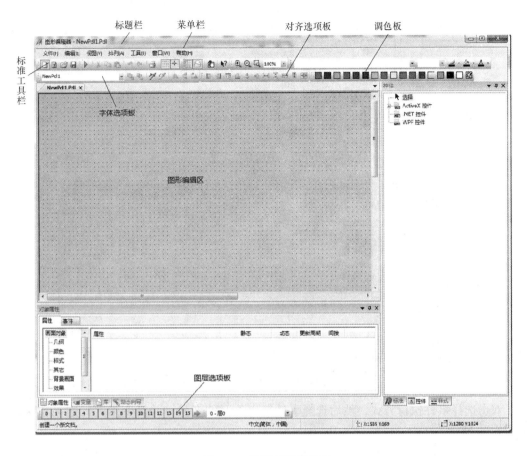

图 6-25　图形编辑器界面

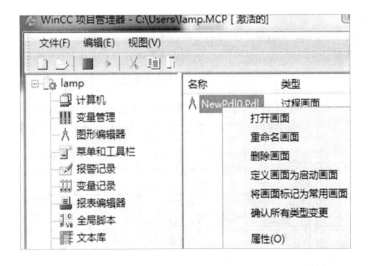

图 6-26　画面快捷菜单

196

图 6-27 全局颜色方案

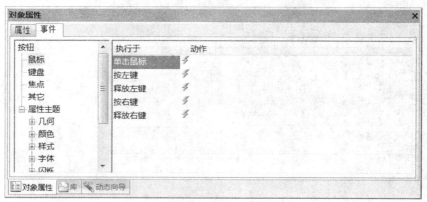

图 6-28 动作事件设置

双击选择事件执行方式，然后选择事件发生关联的变量，并对变量进行连接和赋值，如图 6-29 所示。

图 6-29 设置变量值为常数 1

将对象设置完以后，可以看到闪电符号发生了颜色变化，由灰色变成了蓝色。"蓝色"代表若该动作发生，则关联的变量值会发生相应变化，如图 6-30 所示。

图 6-30 事件设置完成

（2）对对象的属性进行设置：如果对象要进行的是输出类型（颜色、显示灯）的变化，就要对其属性进行相应设置，如图 6-31 所示。

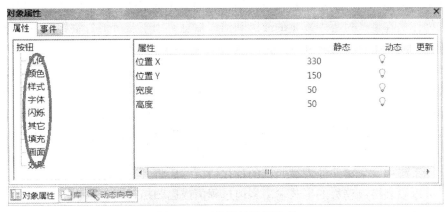

图 6-31　对象属性设置选项

例如，现在要使某个对象显示或者隐藏，可以让该对象关联某个 WinCC 变量。当关联的变量值为 1，则该对象显示，否则隐藏。在对象属性窗口，属性选项卡中选择"其它→显示"，在动态栏下方点击鼠标右键，会出现动态对话框，点击进入值域对话框进行设置。设置完成后如图 6-32 所示。

图 6-32　对象的显示与隐藏

6.6　报　警　组　态

在 WinCC 中，报警记录编辑器负责消息的采集和归档，包括过程、预加工、表达式、确认及归档等消息的采集功能。消息系统给操作员提供了关于操作状态和过程故障状态的信息。它们将每一监控状态提早通知操作员。在组态期间，可对过程中应触发消息的事件

198

进行定义，这个事件可以是设置自动化系统中的某个特定位，也可以是过程值超出预定义的限制值。

系统可用画面和声音的形式报告记录消息事件，还可用电子和书面的形式归档，报警可以通知操作员在生产过程中发生的故障和错误信息，用于及早警告临界状态，避免停机或缩短停机时间。

6.7 过程值归档

过程值归档的目的是采集、处理和归档工业现场的过程数据，以这种方法获得的过程数据可用于获取与设备的操作状态有关的管理和技术标准。

在运行系统中，采集并处理被归档的过程值，然后将其存储在归档数据库中，在运行系统中，可以以表格或趋势的形式输出当前过程值或已归档过程值，也可将所归档的过程值作为记录打印输出。

WinCC 使用"变量记录"组件来组态过程值的归档，可选择组态过程值归档和压缩归档，定义采集和归档周期，并选择想要归档的过程值。

在图形编辑器中，WinCC 提供了 WinCC Online Table Control 和 WinCC Online Trend Control 这两个 ActiveX 控件，以便能在运行系统中以不同的方式显示过程数据。

6.8 变量模拟器

如果 WinCC 没有连接 PLC，而又想测试项目的运行状况，则可使用 WinCC 提供的工具软件变量模拟（WinCC tag simulation）来模拟变量的变化，以便观察自己的项目是否和实际状态相符。

（1）激活 WinCC 项目，使 WinCC 项目处于运行状态，变量模拟器才能正确运行。

（2）单击 Windows 任务栏的"开始"，并选择"SIMATIC→WinCC→Tools"菜单项，单击 WinCC TAG Simulator，运行变量模拟器，如图 6-33 所示。

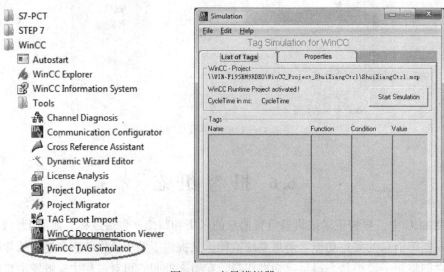

图 6-33 变量模拟器

（3）在变量模拟器对话框中，选择"Edit→New Tag"菜单项，从变量选择对话框中选择 HMI_YeWei 变量，如图 6-34 和图 6-35 所示。

图 6-34　选择 HMI_YeWei 变量 1

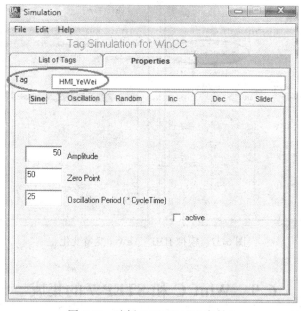

图 6-35　选择 HMI_YeWei 变量 2

（4）在"属性 Properties"选项卡上，单击 Inc 选项卡，选择变量仿真方式为增 1；输入起始值为 0，终止值为 100，并选中右下角的"active 激活"复选框，如图 6-36 所示。在 List of Tags 选项卡上，单击 Start Simulation 按钮，开始变量模拟 HMI_YeWei 值会不停地变化，如图 6-37 所示。

图 6-36　设置仿真变量属性

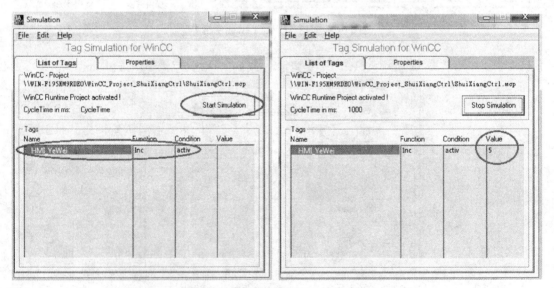

图 6-37　模拟 HMI_ YeWei 变量变化

6.9　WinCC 和 STEP 7 的集成

从 WinCC 里调用 STEP 7 变量，而无需在 WinCC 里手动建立变量，特别是当 WinCC 项目里需要的变量非常多时，一方面手动建立多个变量非常浪费时间，导致效率低下，另一方面会导致新建的 WinCC 变量错误增多。因此如果采用 WinCC 和 STEP 7 集成的方式，那么 STEP 7 项目的变量可以通过集成编译的方式，自动进入到 WinCC 项目中，可以将建立变量的工作量减少一半，同时将建立变量的出错概率减少一半，从而减少了相应的排错工作，大大提高了工作效率。

　　从 WinCC 里调用 STEP 7 变量的前提条件是，WinCC 的项目文件必须是集成在 STEP 7 项目中的。在安装所有 SIMATIC 软件前，请查阅软件的安装注意事项，确定操作系统与软件的兼容性。要使用 WinCC 与 STEP 7 的集成功能，WinCC 和 STEP 7 必须安装在同一台计算机上，必须在安装 WinCC 之前安装 STEP 7。STEP 7 与 WinCC 的版本必须一致。WinCC 与 STEP 7 的版本兼容行列表可以在西门子自动化与驱动集团的技术支持与服务网站上获得。STEP 7 安装完毕后，进行 WinCC 安装。在 WinCC 安装过程中，选择"自定义安装"，Communication 下的所有选项都必须勾选，如图 6-38 所示。

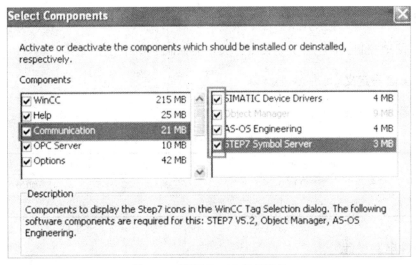

图 6-38　安装 WinCC 通信组件

7　PLC 基础训练

7.1　基于 S7-200 系列 PLC 的走廊灯两地控制系统

7.1.1　控制要求

走廊灯两地控制：楼上开关、楼下开关均能控制走廊灯的亮灭。

7.1.2　I/O 信号定义

I/O 信号编址见表 7-1。

表 7-1　I/O 编址

输 入 信 号		输 出 信 号	
楼上开关	I0.0	走廊灯	Q0.0
楼下开关	I0.1		

7.1.3　硬件电路设计

7.1.3.1　PLC 硬件接线原理图

走廊灯两地控制系统 PLC 硬件接线原理图如图 7-1 所示。

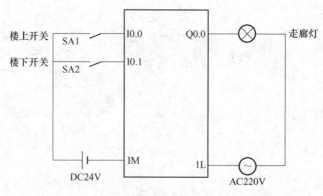

图 7-1　走廊灯两地控制系统 PLC 硬件接线原理图

7.1.3.2　搭建控制系统

在本实训项目中，PLC 类型选择 CPU224CN。在实验平台上，选择两个开关分别视为楼上开关和楼下开关，一个指示灯视为走廊灯，然后分别把两个开关接到实验平台上 CPU224CN 的 I0.0 和 I0.1 输入端子，指示灯接到 CPU224CN 的 Q0.0 输出端子，如图 7-2

所示。图中红色和蓝色电缆表示电源线，黄色电缆表示输入和输出信号线。

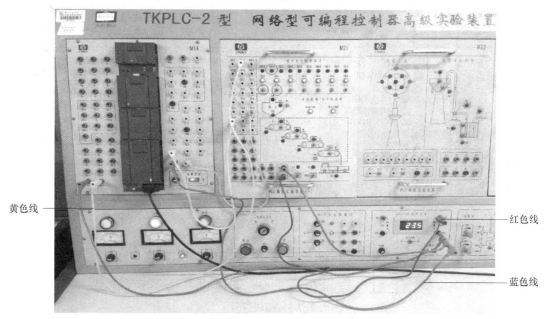

图 7-2　走廊灯两地控制系统接线图

7.1.4　设计 S7-200 PLC 控制程序

（1）打开 STEP 7-Micro/win 编程软件，在软件主界面点击[图标]，或者选择"文件→新建"，新建一个项目文件，项目名为"ZouLangDeng"，如图 7-3 所示。

图 7-3　新建走廊灯控制项目

（2）设置与读取 PLC 的型号。在进行 PLC 程序编写之前，应正确地设置其型号。如果已经成功地建立通信连接，单击"读取 PLC"，可以读出当前所连接 PLC 的信号与硬件版本号。

右击 CPU，选择"类型"，弹出 PLC 类型窗口，进行 PLC 类型设置。PLC 类型采用 CPU224CN，如图 7-4 所示。

（3）根据控制要求，分析系统的输入、输出信号，建立符号表。在软件主界面，选择"符号表"按钮，弹出符号表窗口，可进行程序变量编写，如图 7-5 所示。

（4）根据控制要求，编写梯形图程序。在软件主界面，选择"程序块"按钮，进入

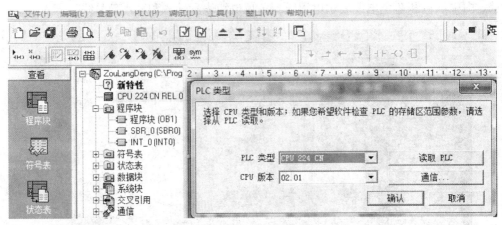

图 7-4 选择 PLC 类型

			符号	地址
1			楼上开关	I0.0
2			楼下开关	I0.1
3			走廊灯	Q0.0

图 7-5 编辑符号

梯形图编辑窗口，进行主程序 OB1、SBR 和 INT 程序的编写，如图 7-6 所示。如果控制要求比较简单，可以用线性化程序结构，在主程序 OB1 里面完成全部控制程序的编写。

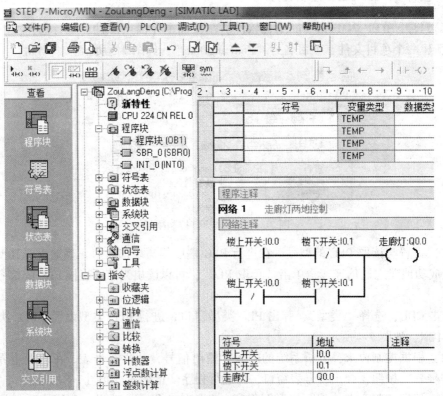

图 7-6 PLC 控制程序

7.1.5　编译和下载程序

点击工具栏上的程序编译 ☑ 图标，进行程序编译，编译无错误后，再进行点击工具栏上的程序下载 ⤓ 图标，进行程序的下载，如图7-7所示。

PLC只有PLC有两种工作方式，即运行和停止工作方式。PLC只有在停止工作方式下才能进行程序的下载。点击工具栏中的PLC停止 ■ 图标或手动操作PLC工作方式切换开关，PLC可进入到停止工作方式。

PLC在运行工作方式下，才可以启动程序的状态监控。点击工具栏中的PLC运行 ▶ 图标或手动操作PLC工作方式切换开关，PLC可进入到运行工作方式。

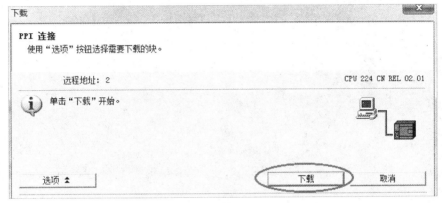

图7-7　程序下载界面

7.1.6　监控和调试程序

在程序调试中，经常采用程序状态监控、状态表监控和趋势图监控三种方式来对程序进行状态监视和调试。

（1）程序状态监控模式。单击工具栏中的程序状态监控 图标，进入程序状态监控模式，在监控模式下，"能流"通过的软元件和导线将显示蓝色，表示接通，如图7-8所示。在此可对控制程序进行调试：1）按下楼上开关I0.0接通，Q0.0接通（当前I0.0

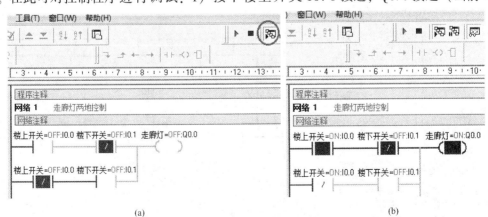

(a) (b)

图7-8　程序状态监控模式

（a）走廊灯熄灭；（b）走廊灯点亮

为 1，I0.0 为 0），走廊灯点亮；2）如果此时接着按下楼下开关 I0.1 接通，Q0.0 断开（当前 I0.0 为 1，I0.0 为 1），以此类推，可以对走廊灯控制程序进行测试，检测其运行结果是否符合控制要求，见图 7-9。

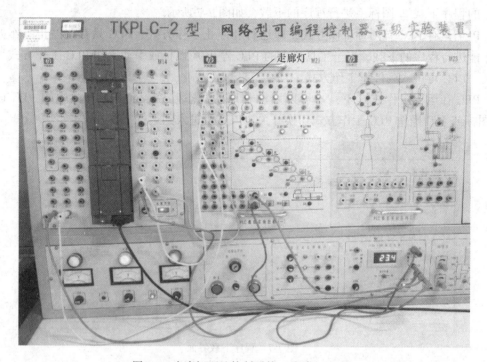

图 7-9　走廊灯两地控制系统（走廊灯点亮）

（2）状态表监控模式。单击工具栏的状态表监控 图标，可打开状态表，监控控制程序，而且还可采用强制修改控制程序的变量值。编程软件使用的状态表监控示例如图 7-10 所示，在当前值栏目中显示了各元件的状态和数值大小。

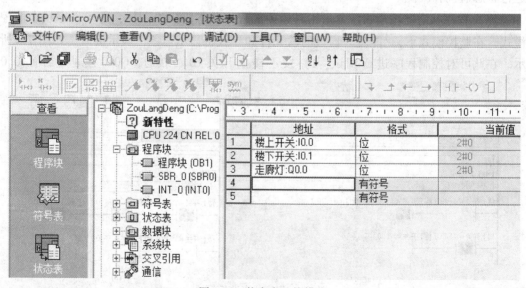

图 7-10　状态表监控模式

（3）趋势图监控模式。单击工具栏的趋势图监控▦图标，进入趋势图监控模式。趋势图监控是根据编程元件的状态和数值大小随时间变化关系的图形监控。

7.2 基于 S7-200 系列 PLC 的彩灯控制系统

7.2.1 控制要求

启动彩灯系统后，在 20s 的循环周期内：

（1）前 16s 中，8 个彩灯 L1~L8 以 2s 的速度依次点亮，期间保持任意时刻只有一个彩灯点亮。

（2）后 4s 中，8 个彩灯同时以 0.5Hz 的频率闪烁。

7.2.2 I/O 信号定义

I/O 信号编址见表 7-2。

表 7-2 I/O 编址

输 入 信 号		输 出 信 号	
启动按钮	I0.0	8 个彩灯	QB0
停止按钮	I0.1		

7.2.3 硬件电路设计

7.2.3.1 PLC 硬件接线原理图

彩灯控制系统 PLC 硬件接线原理图如图 7-11 所示。

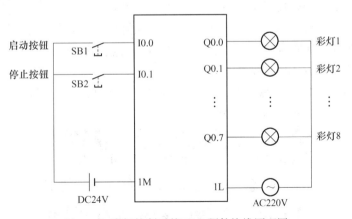

图 7-11 彩灯控制系统 PLC 硬件接线原理图

7.2.3.2 搭建控制系统

在本实训项目中，PLC 类型选择 CPU224CN。在实验平台上，选择两个开关分别视为彩灯系统启动开关和停止开关，L1~L8 指示灯视为 8 个彩灯，然后分别把启动开关和停止开关接到实验平台上 CPU224CN 的 I0.0 和 I0.1 输入端子，8 个彩灯分别接到

CPU224CN 的 Q0.0~Q0.7 输出端子，如图 7-12 所示。图中红色和蓝色电缆表示电源线，绿色电缆表示 PLC 输入信号线，黄色电缆表示 PLC 输出信号线。

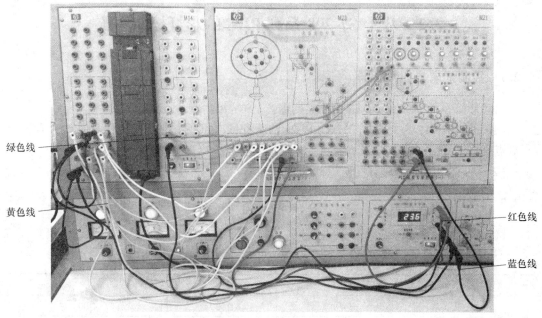

图 7-12　彩灯控制系统接线图

7.2.4　设计 PLC 控制程序—模块化结构

8 个彩灯循环控制。在循环周期的前 16s，采用字节的向左移位指令，让彩灯从左到右以 2s 的速度依次点亮，即要求字节 QB0 中的"1"用左移位指令每 2s 移动一位，因此须在 SHL-B 指令的 EN 端接一个 2s 的移位脉冲；在循环周期的后 4s，利用定时器产生一个频率为 0.5Hz，周期为 2s 的占空比为 50% 的振荡信号，对 QB0 在振荡信号的高电平赋值为 16#FF，低电平赋值为 16#00，从而保证彩灯同时点亮和熄灭。

详细设计步骤和方法请参见 7.1 节。

（1）打开 STEP 7-Micro/win 编程软件，新建一个项目文件，项目名为 CaiDengCtrl，如图 7-13 所示。PLC 类型采用 CPU224CN。

图 7-13　新建彩灯控制项目

（2）根据控制要求，分析系统的输入、输出信号，建立符号表，如图 7-14 所示。

			符号	地址
1			启动开关	I0.0
2			停止开关	I0.1
3			彩灯	QB0
4			启动信号	M0.0

图 7-14　编辑符号

（3）根据控制要求，编写梯形图程序。结合彩灯控制要求，可以把控制任务分解成几个子任务，采用主程序和子程序的模块化程序结构来实现。

1）主程序 OB1，如图 7-15 所示。首次扫描时，调用初始化子程序 SBR0，对程序使用到的变量 VB0、VB1、C0、MB0、T37~T40 变量初始化。在 20s 循环周期中，前 16s 调用单灯循环点亮子程序 SBR1，后 4s 调用 8 个彩灯同时闪烁子程序 SBR2。

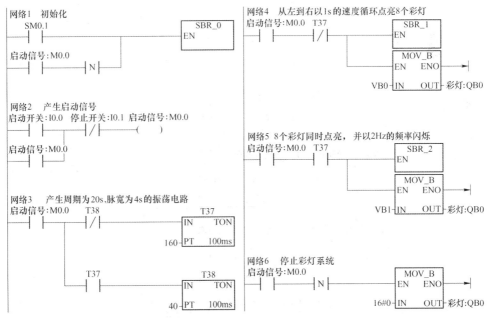

图 7-15　彩灯控制主程序 OB1

2）初始化子程序 SBR0。初始化子程序 SBR0 如图 7-16 所示，对 VB0、VB1、MB0、C0、T37~T40 赋初值，即 VB0 值为 1，VB1、MB0、C0 和 T37~T40 值为 0。

3）8 个彩灯单灯点亮子程序 SBR1，如图 7-17 所示。

4）全部彩灯同时闪烁子程序 SBR2，如图 7-18 所示。

7.2.5　编译和下载程序

点击工具栏上的程序编译 图标，进行程序编译，编译无错误后，再进行点击工具栏上的程序下载 图标，进行程序的下载，同时将 PLC 工作方式切换为停止模式。程序下载完成，可将 PLC 工作方式切换为运行模式。接下来，就可对控制程序进行状态监控和在线调试。

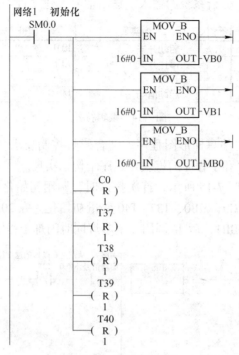

图 7-16 子程序 SBR0

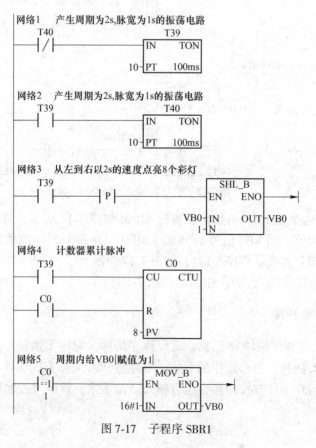

图 7-17 子程序 SBR1

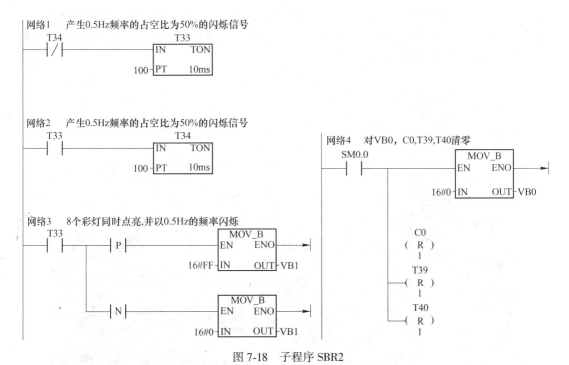

图 7-18 子程序 SBR2

7.2.6 监控和调试程序

（1）程序状态监控模式。单击工具栏中的程序状态监控🔲图标，进入程序状态监控模式，如图 7-19～图 7-21 所示。当按下启动开关 I0.0 接通，前 8s 内，8 个彩灯间隔 1s 依

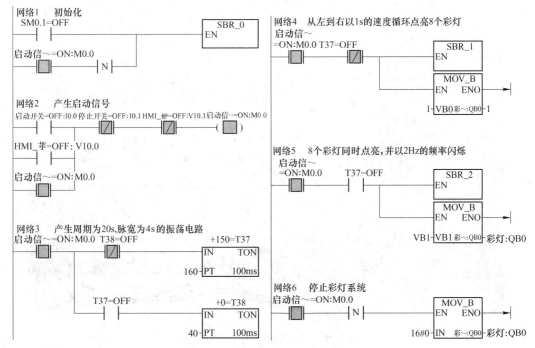

图 7-19 程序状态监控模式

次逐一点亮；在之后的 2s 内，8 个彩灯全部同时闪烁 4 次（频率为 2Hz）；然后在接下来的 8s 内，8 个彩灯间隔 1s 依次逐一点亮。以此类推，可以对彩灯控制程序进行测试，检测其运行结果是否符合控制要求。

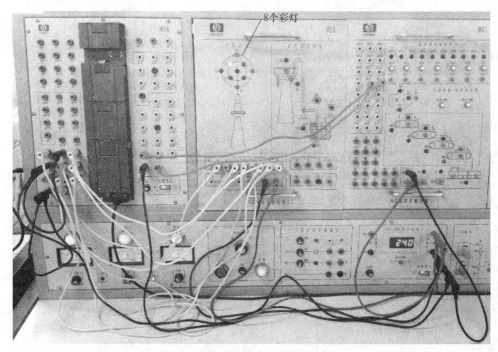

图 7-20　彩灯控制系统（单灯点亮）

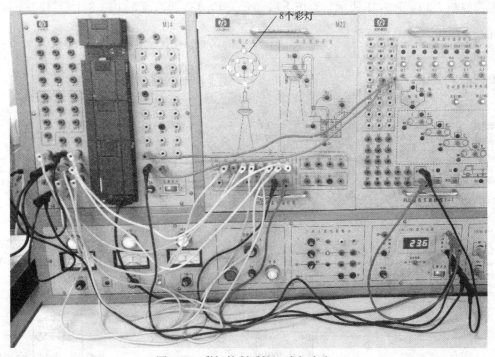

图 7-21　彩灯控制系统（全灯点亮）

（2）状态表监控模式。单击工具栏的状态表监控 图标，可打开状态表，监控控制程序，而且还可采用强制表操作修改控制程序的变量值。编程软件使用的状态表监控示例如图 7-22 所示，在当前值栏目中显示了各元件的状态和数值大小。

	地址	格式	当前值
1	VB0	无符号	32
2	VB1	无符号	0
3	Q0.0	位	2#0
4	Q0.1	位	2#0
5	Q0.2	位	2#0
6	Q0.3	位	2#0
7	Q0.4	位	2#0
8	Q0.5	位	2#1
9	Q0.6	位	2#0
10	Q0.7	位	2#0

图 7-22 状态表监控模式

（3）趋势图监控模式。单击工具栏的趋势图监控 图标，进入趋势图监控模式。趋势图监控是根据编程元件的状态和数值大小随时间变化关系的图形监控，如图 7-23 所示。

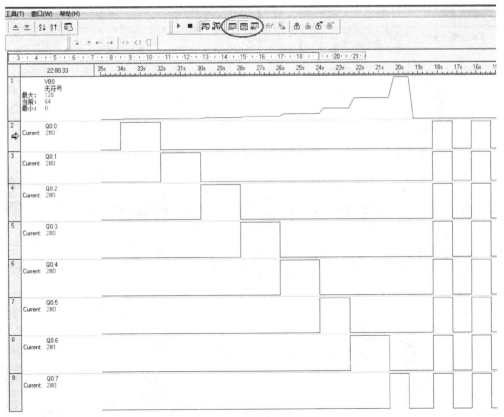

图 7-23 趋势图监控模式

7.3 基于 S7-300 系列 PLC 的电动机控制系统

7.3.1 控制要求

（1）电动机的点动控制：按下点动启动按钮，电动机启动运行；松开点动启动按钮，电动机停止运行。

（2）电动机的连动控制：按下连动启动按钮，电动机启动运行；松开连动启动按钮，电动机继续运行；只有当按下停止按钮时，电动机才停止运行。

（3）安全保护：采用热继电器 FR 进行过载保护。

7.3.2 I/O 信号定义

I/O 信号编码见表 7-3。

表 7-3 I/O 编址

输入信号		输出信号	
点动控制按钮	I0.0	电动机运行	Q4.0
连动控制按钮	I0.1		
停车按钮	I0.2		
FR 过载保护	I0.3		

7.3.3 硬件组态

硬件组态的详细步骤和方法，请参见 5.3 节。在本实训项目中，PLC 类型选择 CPU315-2 PN/DP。

（1）新建 MotorControl 项目。通过项目新建向导，选择 CPU315-2 PN/DP（有一个以太网接口和一个 DP 接口共两个接口），编程语言为 LAD 梯形图，新建项目，如图 7-24 所示。

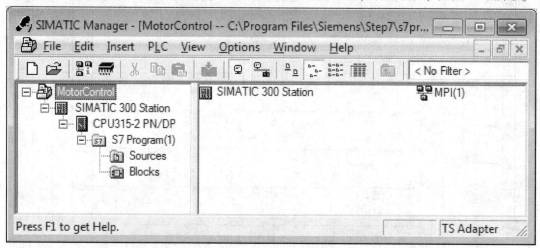

图 7-24 新建电动机控制项目

（2）硬件组态。根据控制要求分析，本项目开发仅涉及到数字量输入信号和数字量
输出信号。因此进入硬件组态 Hardware 界面，在硬件配置中需要选择数字量输入模块和
数字量输出模块，并进行保存和编译，如图 7-25 所示。

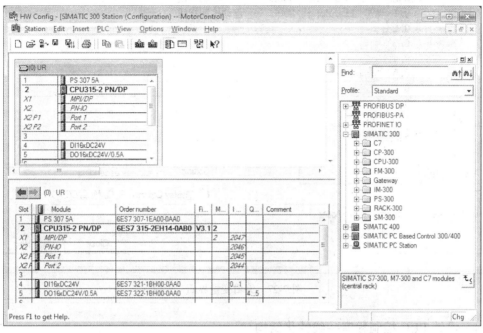

图 7-25   硬件组态界面

可从硬件组态界面进入变量编辑界面，对变量进行定义和地址分配，如图 7-26 和图
7-27 所示。该部分的工作也可在 7.3.4 小节中通过编辑 Symbols 表来实现。

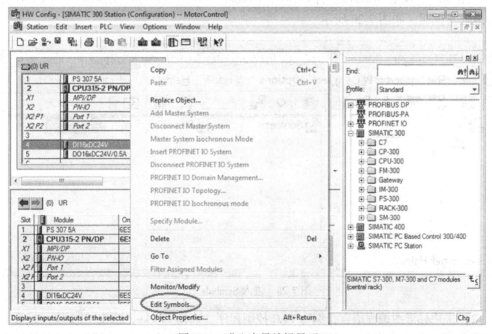

图 7-26   进入变量编辑界面

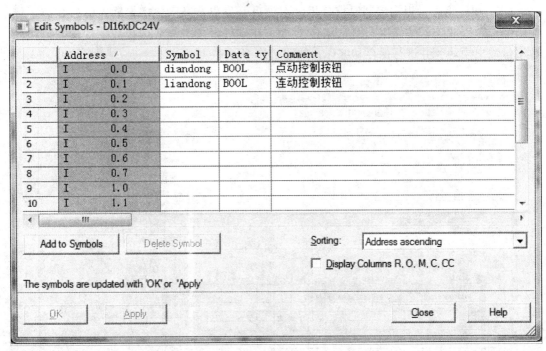

图 7-27 编辑变量界面

7.3.4 设计 PLC 控制程序—线性化结构

（1）Symbols 表中编辑定义变量数据地址。单击 SIMATIC Manager 中 MoterControl 项目的左边窗口中的 S7 Program，右边的窗口中会出现 Sources、Blocks、Symbols 三个图标，如图 7-28 所示。双击 Symbols，打开 Symbol Editor 窗口，编辑程序所需的各变量数据的类型和地址及说明，如图 7-29 所示。

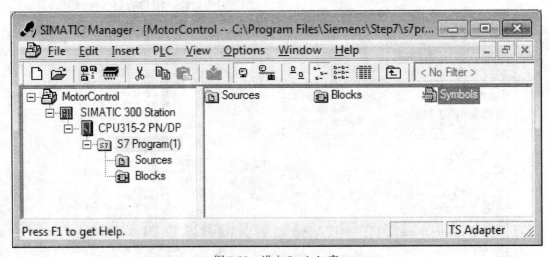

图 7-28 进入 Symbols 表

（2）采用梯形图编程语言，编写 PLC 控制程序。选择 Blocks，双击 OB1 块，打开 LAD 编程界面，如图 7-30 所示，采用梯形图编程语言编写电动机的点动控制和连动控制程序。

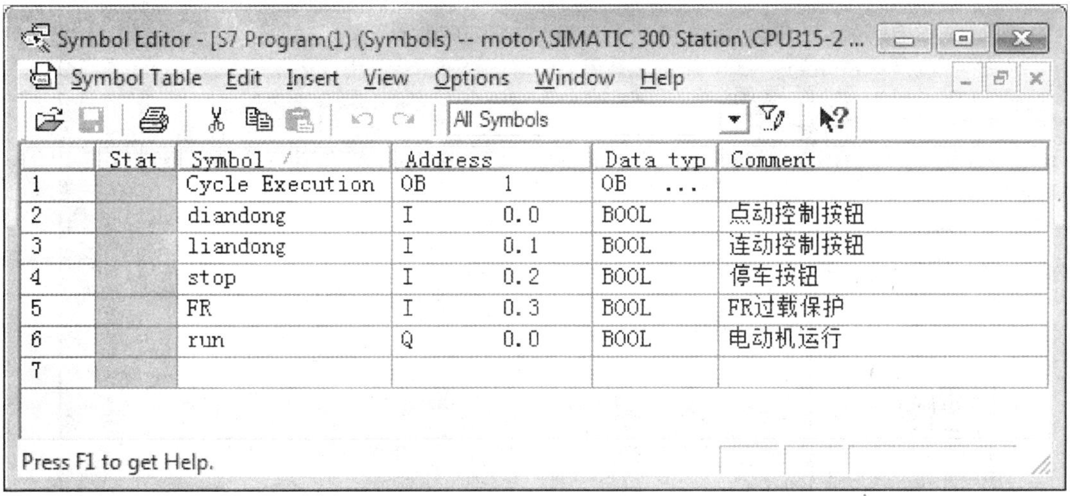

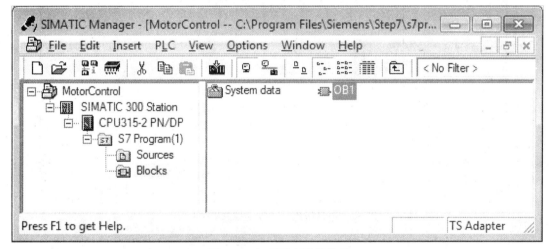

图 7-29　Symbols 表中进行变量定义

图 7-30　打开程序编辑界面

在 PLC 编程界面中，界面左边所有指令和功能块等，界面右边可根据控制要求进行程序的编程，如图 7-31 所示。

本实训项目说明了 PLC 中辅助继电器 M 的用途，因为 PLC 的工作原理与继电器控制系统的工作原理不一样，它没有继电器控制系统中先断后合的概念，故点动控制的电动机状态用 M0.0 来保存，连动控制的电动机状态用 M0.1 来保存，最后 M0.0、M0.1 均可直接影响到输出 Q0.0 的状态（即电动机的控制指令）。另外，由于 PLC 的带载能力有限，不可以直接驱动电动机，而是通过中间继电器 KA 控制接触器线圈 KM，从而控制电动机的启停，如图 7-32 所示。

7.3.5　下载程序

本实训项目以仿真 PLC 演示程序下载和调试过程。

（1）仿真 PLC 及通信设置。在 SIMATIC Manager 界面，选择"Options→Set PG/PC

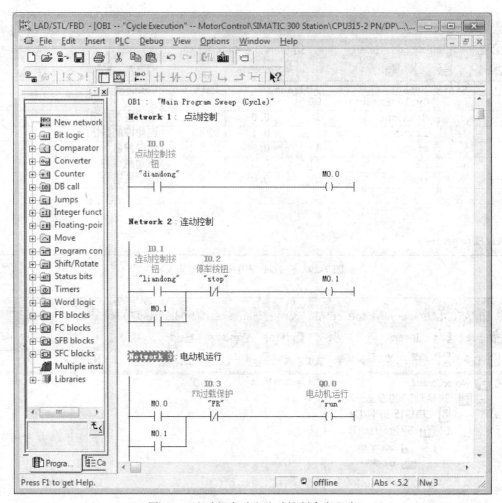

图 7-31 电动机点动和连动控制参考程序

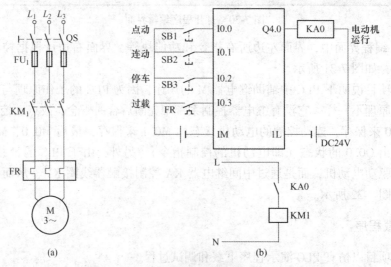

图 7-32 电动机控制系统主电路和控制电路

(a) 主电路;(b) 控制电路

Interface", 进入 PLC 通信设置界面, 选择 "PLCSIM (TCP/IP)", 表示将采用仿真 PLC, 通过 TCP/IP 通信方式, 进行程序的下载和调试。

(2) 在 SIMATIC Manager 界面, 点击▦, 进入 PLC 仿真界面, 并把 PLC 状态设置为 STOP 模式, 如图 7-33 和图 7-34 所示。

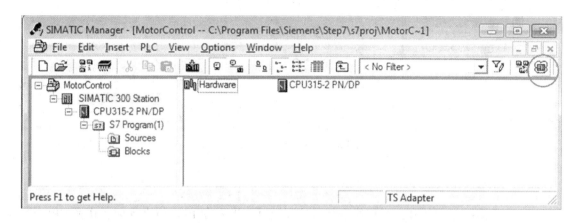

图 7-33　打开 PLC 仿真界面

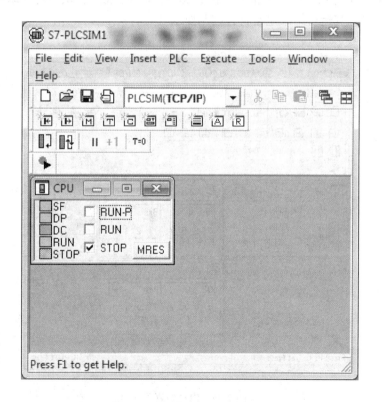

图 7-34　仿真 PLC 切换到 STOP 模式

(3) 下载 PLC 控制程序到仿真 PLC, 如图 7-35 所示。

220

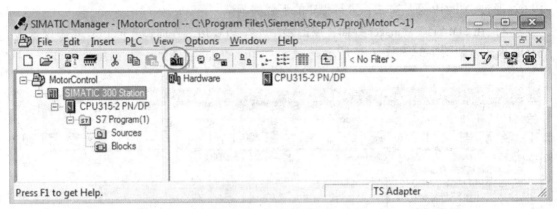

图 7-35　下载程序到仿真 PLC

7.3.6　监控和调试程序

（1）利用 PLCSIM 和在线程序进行监控和调试。进入在 PLC 仿真界面，切换 CPU 状态为 RUN 或者 RUN-P 模式，此时 PLC 控制程序进入运行状态，如图 7-36 所示。在 PLC 仿真界面，可以强制 PLC 的输入信号，比如 I0.0、I0.1、I0.2，从而对电动机控制程序进行在线调试，检测其运行结果是否符合控制要求。

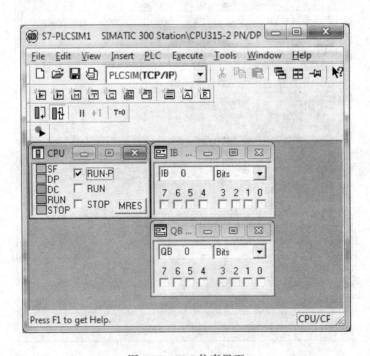

图 7-36　PLC 仿真界面

图 7-37~图 7-39 是电动机点动控制程序的调试过程，而电动机连动控制程序的调试过程类似，在此不描述。

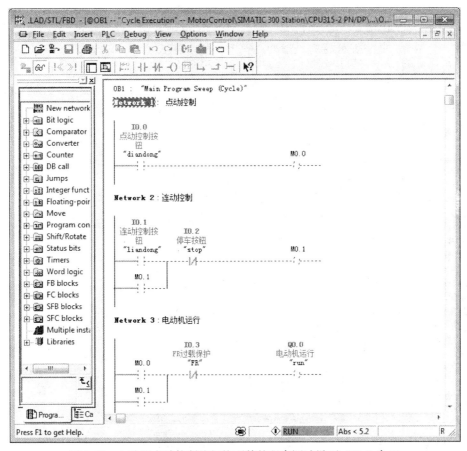

图 7-37　电动机点动控制按钮按下前的程序调试界面（I0.0 为 0）

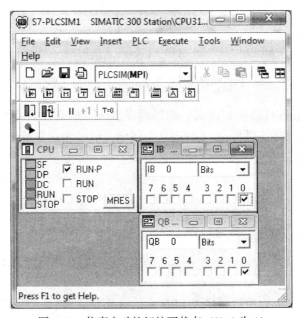

图 7-38　仿真点动按钮按下状态（I0.0 为 1）

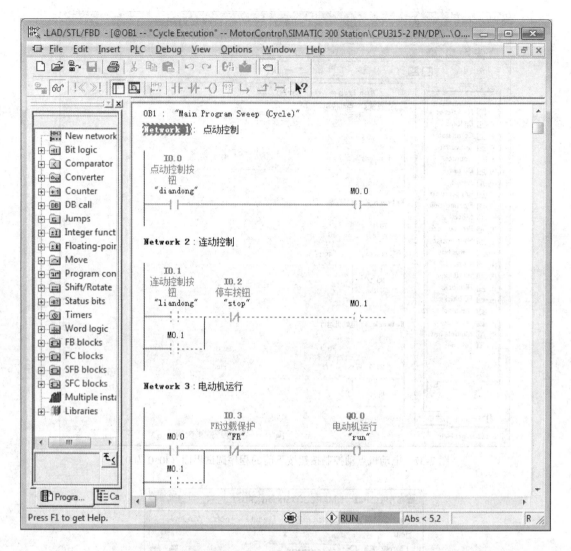

图 7-39　电动机点动控制按钮按下后的程序调试界面（I0.0 为 1）

（2）利用变量表进行监控和调试。如果程序较大，那么用户在屏幕上就不能同时观察调试过程中变量的变化过程。为了解决这个问题，可以建立变量表，如图 7-40~图 7-42 所示。使用变量表可以在一个界面上同时显示所需的全部变量，如图 7-43 所示。

变量表的功能如下。

1）监视变量：可以在编程设备上显示用户程序或 CPU 中每个变量的当前值。

2）修改变量：可以将固定值赋给用户程序或 CPU 中的每个变量，使用程序状态测试功能时也能立即进行一次数值修改。

3）使用外设输出并激活修改值：允许在停机状态下将固定值赋给 CPU 中的每个 I/O。

4）强制变量：可以为用户程序或 CPU 中的每个变量赋予一个固定值，这个值是不能被用户程序覆盖的。

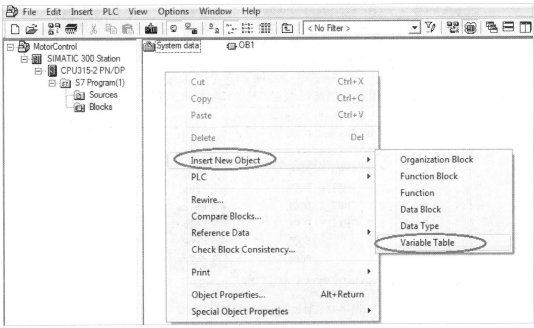

图 7-40　新建变量表过程 1

图 7-41　新建变量表过程 2

图 7-42　新建变量表过程 3

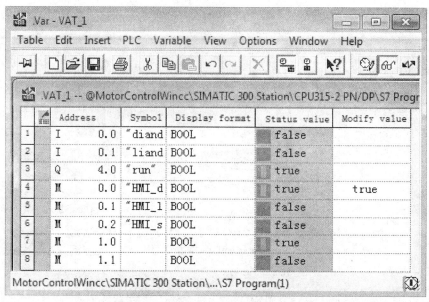

图 7-43 通过变量表进行监控和调试

除了采用仿真 PLC 进行调试，在实验室条件具备的情况下，若采用以太网通信方式，需在硬件组态界面配置以太网相关参数后（详见 5.3 节），进行真实的 PLC 下载和调试：

（1）在基本逻辑指令实验挂件上模拟调试，验证程序的正确性。

（2）在将主机、继电器实验挂件、电动机、PC 机连接在一起，调试运行真实系统。

7.4 基于 S7-300 系列 PLC 的水箱控制系统

7.4.1 控制要求

在水箱控制系统中通过控制水泵和排水阀来调节水箱的液位，即可通过启动水泵，向水箱内进水，通过打开排水阀，对水箱进行排水，如图 7-44 所示。本实训项目中，正常情况下，要求水箱的液位保持在 1~5m。在自动控制状态下，当水箱液位低于 1m，排水

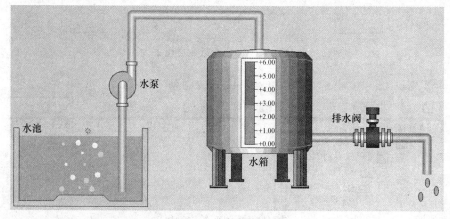

图 7-44 水箱控制系统

阀为关闭状态，同时启动水泵向水箱内进水，当水箱液位高于 5m 的时候，水泵停止工作。液位传感器对水箱的水位进行检测。

7.4.2 I/O 信号定义

I/O 信号编址见表 7-4。

表 7-4 I/O 编址

输 入 信 号		输 出 信 号	
手动启动水泵	I8.0	启/停水箱	Q8.0
手动停止水泵	I8.1	启/停排水阀	Q8.1
手动启动排水泵	I8.2	高液位报警	Q8.2
手动停止排水泵	I8.3	低液位报警	Q8.3
自动模式	I8.4		
手动模式	I8.5		
水箱控制系统启动	I8.6		
水箱控制系统停止	I8.7		
水箱实际水位	PIW256		

7.4.3 硬件组态

根据上述 I/O 编址表，可以看出在该项目中需用到 AI、DI、DO 三种 I/O 模块。在 SIMATIC Manager 中新建项目，项目名为 ShuiXiangCtrl，打开 HW Configuration 界面，在硬件配置中需要选择数字量输入输出模块和模拟量输入模块，并设置 CPU 的 IP 地址（在此采用以太网通讯方式），进行保存和编译，如图 7-45 所示。硬件组态的详细步骤和方法，请参见 5.3 节。在本实训项目中，PLC 类型选择 CPU315-2 PN/DP。

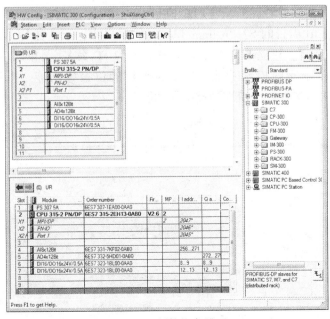

图 7-45 硬件组态界面

7.4.4　设计 PLC 控制程序—模块化结构

（1）Symbols 表中编辑定义变量数据地址。单击 SIMATIC Manager 中 ShuiGuan 项目的左边窗口中的 S7 Program，右边的窗口中会出现 Sources、Blocks、Symbols 三个图标，双击 Symbols，打开如图 7-46 所示的 Symbol Editor 窗口，编辑程序所需的各变量数据的类型和地址及说明。

	Stat	Symbol	Address		Data type		Comment
1		水泵和水阀控制	FC	1	FC	1	
2		液位报警	FC	2	FC	2	
3		SCALE	FC	105	FC	105	Scaling Values
4		Beng_Start_Man	I	8.0	BOOL		手动启动水泵
5		Beng_Stop_Man	I	8.1	BOOL		手动停止水泵
6		V_Start_Man	I	8.2	BOOL		手动启动排水阀
7		V_Stop_Man	I	8.3	BOOL		手动停止排水阀
8		Auto_mode	I	8.4	BOOL		自动模式
9		Man_mode	I	8.5	BOOL		手动模式
1		Sys_Start	I	8.6	BOOL		水箱控制系统启动
1		Sys_Stop	I	8.7	BOOL		水箱控制系统停止
1		YeWei_Act	MD	6	REAL		水箱实际液位（工程量）
1		YeWei	PIW	256	INT		水箱实际液位
1		Beng_Start_Cmd	Q	8.0	BOOL		启动/停止水泵
1		V_Open_Cmd	Q	8.1	BOOL		启动/停止排水阀
1		Alarm_High	Q	8.2	BOOL		水箱液位高报警
1		Alarm_Low	Q	8.3	BOOL		水箱液位低报警
1							

图 7-46　Symbols 表中进行变量定义

（2）采用梯形图编程语言，编写 PLC 控制程序。

1）ShuiXiangCtrl 项目的 S7 Program/Blocks 的窗口中，点击鼠标右键，选择 "Insert New Object→Function"，建立 FC1 和 FC2 功能，并为 FC 命名，如图 7-47～图 7-49 所示。FC1 实现水泵和排水阀的控制功能，FC2 为水箱液位报警功能。当然也可通过建立 Function Block 的方式来实现系统控制和报警功能。

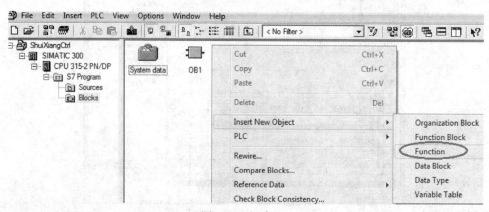

图 7-47　新建 FC

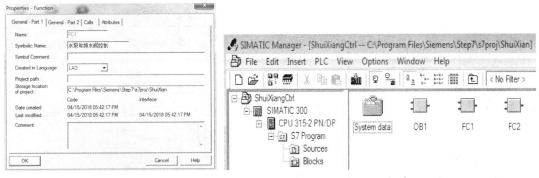

图 7-48　新建 FC1　　　　　　　　　图 7-49　新建 FC1 和 FC2

2）编写 FC1 和 FC2 功能程序。双击 FC1 和 FC2，打开 FC1 和 FC2 的编程界面，采用梯形图编程语言编写水泵和排水阀的控制程序，以及水箱液位报警程序，如图 7-50 和图 7-51 所示。

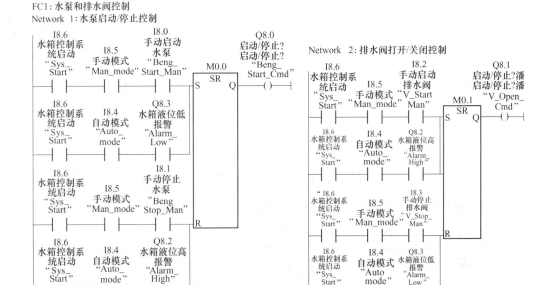

图 7-50　FC1 水泵和排水阀控制程序

注意：

① FC105 SCALE 功能接受一个整型值（IN），并将其转换为以工程单位表示的介于下限和上限（LO_ LIM 和 HI_ LIM）之间的实型值，将结果写入 OUT。SCALE 功能使用以下等式：

$$OUT = [((FLOAT(IN)-K1)/(K2-K1)) * (HI\_ LIM-LO\_ LIM)]+LO\_ LIM$$

常数 K1 和 K2 根据输入值是 BIPOLAR 还是 UNIPOLAR 设置。

BIPOLAR：假定输入整型值介于 −27648 与 27648 之间，因此 K1 = -27648，K2 = 27648。

UNIPOLAR：假定输入整型值介于 0 和 27648 之间，因此 K1 = 0，K2 = 27648。

FC2:水箱液位报警
Network 1: 水箱实际水位

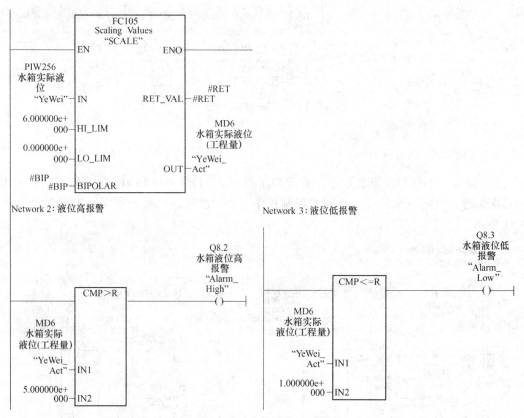

Network 2:液位高报警　　　　　　　　　　Network 3:液位低报警

图 7-51　FC2 水箱液位报警程序

② 带#的数据在编辑窗口最上端的中间变量定义表中进行编辑定义，如图 7-52 所示。

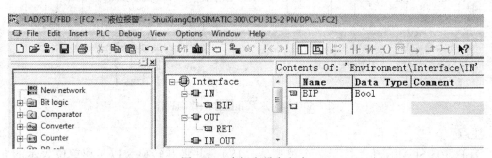

图 7-52　中间变量定义表

3) 在主程序 OB1 调入 FC1 和 FC2。双击 OB1，打开 OB1 的编辑窗口，在 Program Element 的 FC blocks 中选择 FC1 和 FC2，如图 7-53 所示。

7.4.5　下载程序

本实训项目以仿真 PLC 演示程序下载和调试过程，详细过程请参考 7.3.5 节，在此不再详述。

（1）仿真 PLC 及通信设置。在 SIMATIC Manager 界面，选择"Options→Set PG/PC

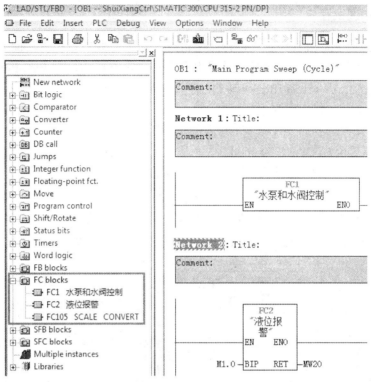

图 7-53　OB1 控制程序

Interface"，进入 PLC 通信设置界面，选择"PLCSIM（TCP/IP）"，表示将采用仿真 PLC，通过 TCP/IP 通信方式，进行程序的下载和调试。

（2）在 SIMATIC Manager 界面，点击，进入 PLC 仿真界面，并把 PLC 状态设置为 STOP 模式，如图 7-54 所示。

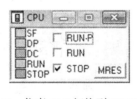

图 7-54　仿真 PLC 切换到 STOP 模式

（3）下载 PLC 控制程序到仿真 PLC，如图 7-55 所示。

图 7-55　下载程序到仿真 PLC

7.4.6 监控和调试程序

（1）利用 PLCSIM 和在线程序进行监控和调试。进入在 PLC 仿真界面，切换 CPU 状态为 RUN 或者 RUN-P 模式，此时 PLC 控制程序进入运行状态。在 PLC 仿真界面，可以强制 PLC 的输入信号，比如 IB8、PIW256 等，从而对水箱控制程序进行在线调试，检测其运行结果是否符合控制要求。

在 PLC 仿真界面下，强制 I8.6 为 1，表示水箱控制系统启动；I8.4 为 1，表示系统为自动模式；PIW256（YeWei）为 4600，表示从液位传感器读入的值；MD6（YeWei_ Act）为 0.998，表示经过工程量转换后得到的实际液位值。由于在系统自动模式下，由于实际液位低于 1，低液位报警（Q8.3 为 1），所以自动启动水泵（Q8.0 为 1），关闭排水阀（Q8.1 为 0），如图 7-56 和图 7-57 所示。

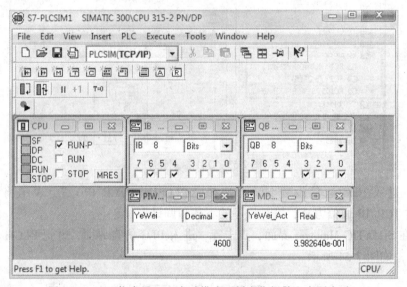

图 7-56　PLC 仿真界面（自动模式下低水位报警和水泵启动）

在 PLC 仿真界面下，强制 I8.6 为 1，表示水箱控制系统启动；I8.4 为 1，表示系统为自动模式，PIW256（YeWei）为 23100，表示从液位传感器读入的值，MD6（YeWei_ Act）为 5.01，表示经过工程量转换后得到的实际液位值。由于在系统自动模式下，由于实际液位高于 5，高液位报警（Q8.2 为 1），所以自动打开排水阀（Q8.1 为 1），停止水泵（Q8.0 为 0），如图 7-58 和图 7-59 所示。

（2）利用变量表进行监控和调试。新建变量表 VAT_ 1，在变量表 VAT_ 1 中添加需要监控和调试的变量（新建变量表的步骤和方法，请详见 7.3.6 小节），待 PLC 控制程序下载后，可在变量表中进行在线监控和调试，如图 7-60 所示。

以上是水箱控制系统在自动模式下的调试过程，而水箱控制系统在手动模式的调试过程类似，在此不赘述。

除了采用仿真 PLC 进行调试，在实验室条件具备的情况下，若采用以太网通信方式，需在硬件组态界面配置以太网相关参数后（详见 5.3 节），进行真实的 PLC 下载和调试。

FC1:水泵和排水阀控制

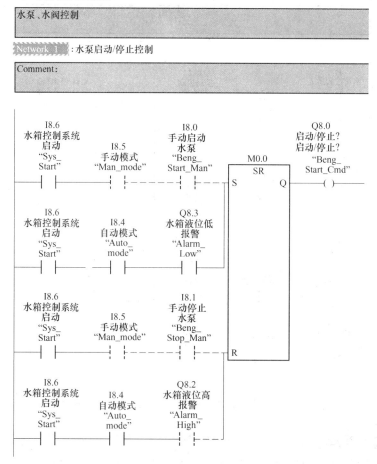

图 7-57　系统自动模式下的水泵控制程序调试界面（水泵自动启动）

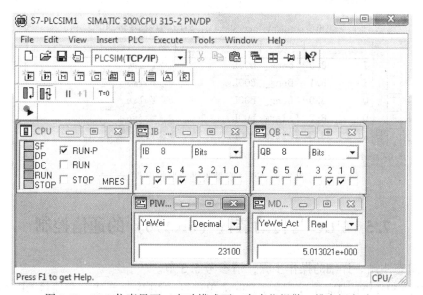

图 7-58　PLC 仿真界面（自动模式下，高水位报警，排水阀启动）

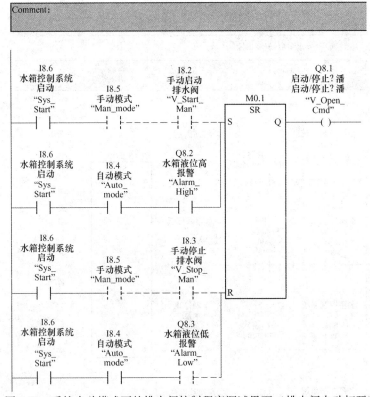

Network 2：排水阀打开/关闭控制

图 7-59 系统自动模式下的排水阀控制程序调试界面（排水阀自动打开）

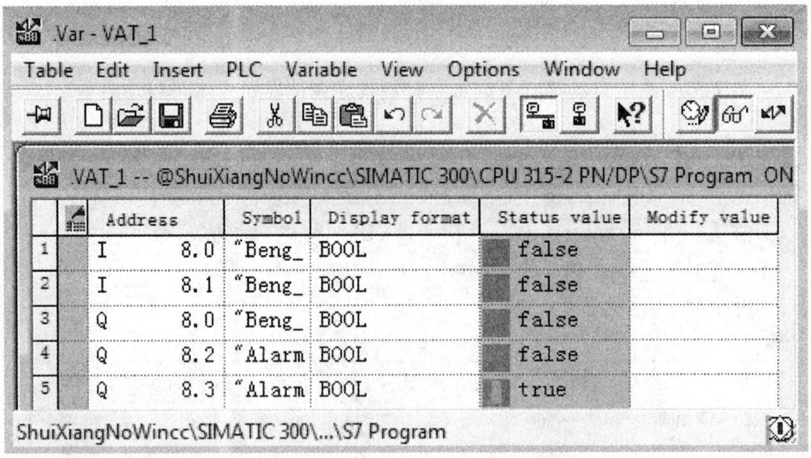

图 7-60 通过变量表进行监控和调试

7.5 PLC 与传动装置 (6RA70) 的通信控制

（1）组态主站。详细的操作步骤，请参考 5.3 节。

1）打开 SIMATIC Manager，通过 File 菜单选择"NEW"新建一个项目 DP_6RA70。

2）项目管理器界面的左侧选中该项目，在点击鼠标右键弹出的快捷菜单中选择 Insert New Object 插入 SIMATIC 300 Station。

3）打开 SIMATIC 300 Station，在弹出的 HW configuration 中进行组态，按订货号和硬件安装次序依次插入机架、电源、CPU。

4）选择"New"新建一条 PROFIBUS（1），组态 PROFIBUS 站地址，点击"Properties"组态网络属性，在本实训项目中主站的传输速率为"1.5Mbps"，"DP"行规，无中继器、OBT 等网络元件，如图 7-61 所示。

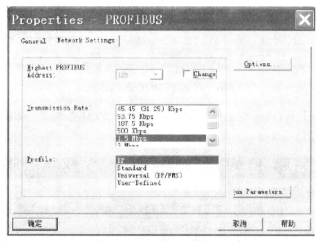

图 7-61　PROFIBUS 属性设置

5）点击"确定"，然后组态 S7-315 2DP 本地模块，如图 7-62 所示。

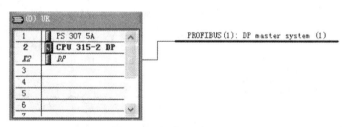

图 7-62　组态 PROFIBUS

（2）组态从站。在 DP 网上挂上 6RA70，并组态 6RA70 的通讯区，通讯区与应用有关，在组态之前应确认通信的 PPO 类型，本实训项目中选择 PPO1，由 4PKW/2PZD 组成。

1）打开硬件组态界面，在界面右侧的 Profile 栏选择 Standard，然后在"PROFIBUS-DP→SIMOREG"中，双击 DC MASTER CBP2，如图 7-63 所示。

图 7-63　组态 DC MASTER CBP2

2）弹出 PROFIBUS interface Properties 对话框，设置从站地址为 4 ，如图 7-64 所示。

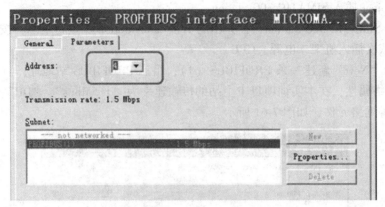

图 7-64　设置 PROFIBUS 从站地址

3）在 DP Slave Properties 对话框下拉选项中选择 PPO 类型 1，如图 7-65 所示，双击 4PKW/2PZD（PPO1）。

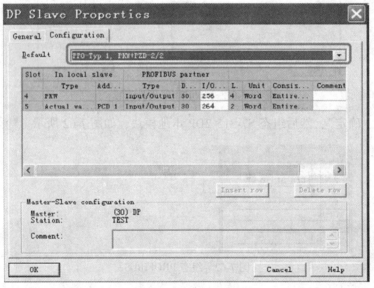

图 7-65　PPO 类型 1

4）从站组态完成，地址分配从 4PKW/2PZD（256~267），如图 7-66 所示。

（3）6RA70 直流调速器参数设置。

1）调试参数（现场 6RA70 设备的参数，与西门子的参数有点差别）：

P927 = 7（参数化的接口使能）

P918 = 4（注意：从站地址必须与硬件组态时保持一致，这里设置为 4）

U722 = 10S（报文监控时间）

P648 = 3001（PZD1——控制字，K3001 来自第一块 CB/TB 板接收数据字 1）

P644，001 = 3002（PZD2——主给定，K3002 来自第一块 CB/TB 板接收数据字 2）

U734，001 = 32（PZD1——状态字，K32 状态字 1）

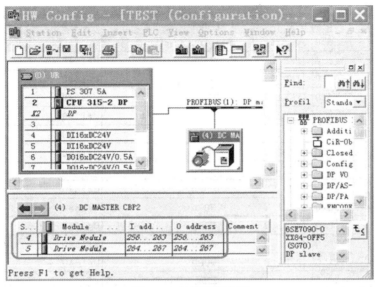

图 7-66 从站地址分配

U734，002 = 167（PZD2——实际值 K167 选择的速度实际值，带符号）

2）西门子提供调试参数（摘自《西门子工业网络通信指南（上）》P172）：

P927 = 40（参数化的接口使能）

P918 = 4（注意：从站地址必须与硬件组态时保持一致，这里是 4）

U722 = 10MS（报文监控时间）

P648 = 3001（控制字 PZD1）

P644，001 = 3002（主给定 PZD2）

U734，001 = 32（状态字，PZD1 反馈值）

U734，002 = 151（实际值，PZD2 反馈值）

（4）程序的编写。

1）对 PZD（过程数据）的读写。

① 在 Step7 中对 PZD（过程数据）读写参数时调用 SFC14 和 SFC15。

② SFC14（"DPRD_ DAT"）用于读 Profibus 从站（6RA70）的数据。

③ SFC15（"DPWR_ DAT"）用于将数据写入 Profibus 从站（6RA70）。

④ 硬件组态时 PZD 的起始地址：W#16#108（即 264）。

2）建立数据块 DB1（见图 7-67）。将数据块中的数据地址与从站（6RA70）中的 PZD、PKW 数据区相对应。

3）读写数据。在 OB1 中调用特殊功能块 SFC14 和 SFC15，完成从站（6RA70）数据的读和写，如图 7-68 所示。

其中，LADDR 表示硬件组态时 PZD 的起始地址（W#16#108 即 264）；RECORD 表示数据块（DB1）中定义的 PZD 数据区相对应的数据地址；RET_ VAL 表示程序块的状态字，可以以编码的形式反映出程序的错误等状态。

① W#16#108（即 264）是硬件组态时 PZD 的起始地址。

Address	Name	Type	Initial value
0.0		STRUCT	
+0.0	PKE_R	WORD	W#16#0
+2.0	IND_R	WORD	W#16#0
+4.0	PKE1_R	WORD	W#16#0
+6.0	PKE2_R	WORD	W#16#0
+8.0	PZD1_R	WORD	W#16#0
+10.0	PZD2_R	WORD	W#16#0
+12.0	PKE_W	WORD	W#16#0
+14.0	IND_W	WORD	W#16#0
+16.0	PKE1_W	WORD	W#16#0
+18.0	PKE2_W	WORD	W#16#0
+20.0	PZD1_W	WORD	W#16#0
+22.0	PZD2_W	WORD	W#16#0
=24.0		END_STRUCT	

图 7-67 数据块 DB1

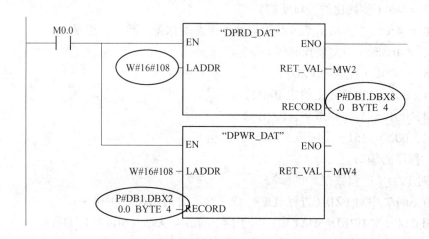

图 7-68 读和写从站数据程序

② 将从站数据读入 DB1. DBX8. 0 开始的 4 个字节（P#DB1. DBX8. 0 BYTE 4）。

PZD1 -> DB1. DBW8（状态字）

PZD2 -> DB1. DBW10（实际速度）

③ 将 DB1. DBX20. 0 开始的 4 个字节写入从站（P#DB1. DBX20. 0 BYTE 4）。

DB1. DBW20 -> PZD1（控制字）

DB1. DBW22 -> PZD2（给定速度）

4）控制程序。控制程序中，控制字 W#16#8C7E 为停机指令，W#16#8C7F 为启动指令，如图 7-69 所示。

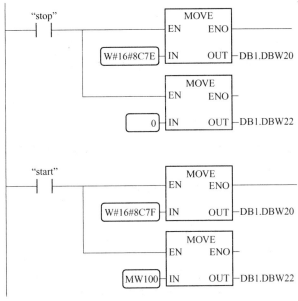

图 7-69　控制程序

8　WinCC 基础训练

8.1　PC Access 与 S7-200 系列 PLC 的通信组态

（1）硬件连接，并设置 PG/PC 接口为 PC/PPI cable（PPI）。通过 PC/PPI 电缆（RS-232/PPI 电缆）连接 PC 机上的 RS-232 通信口（COM1 或者 COM2）和 S7-200 系列 PLC RS-485 通信口，或者通过 PC/PPI 电缆（USB 接口）或 PCAdapter 电缆（USB 接口）连接 PC 机上的 USB 口和 S7-200 系列 PLC。

硬件搭建完成后，打开 PC Access 软件，进入 PC Access 界面，右击"Microwin"→选择"PG/PC 接口"，进入 Set PG/PC 设置对话框，设置通讯访问通道，即设置 PG/PC 接口为 PC/PPI cable（PPI），如图 8-1 所示。

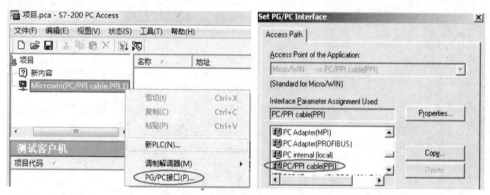

图 8-1　设置 PG/PC 接口为 PC/PPI cable（PPI）

（2）创建 PLC，设置 PLC 的名称和网络地址。在 PCAccess 界面，右击"Microwin"→选择"新 PLC"，添加一个新的 S7-200 站，如图 8-2 所示。最多可添加 8 个 S7-200 系列 PLC。

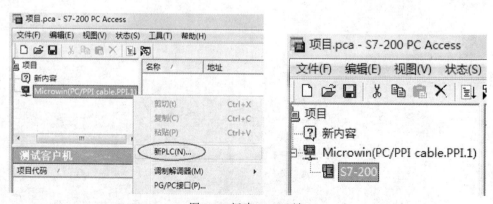

图 8-2　新建 S7-200 站

建立该 S7-200 站后，还要对它的参数进行设置，右击"S7-200"→"PLC 属性"，在 PLC 属性窗口可以设置 PlC 的名称和网络地址，此时的名称和网络地址都为默认参数，一般不需要更改，如图 8-3 所示。

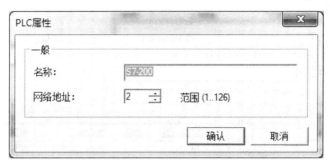

图 8-3　设置 PLC 名称及网络地址

（3）添加变量。右击"S7-200"，选择"新→项目"，进入项目属性界面，添加需要与 WinCC 通信的 PLC 变量，如图 8-4 所示。注意，添加的变量与 PLC 中变量名字可以不同，但是其地址要对应。

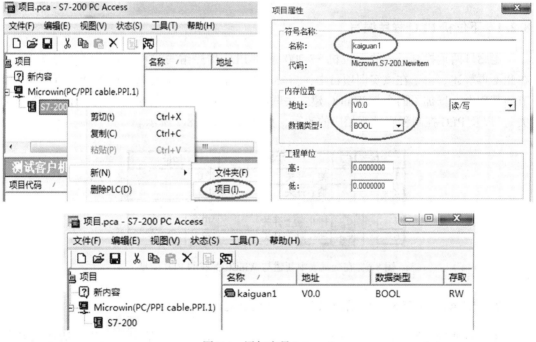

图 8-4　添加变量 kaiguan1

（4）测试通信质量。变量添加完成后，需要对变量进行通信测试。将变量选中，将其拖入测试客户机窗口中，然后点击测试按钮，当在变量属性质量一栏中显示"好"，则表明变量通信成功，如图 8-5 所示。通信测试完成以后，需点击保存按钮，保存变量。

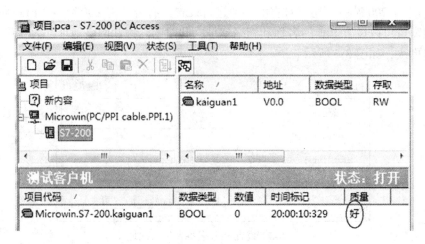

图 8-5　变量通信质量测试

8.2　基于 S7-200 系列 PLC 和 WinCC 的走廊灯两地监控系统

8.2.1　下位机 PLC 程序编写

走廊灯两地控制系统的下位机 S7-200 系列 PLC 程序编写过程，请详细参考 7.1 节，在此不再赘述。由于在该实训项目中，需要用到 WinCC 进行监控系统的设计，所以在 7.1 节的基础上，增加了两个与 WinCC 建立关联的 PLC 变量（HMI_楼上开关、HMI_楼下开关），以及 PLC 控制程序进行相应的改写，如图 8-6 和图 8-7 所示。

			符号	地址
1			楼上开关	I0.0
2			楼下开关	I0.1
3			走廊灯	Q0.0
4			HMI_楼上开关	V0.0
5			HMI_楼下开关	V0.1

图 8-6　在变量表中新建与 WinCC 关联的 PLC 变量

8.2.2　PC Access 与 S7-200 系列 PLC 的通信组态

走廊灯两地控制系统的 S7-200 系列 PLC 与 PC Access 的通信组态过程，请详细参考 8.1 小节，在此不再详述。

（1）设置通信访问通道，即设置 PG/PC 接口为 PC/PPI cable（PPI）。

（2）创建 PLC，设置 PLC 的名称和网络地址。

（3）添加需要与 WinCC 进行通信的 PLC 变量，并保存。

在本实训项目中，需要在 PC Access 软件界面中创建 3 个变量：楼上开关变量 kaiguan1（V0.0），楼下开关变量 kaiguan2（V0.1），走廊灯变量 deng（Q0.0），如图 8-8 所示。

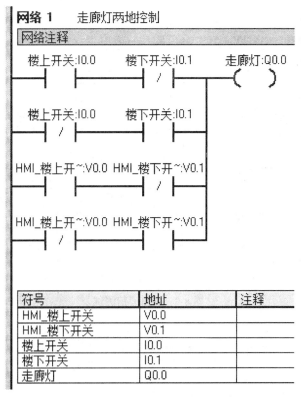

图 8-7   PLC 控制程序（与 HMI 相关部分）

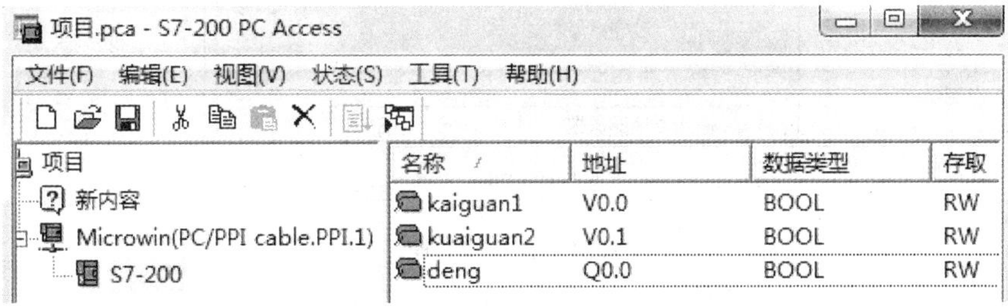

图 8-8   添加三个变量

（4）测试通信质量。将三个变量都选中，将其拖入测试客户机窗口中，然后点击测试按钮，当在变量属性质量一栏中显示"好"，则表明变量通信成功。如图 8-9 所示。

8. 2. 3   PC Access 与 WinCC 的通信组态

（1）启动 WinCC 软件。双击 WinCC 软件，如果弹出如图 8-10 所示的窗口，点击启动本地服务器，WinCC 可正常启动。

（2）创建 WinCC 项目。点击新建按钮，在此选择创建单项目用户，将项目名称命名为"ZouLangDeng"，项目路径为默认路径，如图 8-11 所示。

在创建完项目之后，须将项目属性对话框中的"ES 上允许激活"打勾选中，如图 8-12所示，否则 WinCC 项目不能运行。

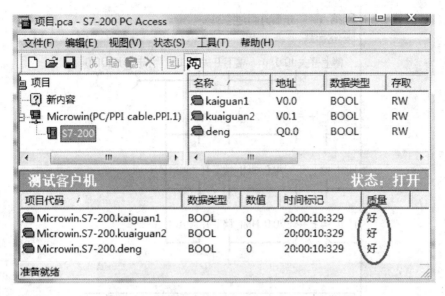

图 8-9　变量通信测试

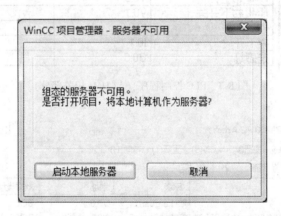

图 8-10　启动本地服务器

图 8-11　创建项目"ZouLangDeng"

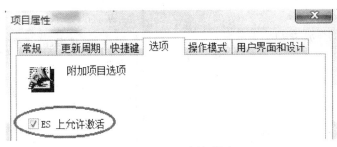

图 8-12　ES 上允许激活

在计算机的"常规"选项卡上，检查"计算机名称"输入框中是否输入了正确的计算机名称，此名称与 Windows 的计算机名称相同，如图 8-13 所示。

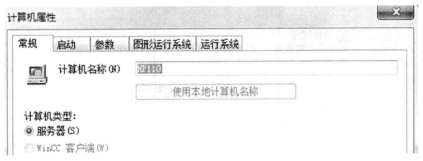

图 8-13　计算机名称设置

（3）添加 OPC 驱动程序。WinCC 与 S7-200 系列 PLC 采用 OPC 方式进行通信。

在 WinCC 项目管理器中，打开变量管理器，右击变量管理，选择"添加新的驱动程序→OPC"，新建 OPC 驱动，如图 8-14 所示。

图 8-14　添加 OPC 驱动程序

添加 OPC 驱动后，右击 OPC Groups，选择新建连接，建立 OPC 通信连接，如图 8-15 所示。

OPC 连接建立成功后，在 OPC Groups 下端会出现 OPC 连接，连接名为 New Connection_1，如图 8-16 所示。

（4）导入 OPC 变量。右击 OPC Groups 弹出菜单，选择系统参数，如图 8-17 所示。在弹出的 OPC 条目管理器中，选择"LOCAL→S7200. OPCServer"，进行变量选择，如图 8-18 所示。

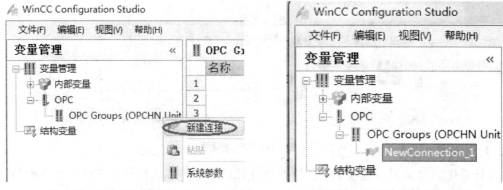

图 8-15　新建 OPC 连接过程 1　　　　　　图 8-16　新建 OPC 连接过程 2

图 8-17　进入系统参数

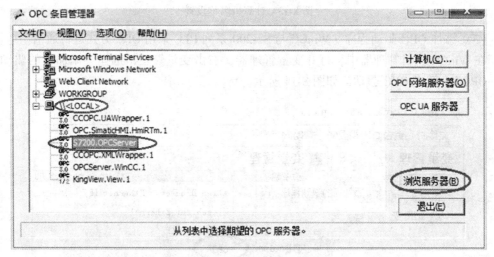

图 8-18　S7200. OPCServer 服务器

　　然后点击浏览服务器，选择下一步，现在就可以浏览 S7200. OPCServer 和 PC Access 的变量了。现在有三个变量，分别是 "deng"、"kuaiguan1"、"kaiguan2"，不难看出，这些变量都是在 PC Access 中与 PLC 连接的变量。选中所有的变量，然后单击添加条目，如图 8-19 所示。之后，系统会弹出警告窗口，点击 "是"，可为添加的连接命名，如图 8-20 所示。

　　连接命名完成，点击确定，之后弹出 "添加变量" 对话框，选择完成，这时 PC Access 的 OPC 变量就成功导入到 WinCC 变量管理器中，如图 8-21 所示。

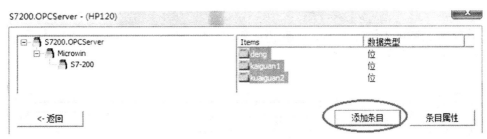

图 8-19　浏览 OPCSever 和添加变量

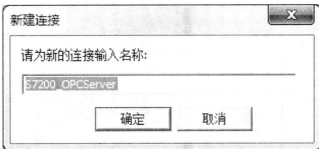

图 8-20　新建连接命名

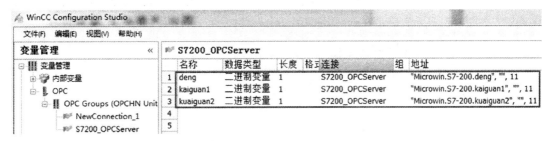

图 8-21　S7200_OPCServer 变量组

8.2.4　图形编辑与对象动态连接

（1）绘制控制系统静态画面. 在 WinCC 项目管理器中，打开图形编辑器，创建静态画面，画面名为"ZouLangDeng"。在该实训项目中，需要用到两个开关与一个走廊灯，图形的外观可以自行设计，也可以在图库里找相关元件，如图 8-22 所示。

（2）对象动态连接。

1）布置好静态画面后，需要对画面中各对象的动态特性进行组态设计。这里需要注意的是，在需要用到颜色方案时，必须要在对象的属性栏中的效果里面，将全局颜色方案改为"否"，这样才能使对象的颜色发生改变。

2）楼上开关和楼下开关对象的组态。走廊灯的开关采用鼠标的左键和右键来动作。如图 8-23 所示，单击开关对象属性中的事件，通过对按鼠标左键和右键的动作来实现开关的打开和关闭。

单击楼上开关按钮→事件→鼠标→右击按左键动作→选择直接连接，将会弹出直接连接

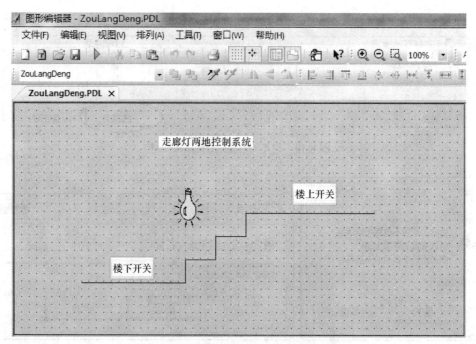

图 8-22 走廊灯两地控制系统静态画面

窗口，在直接连接窗口的"来源"栏"常数"中设置 1→在"目标"栏选择变量"kaiguan1"→确定，如图 8-24 所示。表示在画面运行后，若该事件发生，则变量 kaiguan1 值为 1。

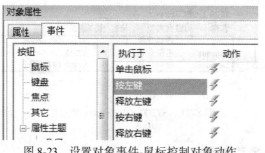

图 8-23 设置对象事件-鼠标控制对象动作

图 8-24 设置鼠标左键为对象"开"动作

用同样的方法，单击开关按钮→事件→鼠标→右击按右键动作→选择直接连接，将会弹出直接连接窗口，在直接连接窗口的"来源"下"常数"中设置 0→在"目标"下选择变量"kaiguan1"→确定，如图 8-25 所示。表示在画面运行后，若该事件发生，则变量 kaiguan1 值为 0。

图 8-25　设置鼠标右键为对象"关"动作

点击设置完成，返回对象属性对话框之后，可以看到在事件栏的按左键和按右键的动作下面的闪电标志变为蓝色，表示该动作有设置，如图 8-26 所示。

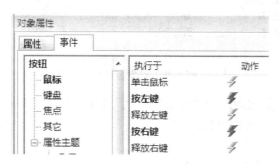

图 8-26　楼上开关对象事件设置

同理，对楼下开关对象进行组态，只是此时的变量变成了"kaiguan2"，在此不再赘述。

3）走廊灯对象的组态。走廊灯的效果可采用不同的颜色，或者对象的显示和消失属性来表示走廊灯的点亮和熄灭。设计的方法多种多样。在本实训项目中，用对象的显示来表示走廊灯的点亮，用不显示（消失）来表示走廊灯的熄灭。下面为具体步骤：

首先打开对象属性，将全局颜色方案设置为"否"。然后打开"显示"栏的动态设置窗口，数据类型设置为"布尔型"，在"表达式/公式"选项中选择"deng"变量，将表达式/公式的结果中有效范围"是/真"设置为显示"是"，有效范围"否/假"设置为显示"否"，如图 8-27 所示。

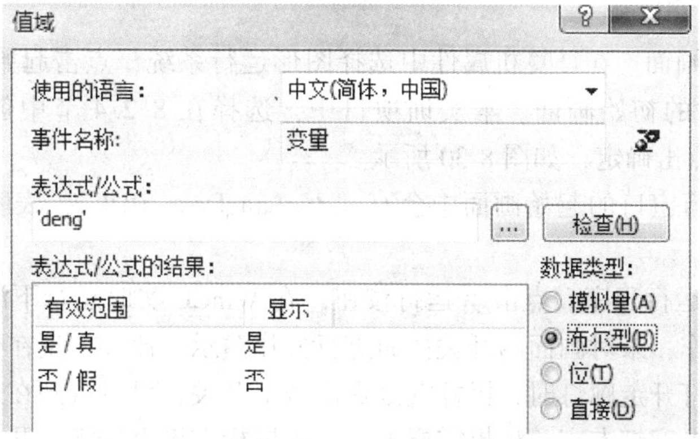

图 8-27　变量"deng"的值域设置

当需要设置变量的响应时间时，单击值域窗口中的触发器图标 📝 ，如图 8-28 所示。

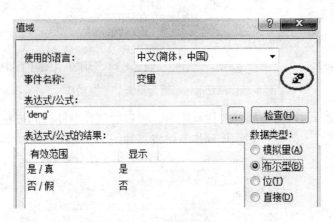

图 8-28 触发器图标

在触发器栏目中，将更新改为"有变化时"，这样就会在"deng"变量变化时，相应的对象就会快速动作，如图 8-29 所示。

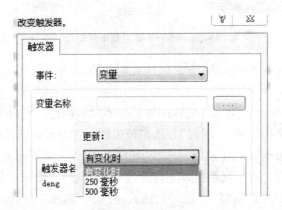

图 8-29 改变更新速率

8.2.5 运行监控系统

（1）设置起始画面。在计算机属性中选择图形运行系统，点击起始画面的 ▭ 图标，选择 WinCC 运行时的初始画面。本实训项目中，选择在 8.2.4 节中创建的画面"Zou-LangDeng.PDL"，点击确定，如图 8-30 所示。

这时在图形运行窗口的起始画面中会有"ZouLangDeng.PDL"，表明选择成功，如图 8-31 所示。

（2）启动画面运行程序。点击 ▶ 运行按钮，在 WinCC 实时运行下激活画面。模拟生活中对灯开关的动作，来对画面的开关按钮进行操作演示。比如，现在在楼下，对楼下开关进行操作，当需要打开走廊灯时，鼠标左键点击楼下开关，可以看到在运行画面中的走廊灯显示出来，表示走廊灯点亮；如果需要关灯，则鼠标右键点击楼下开关或者鼠标左键点击楼上开关，运行画面中的走廊灯消失，表示走廊灯熄灭，如图 8-32 所示。

图 8-30　设置起始画面过程 1

图 8-31　设置起始画面过程 2

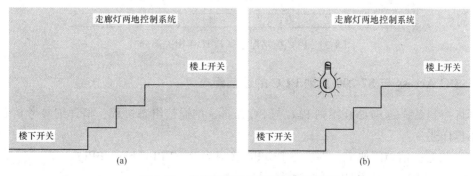

图 8-32　走廊灯两地控制系统运行画面

（a）走廊灯熄灭；（b）走廊灯点亮

8.3 基于 S7-200 系列 PLC 和 WinCC 的彩灯监控系统

8.3.1 下位机 PLC 程序编写

彩灯控制系统的下位机 S7-200 系列 PLC 程序编写过程，请详细参考 7.2 节，在此不再赘述。由于在该实训项目中，需要用到 WinCC 进行监控系统的设计，所以在 7.2 节的基础上，增加了 2 个与 WinCC 建立关联的 PLC 变量（HMI_ 停止信号、HMI_ 启动信号），以及 PLC 控制程序进行相应的改写，如图 8-33 和图 8-34 所示。

	符号	地址
1	启动开关	I0.0
2	停止开关	I0.1
3	彩灯	QB0
4	启动信号	M0.0
5	HMI_停止信号	V10.1
6	HMI_启动信号	V10.0

图 8-33 在变量表中新建与 WinCC 关联的 PLC 变量

符号	地址	注释
HMI_启动信号	V10.0	
HMI_停止信号	V10.1	
启动开关	I0.0	
启动信号	M0.0	
停止开关	I0.1	

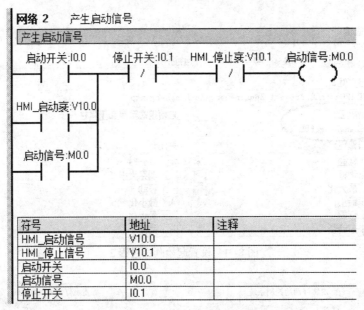

图 8-34 PLC 控制程序（与 HMI 相关部分）

8.3.2 PC Access 与 S7-200 系列 PLC 的通信组态

彩灯控制系统的 S7-200 系列 PLC 与 PC Access 的通信组态过程，请详细参考 8.1 节，在此不再详述。

（1）设置通信访问通道，即设置 PG/PC 接口为 PC/PPI cable（PPI）。

（2）创建 PLC，设置 PLC 的名称和网络地址。

（3）添加需要与 WinCC 进行通信的 PLC 变量，并保存。在本实训项目中，需要在 PC Access 软件界面中创建 3 个变量：楼上开关变量 kaiguan1（V0.0），楼下开关变量 kaiguan2（V0.1），走廊灯变量 deng（Q0.0），如图 8-35 所示。

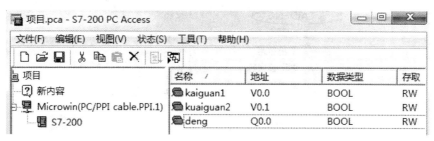

图 8-35　添加三个变量

（4）测试通信质量。将三个变量都选中，将其拖入测试客户机窗口中，然后点击测试按钮，当在变量属性质量一栏中显示"好"，则表明变量通信成功，如图 8-36 所示。

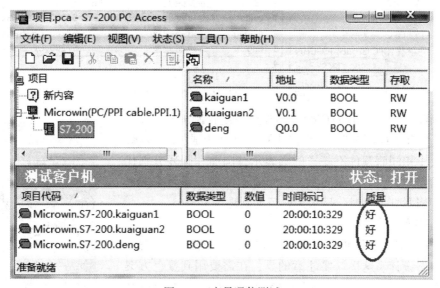

图 8-36　变量通信测试

8.3.3　PC Access 与 WinCC 的通信组态

彩灯监控系统中，PC Access 与 WinCC 的通信组态过程，请详细参考 8.2.3 节，故在此不再详述。

（1）启动 WinCC 软件。

（2）创建 WinCC 项目。点击新建按钮，在此选择创建单项目用户，将项目名称命名为"CAIDENG"，项目路径为默认路径，如图 8-37 所示。

（3）添加 OPC 驱动程序，导入 OPC 变量，如图 8-38 所示。

8.3.4　图形编辑与对象动态连接

（1）绘制控制系统静态画面。在 WinCC 项目管理器中，打开图形编辑器，创建静态

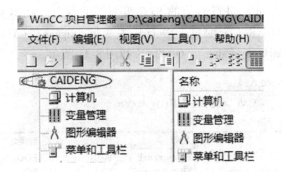

图 8-37　创建项目"CAIDENG"

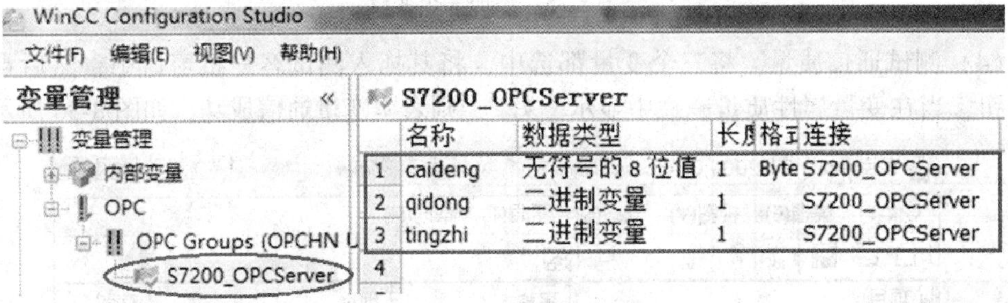

图 8-38　S7200_ OPCServer 变量组

画面，画面名为"CaiDengCtrl"。该彩灯系统控制画面由 8 个彩灯、1 个启动 ON 按钮与 1 个停止 OFF 按钮组成，8 个彩灯由 8 个大小相同而颜色不一样的圆表示，圆面和圆环分别代表彩灯的亮与灭，如图 8-39 所示。当彩灯亮时，显示有颜色的圆面；当彩灯熄灭时，显示无颜色的圆环。

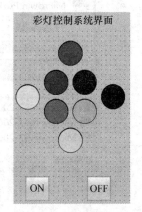

图 8-39　彩灯控制系统静态画面

（2）对象动态连接。

1）布置好静态画面后，需要对画面中各对象的动态特性进行组态设计。这里需要注意的是，在需要用到颜色方案时，必须要在对象的属性栏中的效果里面，将全局颜色方案改为"否"，这样才能使对象的颜色发生改变。

2）ON 按钮和 OFF 按钮对象的组态。在彩灯控制系统界面中，点击 ON 按钮后，彩灯控制系统运行，彩灯相应点亮；点击 OFF 按钮，彩灯控制系统停止，彩灯全部熄灭。

单击 ON 按钮→事件→鼠标→右击按左键动作→选择直接连接，将会弹出直接连接窗口，在直接连接窗口的"来源"下"常数"中设置 1→在"目标"下选择变量"qidong"→确定，如图 8-40 和图 8-41 所示。

用同样的方法，单击开关按钮→事件→鼠标→右击释放左键动作→选择直接连接，将会弹出直接连接窗口，在直接连接窗口的"来源"下"常数"中设置 0→在"目标"下选择变量"qidong"→确定。如图 8-42 所示。

同理，可以对 OFF 按钮对象进行组态，只是此时的变量变成了"tingzhi"，在此不再赘述。

图 8-40 设置对象事件-鼠标控制对象动作

图 8-41 按下 ON 按钮，变量 qidong 值为 1

图 8-42 按下 ON 按钮，变量 qidong 值为 0

3）彩灯对象的组态。彩灯可采用对象的显示和消失属性来表示彩灯的点亮和熄灭。

以下以 L1 彩灯对象组态为例。首先打开彩灯对象属性，将全局颜色方案设置为"否"。然后打开"显示"栏的动态设置窗口，数据类型设置为"位"（8 个彩灯占用 1 个字节 QB0，L1~L8 彩灯对应 Q0.0~Q0.7 的值），在"变量-位"选项中选择"caideng"变量，将表达式/公式的结果中有效范围"是/真"设置为显示"是"，有效范围"否/假"设置为显示"否"，如图 8-43 所示。

图 8-43 变量 "caideng" 的值域设置

当变量需要最快的响应时间时，可单击值域窗口中的触发器图标，将更新改为"有变化时"，这样就会在"彩灯"变量变化时，相应的对象就会快速动作。

8.3.5 运行监控系统

（1）设置起始画面。在计算机属性中选择图形运行系统，点击起始画面的 ▭ 图标，选择 WinCC 运行时的初始画面。本实训项目中，选择在 8.3.4 节创建的画面 "CaiDengCtrl. Pdl"，点击确定，如图 8-44 所示。

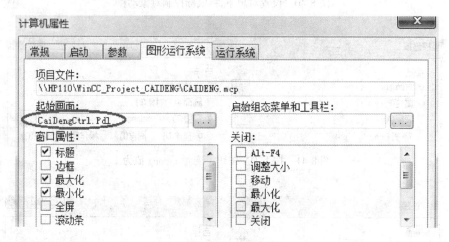

图 8-44　设置起始画面

（2）启动画面运行程序。点击 ▶ 运行按钮，在 WinCC 实时运行下激活画面。

彩灯的控制方式：界面初始状态为显示 8 个彩灯熄灭（显示为空心圆环），按下启动 ON 按钮后，8 个彩灯在每 20s 周期的前 16s 依次以 2s 的速度点亮（显示为彩色实心圆），期间保持任意时刻只有一个彩灯点亮（顺序为内部 4 个灯顺时针闪烁，然后外围 4 个灯顺时针闪烁）；后 4s 中，8 个彩灯同时以 0.5Hz 的频率闪烁，按下停止 OFF 按钮，彩灯系统停止运行，8 个彩灯全部熄灭。彩灯控制系统运行画面如图 8-45 所示。

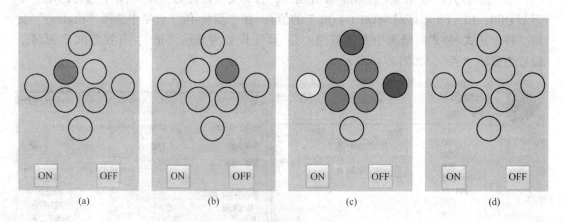

图 8-45　彩灯控制系统运行画面

（a）L1 彩灯点亮；（b）L2 彩灯点亮；（c）彩灯全亮；（d）彩灯全灭

8.4 基于 S7-300 系列 PLC 和 WinCC 的电动机监控系统

在 7.3 节的电动机点动和连动启停控制实训项目的基础上，对 OB1 中的程序进行一定修改后，在上位机 WinCC 组态画面中实现控制电动机的单向启停。

8.4.1 下位机 PLC 程序编写

（1）按照 7.3 节的详细步骤创建电动机控制项目，然后进行硬件组态，编辑符号表并保存。本实训项目在 7.3 节基础上增加了 3 个用于与 WinCC 进行关联的 PLC 变量：HMI_diandong、HMI_liandong、HMI_stop，如图 8-46 所示。

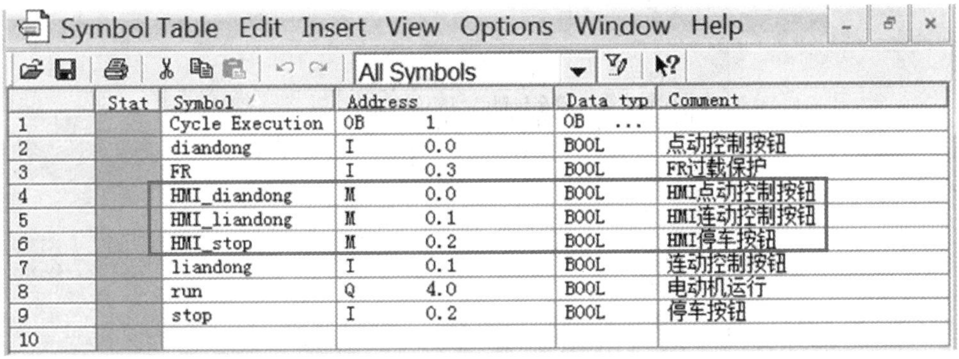

	Stat	Symbol	Address		Data typ	Comment
1		Cycle Execution	OB	1	OB ...	
2		diandong	I	0.0	BOOL	点动控制按钮
3		FR	I	0.3	BOOL	FR过载保护
4		HMI_diandong	M	0.0	BOOL	HMI点动控制按钮
5		HMI_liandong	M	0.1	BOOL	HMI连动控制按钮
6		HMI_stop	M	0.2	BOOL	HMI停车按钮
7		liandong	I	0.1	BOOL	连动控制按钮
8		run	Q	4.0	BOOL	电动机运行
9		stop	I	0.2	BOOL	停车按钮
10						

图 8-46 在变量表中新建与 WinCC 关联的 PLC 变量

（2）在 OB1 中编写控制程序，保存并下载到 PLC，如图 8-47 所示。

8.4.2 PLC 与 WinCC 的通信组态

电动机监控系统中，PLC 与 WinCC 采用以太网通信方式，其通信组态过程，请详细参考 6.3 节，在此不再详述。

（1）启动 WinCC 软件。

（2）创建 WinCC 项目。点击新建按钮，在此选择创建单项目用户，将项目名称命名为“MotorWincc”，项目路径为默认路径，如图 8-48 所示。

（3）添加通信驱动程序和新建 TCP/IP 连接，设置 TCP/IP 参数，如图 8-49 所示。

8.4.3 创建 WinCC 变量

打开 WinCC 组态软件，创建新项目，在 Tag Management 变量管理器（图 8-50）中新建电动机点动按钮变量 HMI_diandong、连动按钮变量 HMI_liandong、停止按钮变量 HMI_stop和运行状态变量 run。

在本实训项目中，HMI_diandong 变量对应 PLC 中的地址为 M0.0，HMI_liandong 变量对应 PLC 中的地址为 M0.1，HMI_stop 变量对应 PLC 中的地址为 M0.2，run 变量对应 PLC 中的地址为 Q4.0。如图 8-51 所示。

Network 1: 点动控制

```
            I0.0
          点动控制按钮
          "diandong"                                      M1.0
            ┤├─────────────────────────────────────────( )─┤├
            M0.0
          :点动控?
          :点动控?
           "HMI_
           diandong"
            ┤├
```

Network 2: 连动控制

```
            I0.1             I0.2          M0.2
          连动控制按钮      停车按钮      IMI停车按?
          "liandong"        "stop"       IMI停车按?
                                         "HMI_ stop"    M1.1
            ┤├───────┬───────┤/├──────────┤/├──────────( )─
            M0.1     │
          :连动控?  │
          :连动控?  │
           "HMI_    │
           liandong"│
            ┤├       │
                     │
            M1.1     │
            ┤├───────┘
```

Network 3: 电动机运行

```
            M1.0          I0.3                    Q4.0
                        FR过载保护               电动机运行
                          "FR"                    "run"
            ┤├────┬───────┤├──────────────────────( )─┤├
            M1.1  │
            ┤├────┘
```

图 8-47　PLC 控制程序

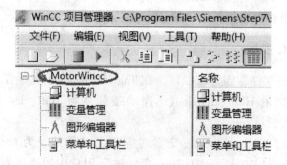

图 8-48　创建项目 "MotorWincc"

图 8-49　新建 TCP/IP 连接

图 8-50　在 WinCC 中打开变量管理器

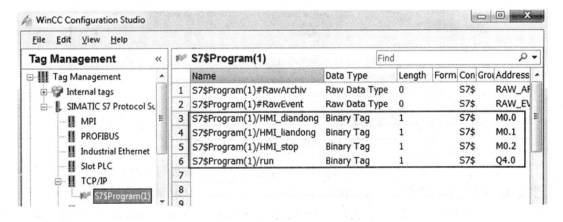

图 8-51　建立 WinCC 变量

8.4.4 设计和组态监控画面

打开 Graphics Designer 图形编辑器，创建电动机点动按钮、连动按钮、停止按钮以及从图库里调出电机图片（也可自己利用编辑器右侧的工具绘制电动机图形），如图 8-52 所示。

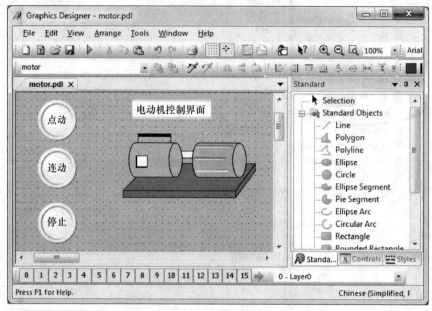

图 8-52 电动机控制系统静态画面

电动机控制系统的静态画面设计好后，需要对画面中的对象进行变量连接，比如点动按钮需要连接 HMI_ diandong 变量，电机按钮需要连接 run 变量，如图 8-53 和图 8-54 所示。

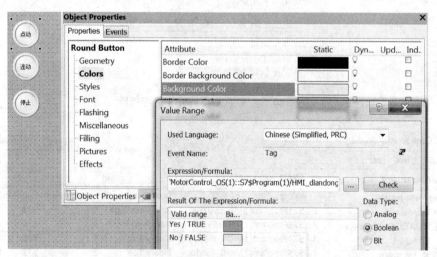

图 8-53 对按钮颜色进行变量连接

然后点击 ▶ 按钮，运行画面。这时候鼠标点击按钮，那么与按钮关联的变量就会发生变化，比如点动按钮按下去，HMI_ diandong 值变为 1，HMI 画面按钮颜色变为深色，电动机运行变为绿色，那么在 STEP7 中的 HMI_ diandong（地址为 M0.0）的值也会跟着

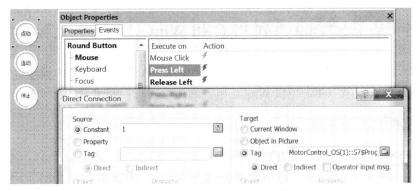

图 8-54　对按钮动作进行变量连接

变化，值为 1，如图 8-55 所示。当按下停止按钮，停止按钮颜色显示红色，表示按钮按下状态，电动机停止变为灰色，如图 8-56 所示。

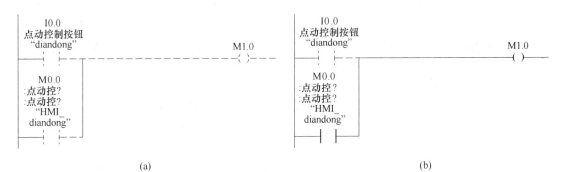

(a)　　　　　　　　　　　　　　　　　　(b)

图 8-55　PLC 控制程序在线监控
(a) WinCC 画面点动按钮按下前，M0.0 为 0；(b) WinCC 画面点动按钮按下时，M0.0 为 1

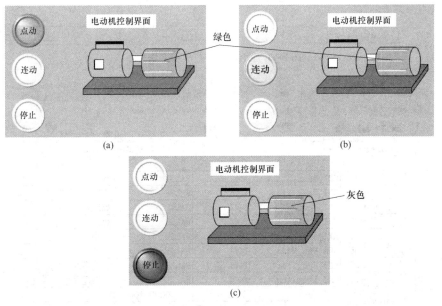

图 8-56　电动机控制系统运行画面（控制电动机启动和停止）
(a) 电动机点动运行；(b) 电动机连动运行；(c) 电动机停止

8.5 基于 S7-300 系列 PLC 和 WinCC 的水箱监控系统

在 7.4 节的水箱控制实训项目的基础上，对 OB1、FC1 和 FC2 中的程序进行修改后，并增加了 FC3 功能程序，在上位机 WinCC 组态画面中实现控制水泵和排水阀。

8.5.1 下位机 PLC 程序编写

如果实验室没有水箱或者没有安装液位传感器，那么可以通过新增 FC3 功能程序来仿真水箱液位的变化。在该实训项目中还增加了一个共享数据块 DB1，用于保存与 WinCC 进行关联的变量。

（1）按照 7.4 节的详细步骤创建水箱控制项目，然后进行硬件组态，编辑符号表并保存。

（2）新建 DB 共享数据块。

在项目管理器的 S7 Program/Blocks 的窗口中，点击鼠标右键，选择 "Insert New Object→Data Block"，建立 DB1 共享数据块，并在 DB1 中建立与 WinCC 关联的变量，如图 8-57 和图 8-58 所示。

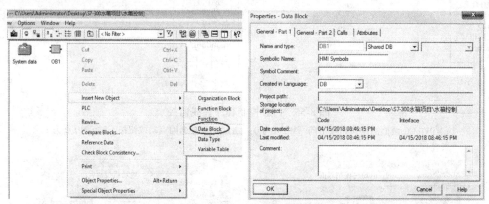

图 8-57 新建 DB1 共享数据块

Address	Name	Type	Initial value	Comment
0.0		STRUCT		
+0.0	HMI_Beng_Start	BOOL	FALSE	HMI启动水泵
+0.1	HMI_Beng_Stop	BOOL	FALSE	HMI停止水泵
+0.2	HMI_V_Open	BOOL	FALSE	HMI启动水阀
+0.3	HMI_V_Cls	BOOL	FALSE	HMI停止水阀
+0.4	HMI_Auto_Mode	BOOL	FALSE	自动模式
+0.5	HMI_Man_Mode	BOOL	FALSE	手动模式
+0.6	HMI_Sys_Start	BOOL	FALSE	水箱控制系统启动
+0.7	HMI_Sys_Stop	BOOL	FALSE	水箱控制系统停止
+2.0	HMI_YeWei	REAL	0.000000e+000	HMI实际液位
=6.0		END_STRUCT		

图 8-58 DB1 数据块

（3）编写 FC1 水泵和排水阀控制功能程序，如图 8-59 所示。

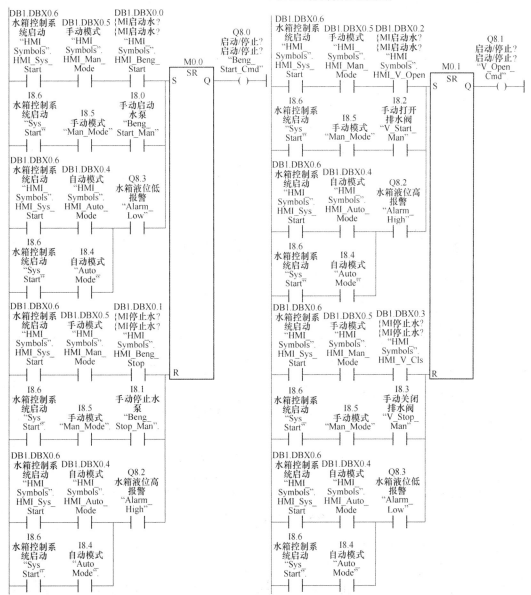

图 8-59   FC1 功能程序

（4）编写 FC2 液位报警功能程序，如图 8-60 所示。

（5）编写 FC3 仿真水箱液位功能程序，如图 8-61 所示。

（6）在 OB1 中编写控制程序，保存并下载到 PLC，如图 8-62 所示。

8.5.2   PLC 与 WinCC 的通信组态

水箱电机监控系统中，PLC 与 WinCC 采用以太网通信方式，其通信组态过程，请详

FC2:水箱液位报警

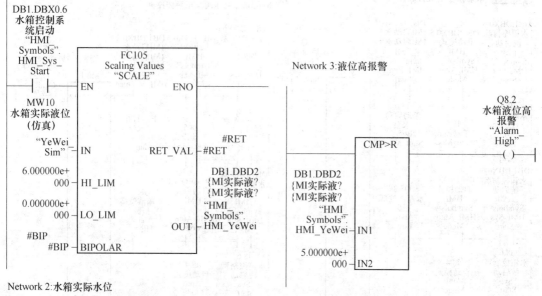

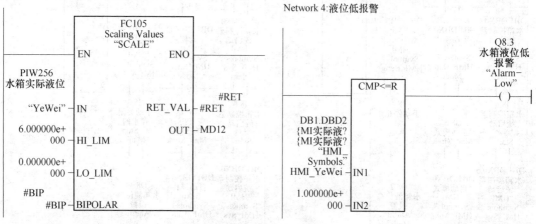

图 8-60　FC2 功能程序

细参考 6.3 节，在此不再详述。

（1）启动 WinCC 软件。

（2）创建 WinCC 项目。点击新建按钮，在此选择创建单项目用户，将项目名称命名为 "ShuiXiangCtrl"，项目路径为默认路径，如图 8-63 所示。

（3）添加通信驱动程序和新建 TCP/IP 连接，设置 TCP/IP 参数，如图 8-64 所示。

8.5.3　创建 WinCC 变量

打开 WinCC 组态软件，创建新项目，在变量管理器中新建高液位报警变量（Alarm_High）、高液位低报警变量（Alarm_Low）、HMI 系统启动变量（HMI_Sys_Start）、HMI 系统停止变量（HMI_Sys_Stop）、HMI 自动模式变量（HMI_Auto_Mode）、HMI 手动模式变

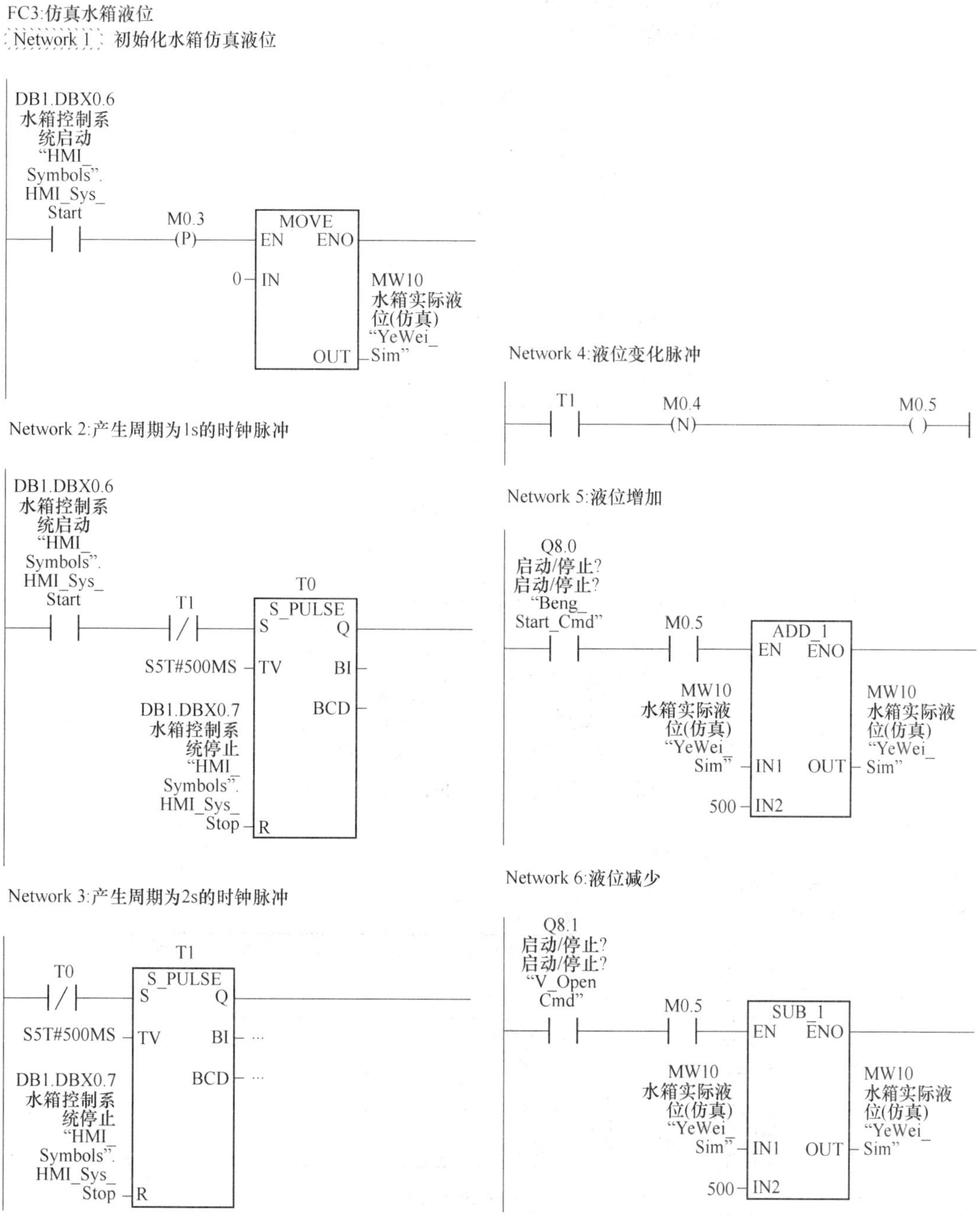

FC3:仿真水箱液位

Network 1: 初始化水箱仿真液位

图 8-61　FC3 功能程序

量（HMI_Man_Mode）、HMI 启动水泵变量（HMI_Beng_Start）、HMI 停止水泵变量（HMI_Beng_Stop）、HMI 打开排水阀变量（HMI_V_Open）、HMI 关闭排水阀变量（HMI_V_Cls）、水泵运行变量（Beng_Start）、排水阀打开变量（V_Open）、水箱实际液位变量（HMI_YeWei），如图 8-65 所示。

OB1:"Main Program Sweep(Cycle)"

Network 1：调用FC1

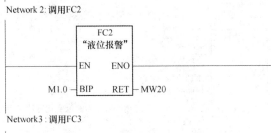

Network 2: 调用FC2

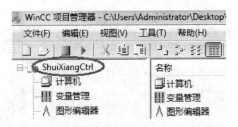

Network3：调用FC3

图 8-62　OB1 主程序

图 8-63　创建项目"ShuiXiangCtrl"

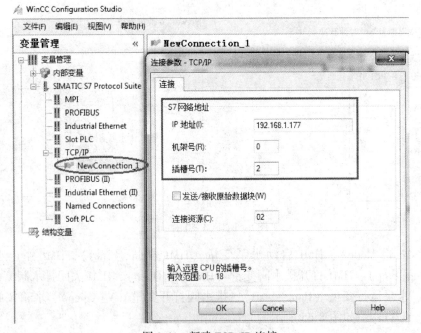

图 8-64　新建 TCP/IP 连接

	名称	数据类型	长度	格式调整	连接	组	地址
1	Alarm_High	二进制变量	1		NewConnection_1		Q8.2
2	Alarm_Low	二进制变量	1		NewConnection_1		Q8.3
3	Beng_Start	二进制变量	1		NewConnection_1		Q8.0
4	HMI_Auto_Mode	二进制变量	1		NewConnection_1		DB1,D0.4
5	HMI_Beng_Start	二进制变量	1		NewConnection_1		DB1,D0.0
6	HMI_Beng_Stop	二进制变量	1		NewConnection_1		DB1,D0.1
7	HMI_Man_Mode	二进制变量	1		NewConnection_1		DB1,D0.5
8	HMI_Sys_Start	二进制变量	1		NewConnection_1		DB1,D0.6
9	HMI_Sys_Stop	二进制变量	1		NewConnection_1		DB1,D0.7
10	HMI_V_Cls	二进制变量	1		NewConnection_1		DB1,D0.3
11	HMI_V_Open	二进制变量	1		NewConnection_1		DB1,D0.2
12	HMI_YeWei	浮点数 32 位 IEEE 754	4	FloatToFloat	NewConnection_1		DB1,DD2
13	V_Open	二进制变量	1		NewConnection_1		Q8.1

图 8-65　建立 WinCC 变量

8.5.4　设计和组态监控画面

打开 Graphics Designer 图形编辑器，创建系统启动按钮、系统停止按钮、自动模式按钮、手动模式按钮、水泵启动按钮、水泵停止按钮、排水阀打开按钮、排水阀关闭按钮、高液位报警指示、低液位报警指示、水箱及液位显示器、水池等图形对象，如图 8-66 所示。

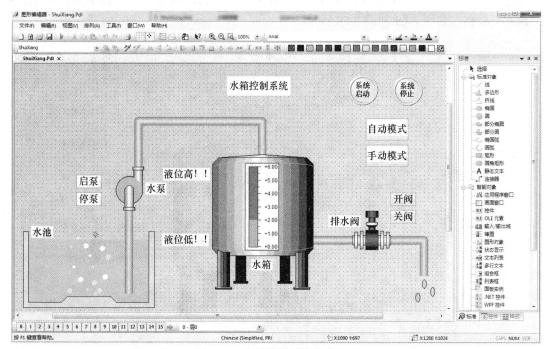

图 8-66　水箱控制系统静态画面

水箱控制系统的静态画面设计好后，需要对画面中的对象进行变量连接，比如对按钮、液位显示器、水泵、排水阀进行相应 PLC 变量的动态连接。

　　然后点击 ▶ 按钮，运行画面。按下系统启动按钮，按钮颜色变成绿色，表示此时水箱控制系统启动，按下自动模式按钮，按钮颜色变成橙色，表示水箱控制系统进入自动模式。在自动模式下，当液位显示器数字低于1，低液位报警，那么水泵自动启动（水泵颜色变成绿色，表示水泵运行），当液位显示器数字高于5，高液位报警那么水泵自动关闭（水泵颜色变成灰色，表示水泵停止），同时排水阀打开（排水阀变成绿色，表示排水阀打开）和水滴图形显示，表示正在排水。如图 8-67 所示。

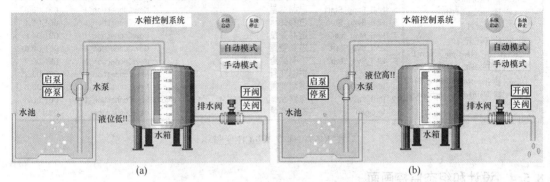

图 8-67　水箱控制系统运行画面（自动模式）

（a）液位低报警，水泵启动，排水阀关闭；（b）液位高报警，排水阀打开，水泵停止

　　当按下手动模式按钮，自动模式按钮颜色变成灰色，手动模式按钮变成蓝色，表示水箱控制系统进入手动模式，如图 8-68 所示。在手动模式下，点击启泵按钮（按钮颜色变成绿色），水泵启动；点击停泵按钮（按钮颜色变成红色），水泵停止，排水阀的动作模式跟水泵类似。如图 8-69 和图 8-70 所示。

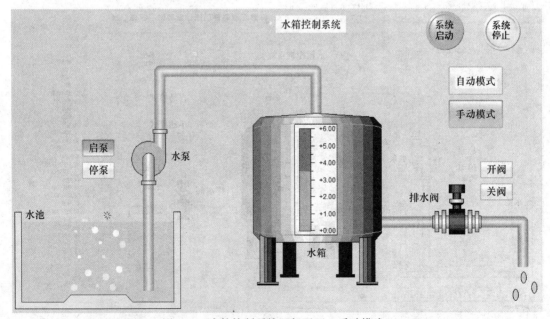

图 8-68　水箱控制系统运行画面（手动模式）

　　在操作水箱控制系统画面的同时，可以看到 PLC 控制程序中的变量值也会跟着画面相应变化，如图 8-71 和图 8-72 所示。

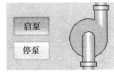

图 8-69 手动启/停水泵

图 8-70 手动开/关排水阀

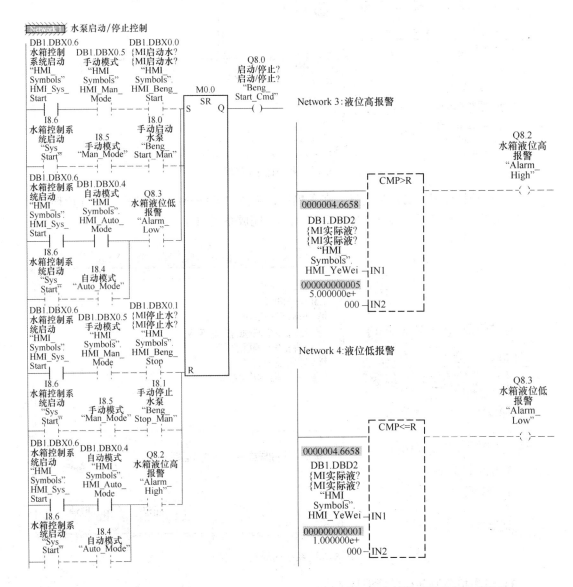

图 8-71 水泵自动运行程序在线监控   图 8-72 液位报警程序在线监控

8.5.5　组态报警

（1）打开报警记录编辑器。双击 WinCC 项目管理中的"报警记录"，弹出报警记录窗口，如图 8-73 所示。

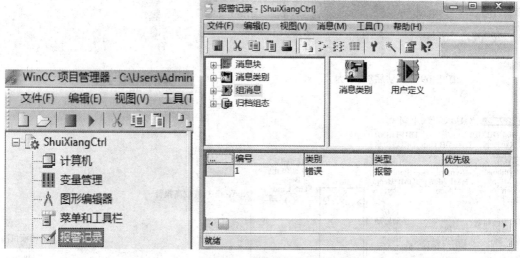

图 8-73　报警记录窗口

（2）启动报警记录的系统向导。在菜单栏，选择"文件→选择向导"，打开选择向导对话框，如图 8-74 所示，按照提示一步步操作，完成系统向导。

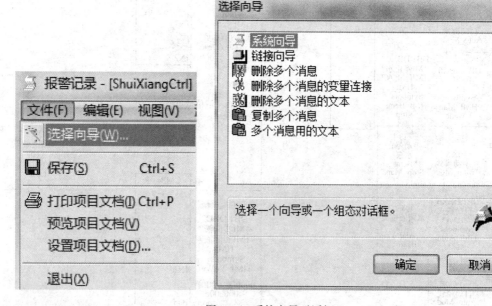

图 8-74　系统向导对话框

（3）组态报警消息和报警消息文本。

1）组态二进制报警消息。组态"水箱液位过高"和"水箱液位过低"报警消息，并在报警消息对话框中关联 WinCC 变量 Alarm_ High 和 Alarm_ Low，如图 8-75 所示。

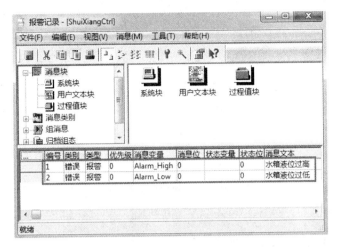

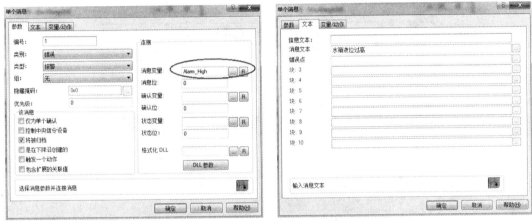

图 8-75　组态报警消息（WinCC 二进制变量）

2）组态模拟量报警消息。组态模拟量液位高和液位低报警消息，在"工具"下拉菜单下选择"附加项→勾选模拟量报警"，如图 8-76 所示。

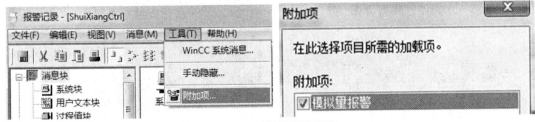

图 8-76　选择模拟量报警

此时导航窗口中出现"模拟量报警"，右击选择新建→选择"要监视的变量"为"HMI_ YeWei"。右击新建的模拟量"HMI_ YeWei"→选择"新建"，进入属性窗口，选择上限为 4.5，消息编号为 3。然后按照同样的步骤，再新建下限为 1.5，消息编号为 4，如图 8-77 和图 8-78 所示。

270

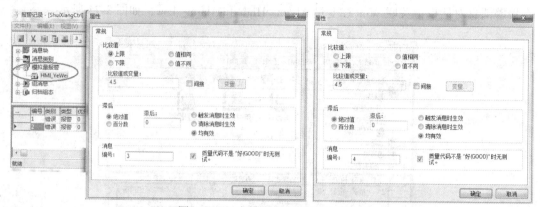

图 8-77　组态模拟量报警消息过程 1

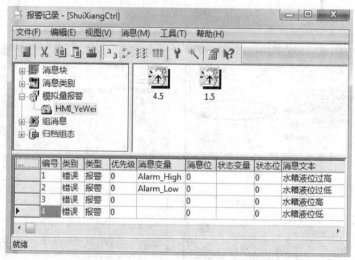

图 8-78　组态模拟量报警消息过程 2

（4）报警显示。新建画面，画面名为"BaoJing"。打开画面，插入"WinCC Alarm Control"控件，窗口标题为"水箱监控报警界面"，如图 8-79 和图 8-80 所示。

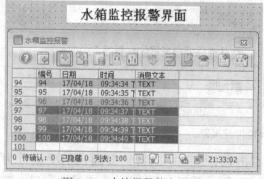

图 8-79　水箱报警静态画面

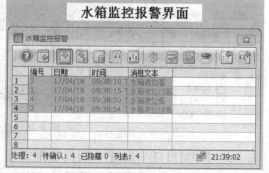

图 8-80　水箱报警运行画面

（5）右击"计算机"→属性，进入计算机属性窗口，选择报警记录运行系统，如图 8-81 所示。

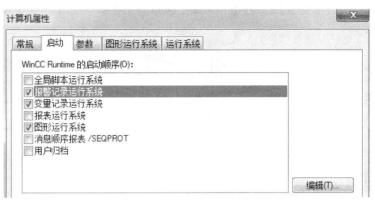

图 8-81 设置计算机属性-启动顺序

8.5.6 过程值归档

（1）在 WinCC 项目管理器中双击"变量记录"，打开变量记录编辑器，如图 8-82 所示。

图 8-82 变量记录编辑器界面

（2）组态定时器。打开"变量记录"→右击"定时器"→新建，如图 8-83 所示。

图 8-83 新建定时器（定时器名为 2seconds）

（3）创建归档，添加变量。右击"归档"→归档向导→点击"下一步"添加变量，如图 8-84 所示。

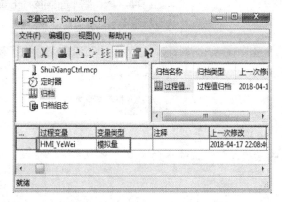

图 8-84 添加 HMI_ YeWei 变量

此时可以看到"过程值归档"下面有变量"HMI_ YeWei"，完成对过程变量 HMI_ YeWei 的添加。

右击"过程值归档"→新建变量→选择"Alarm_ High"，添加变量"Alarm_ High"，同样的方法添加变量"Alarm_ Low"，如图 8-85 所示。

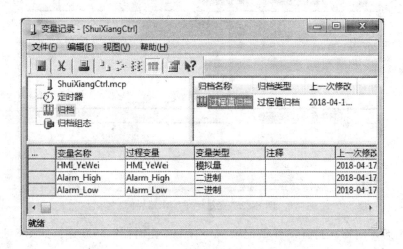

图 8-85 添加 Alarm_ High 和 Alarm_ Low 变量

（4）修改信号采集的类型。右击"HMI_ YeWei"→选择"属性"可以对变量进行相关参数的修改，如图 8-86 所示。

（5）输出过程值的归档。

1）创建趋势图。在 WinCC 项目管理器中，打开图形编辑器，创建一个趋势图画面，画面名为"Trend"，并打开该画面文件组态趋势图。

2）设置趋势图。从对象选项板中的控件栏内，选择并拖放"WinCC Online Trend"（在线趋势）控件到画面中。在弹出的趋势属性对话框中，选定数据源，为每个趋势设置名称、颜色和显示属性等，如图 8-87 和图 8-88 所示。

图 8-86　修改归档参数

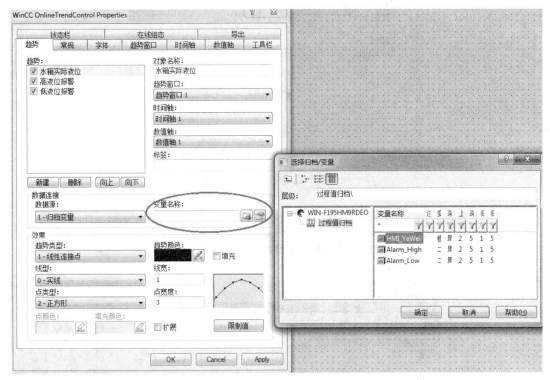

图 8-87　设置趋势图数据源

3）加载变量记录运行系统。保存组态后的趋势图画面，激活 WinCC 项目管理器中的"变量记录运行系统"，运行和测试该组态画面显示，如图 8-89 和图 8-90 所示。

8.5.7　画面切换

设置 WinCC 画面中的按钮，让按钮具有切换画面的功能。

（1）在图形画面中，点击右侧的快捷工具栏，在"标准—窗口对象"中，选择"按钮"功能。然后将按钮添加到画面中，然后右击按钮图标，在弹出的对话框中，点击图示位置中的"组态对话框"即可，如图 8-91 所示。

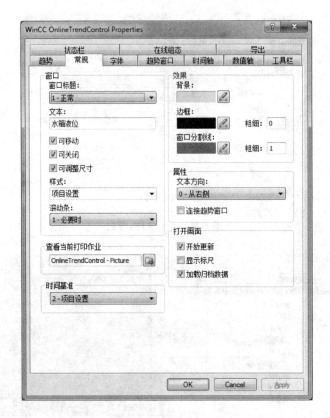

图 8-88　设置趋势图常规属性

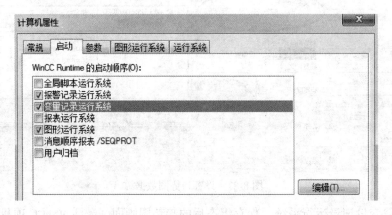

图 8-89　加载变量记录运行系统

（2）在弹出的组态对话框中，上方文本输入栏中，输入该按钮的名称"水箱控制主画面"，然后点击右下方的"⬛图标"，选择要切换的画面。然后在弹出的选项框中，选中要跳转的画面，点击右下角的"确定"即可，如图 8-92 所示。设置完毕之后，进行保存，激活画面，点击水箱控制主界面按钮即可跳转到水箱控制主界面。

用同样的方法去组态画面中的报警按钮、趋势图按钮，使得点击报警按钮后可切换到报警界面，点击趋势图按钮后可切换到趋势图界面，如图 8-93 所示。

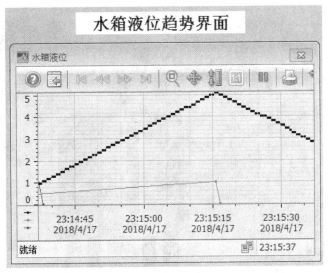

图 8-90 趋势图运行画面

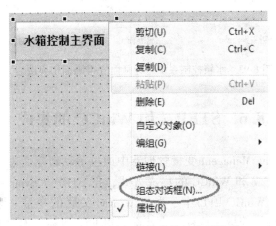

图 8-91 选择按钮属性中的组态对话框

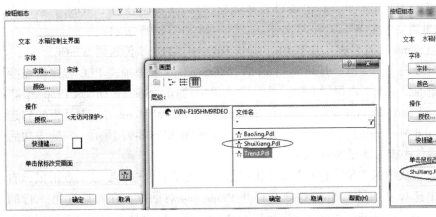

图 8-92 按钮组态（切换至 ShuiXiang 画面）

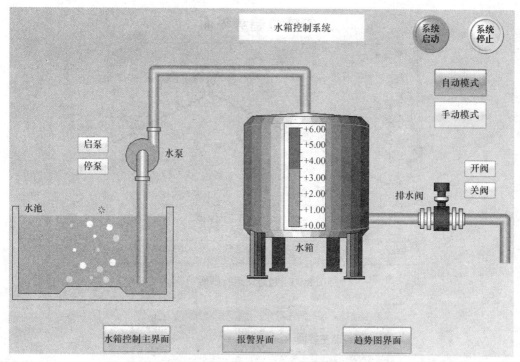

图 8-93　水箱控制系统运行画面（带画面切换按钮）

8.6　STEP 7 和 WinCC 的集成

除了在 WinCC 的 Tag Managent 变量管理器中通过手动新建变量的方式（详见 6.4 节）之外，还可以通过 STEP 7 和 WinCC 的集成方式，把 STEP 7 Symbols 变量表中与 WinCC 关联的变量自动导入到 WinCC 项目中。当与 WinCC 关联的变量非常多时，采用 STEP 7 和 WinCC 集成的方式添加变量，这种方式就会显得非常便利，不仅 WinCC 的外部变量不会出错，而且也大大提高了工作效率。

（1）在 SIMATIC Manager 里，右击项目名称选择 "Insert New Object→OS"。系统在 STEP 7 项目文件里建立一个 WinCC 项目文件，如图 8-94 和图 8-95 所示。

（2）把变量（Symbols 符号表、共享 DB、背景 DB）从 STEP 7 传送到 WinCC。

1）Symbols 符号表中的变量。打开 Symbols 表，在 Symbols 表添加完 PLC 程序所需变量后，在需要传输的变量上点击鼠标右键，从关联菜单中选择 "Special Object Properties"→"Operator Control and Monitoring…"，打开 Operator Control and Monitoring 对话框，勾选 "Operator Control and Monitoring"，并点击 "OK"，如图 8-96 和图 8-97 所示，勾选成功后该变量前将显示绿色小旗，如图 8-98 所示。

2）共享 DB 数据块中的变量。打开共享 DB 数据块，在需要传输的变量上点击鼠标右键，从关联菜单中选择 "Object Properties"，打开 Properties 对话框，在对话框第一行的 Attribute 中输入 S7_ m_ c，Value 为 true，并点击 "OK" 退出。此时被选中变量前被用红色小旗标志，如图 8-99 所示。最后开启共享 DB 数据块的操作和监视功能，如图 8-100 所示。

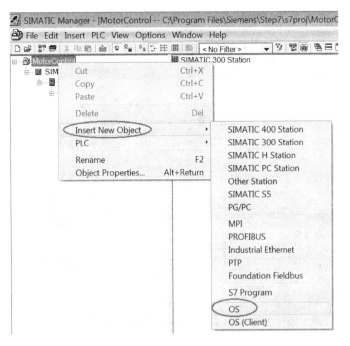

图 8-94 在 STEP 7 中新建 WinCC 项目 OS

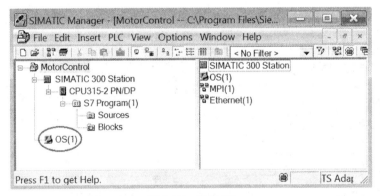

图 8-95 项目 OS

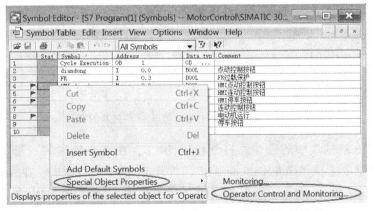

图 8-96 在 Symbols 表中编辑与 WinCC 关联的变量过程 1

Operator Control and Monitoring

☑ Operator Control and Monitoring

图 8-97　在 Symbols 表中编辑与 WinCC 关联的变量过程 2

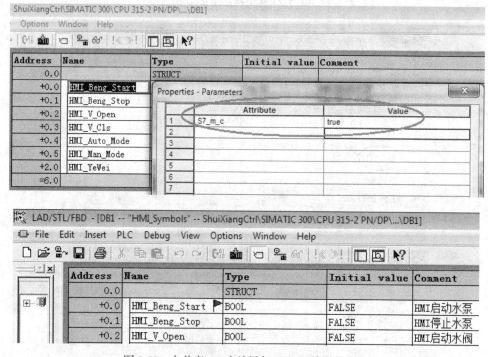

图 8-98　在 Symbols 表中编辑与 WinCC 关联的变量过程 3

图 8-99　在共享 DB 中编辑与 WinCC 关联的变量

3）背景 DB 数据块中的变量。打开相应的 FB，在需要传输的变量上点击鼠标右键，从关联菜单中选择"Object Properties"，打开 Properties 对话框，在 Attribute 页第一行输入 S7_m_c，Value 为 true 并点击"OK"退出。最后开启背景 DB 数据块的操作和监视功能。

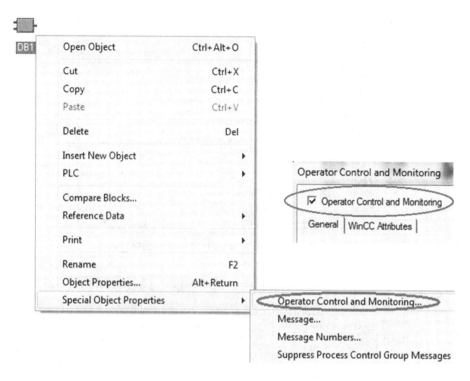

图 8-100　开启共享 DB 数据块的操作和监视功能

（3）在 SIMATIC Manager 的菜单选择"Options→OS→Compile"，然后开始编译，按照提示点击 Next 按钮，然后 Compile 按钮开始编译，如图 8-101~图 8-105 所示。

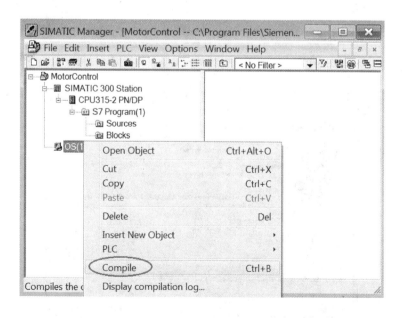

图 8-101　在 STEP 7 中对 WinCC 项目进行编译过程 1

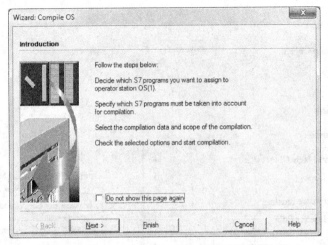

图 8-102　在 STEP 7 中对 WinCC 项目进行编译过程 2

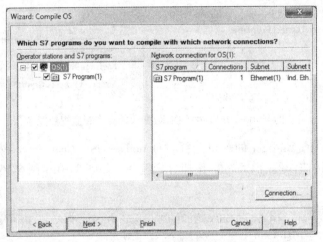

图 8-103　在 STEP 7 中对 WinCC 项目进行编译过程 3

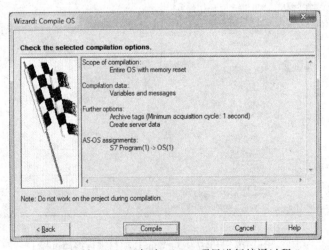

图 8-104　在 STEP 7 中对 WinCC 项目进行编译过程 4

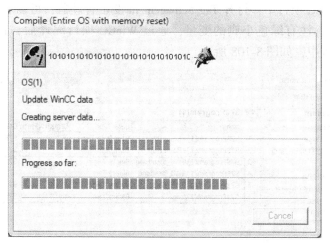

图 8-105　在 STEP 7 中对 WinCC 项目进行编译过程 5

（4）右击 OS 站，选择 "Open Object"，打开并编辑 WinCC 项目，如图 8-106 和图 8-107 所示。

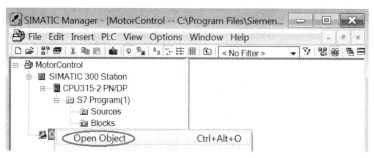

图 8-106　在 STEP 7 中打开 WinCC 项目

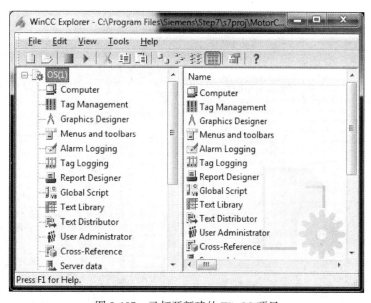

图 8-107　已打开新建的 WinCC 项目

在打开的 WinCC 项目中，打开 Tag Management 变量管理器，可以看到之前在 STEP 7 中的 Symbols 表中标注有绿色小旗的变量，通过 WinCC 项目编译后，自动出现在了 Tag Management 变量表中，如图 8-108 所示。

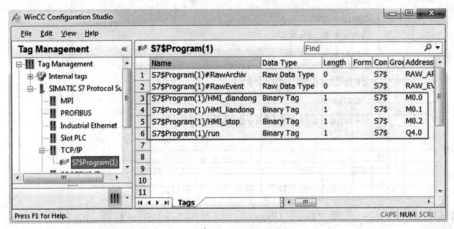

图 8-108 通过集成编译生成的 WinCC 外部变量

综合训练任务书

9.1　电梯控制系统

（1）系统要求。在四层电梯 PLC 控制系统中，占据主导作用的是信号指令和曳引机的拖动。电梯由安装在各楼层厅门口的上升和下降呼叫按钮进行呼叫操纵（见图 9-1）。

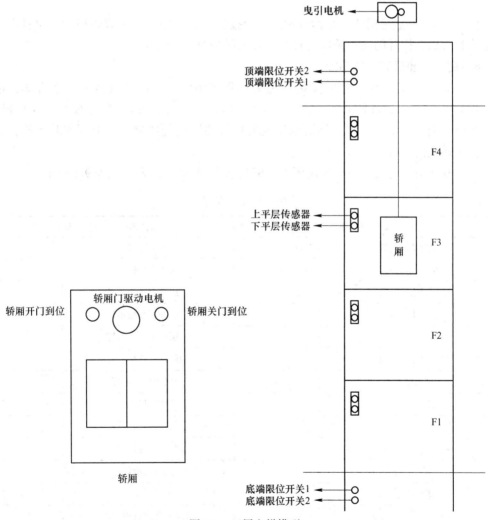

图 9-1　四层电梯模型

1）电梯初始状态位于任意一层。

2）当有呼梯信号到来时，轿厢响应该呼梯信号，到达该楼层后，轿厢停止运行，轿厢门打开，延时 3s 后，自动关门。

3）在电梯轿厢运行过程中，即轿厢上升（或下降）途中，任何反方向下降（或上升）的外呼梯信号均无效，不予响应但呼叫信息保留。但如果某反向呼梯信号前方再无其他内、外呼梯信号时，则电梯响应该外呼梯信号。

比如电梯轿厢在一层，将要运行到三层，在此过程中可以响应二层向上外呼梯信号，但不响应二层向下外呼梯信号，待电梯执行完上升操作后，再响应下降呼叫信号。同时，如果电梯到达三层，并且四层没有任何呼梯信号，则电梯可以响应三层向下外呼梯信号；否则，电梯轿厢将继续运行至四层，然后向下运行响应三层向下外呼梯信号。

4）电梯具有最远反向外呼梯响应功能。比如电梯轿厢在一层，而同时有二层向下外呼梯，三层向下外呼梯，四层向下外呼梯，则电梯轿厢先去四楼响应四层向下外呼梯信号。

5）电梯未到达平层或正常运行时，开门按钮和关门按钮均不起作用。平层且电梯轿厢停止运行后，按开门按钮轿厢门打开，按关门按钮轿厢门关闭。

6）超重、超时等报警功能。

（2）控制方案设计。根据控制系统要求和实验条件，设计最佳的控制方案，进行PLC控制器（S7-200 系列 PLC，或者 S7-300/400 系列 PLC 等）、信号模板、通信模板、电源等硬件配置，对系统涉及到的电压元器件等装置进行选型，并根据实验条件，完成PLC控制系统的接线。

（3）I/O 信号定义。根据控制要求，编制输入/输出编址表，如表 9-1 所示。

表 9-1 I/O 编址

输入信号（自行编址）		输出信号（自行编址）	
一层外上呼按钮		一层外上呼指示灯	
二层外上呼按钮		二层外上呼指示灯	
三层外上呼按钮		三层外上呼指示灯	
二层外下呼按钮		二层外下呼指示灯	
三层外下呼按钮		三层外下呼指示灯	
四层外下呼按钮		四层外下呼指示灯	
一层内呼按钮		一层内显指示灯	
二层内呼按钮		二层内显指示灯	
三层内呼按钮		三层内显指示灯	
四层内呼按钮		四层内显指示灯	
开门按钮		开门指示灯	
关门按钮		关门指示灯	
一层上平层行程开关		电梯上升运行指示灯	
一层下平层行程开关		电梯下降运行指示灯	
二层上平层行程开关		数码管 A 段	

续表 9-1

输入信号（自行编址）		输出信号（自行编址）	
二层下平层行程开关		数码管 B 段	
三层上平层行程开关		数码管 C 段	
三层下平层行程开关		数码管 D 段	
四层上平层行程开关		数码管 E 段	
四层下平层行程开关		数码管 F 段	
轿厢开门到位传感器		数码管 G 段	
轿厢关门到位传感器		曳引电机向上运行 KM1	
顶端限位开关 1		曳引电机向下运行 KM2	
顶端限位开关 2		轿厢门驱动电机开门 KM3	
底端限位开关 1		轿厢门驱动电机关门 KM4	
底端限位开关 2		轿厢风扇运行指示	
超载检测		轿厢照明	
夹人检测		电梯超载指示灯	
检修开关		超重报警蜂鸣器	
急停开关		关门超时蜂鸣器	
曳引电机过载保护		曳引电机过载指示灯	

（4）电气原理图设计。电气原理图采用 A4 图纸设计，有电机主电路、电源电路、PLC 输入电路（8 点一张图）、PLC 输出电路（8 点一张图）、PLC 配置图、控制柜图、操作台图等。

（5）控制程序设计。

1）根据不同楼层客户需求及时响应，实现自动平层、开关门、超重提示、实现上下限位，层门联锁保护等，并根据不同的需求实现合理的响应。

2）软件采用模块化或者结构化程序结构，有主程序和子程序，比如初始化子程序、电梯控制子程序、报警子程序、数码管显示子程序、HMI 通信子程序等。

3）要求绘制各程序流程图，并对关键程序进行详细分析。

（6）组态 HMI 人机界面。HMI 人机界面能够实现对电梯运行状况的实时监控：

1）当前电梯运行方向及所在楼层。

2）当前呼叫情况，包括各楼层呼梯信号、轿厢内选层信号。

3）电梯系统当前状态，包括传感器信号、故障、风扇和照明状态指示等。

要求设计电梯控制系统主画面、操作画面、报警画面等。图 9-2 所示的 HMI 画面仅作参考。

（7）控制程序下载和调试。根据实验条件，可分别采用仿真 PLC 和真实 PLC 进行程序下载，并结合 HMI 人机界面进行上位机和下位机联合调试，检查设计的 PLC 控制系统是否满足要求。要求有详细的调试过程。

图 9-2　四层电梯系统监控画面

9.2　液压站控制系统

（1）系统要求。液压站的控制对象主要包括主油泵、循环泵、加热器、冷却器、压力传感器、温度传感器、液位传感器等。其中，主油泵 3 台（包括工作泵 2 台，备用泵 1 台），循环泵 2 台（包括工作 1 台，备用 1 台），见图 9-3 和表 9-2。

图 9-3　液压站

表 9-2 液压站控制系统要求

序号	电气设备	数量	控制要求	联锁条件
1	主油泵	3	正常工作时，2 台主油泵作为工作泵，1 台主油泵作为备用泵。当工作泵出现电气故障时，备用泵自动投入；循环泵没有运行时，主油泵是不能启动的	（1）主油泵启动前，必须启动循环泵 （2）油位低，主油泵和循环泵电机不得启动，报警；油位过低，停止主油泵和循环泵电机，报警 （3）油温低于 15℃，低温报警，主油泵不能启动；油温高于 60℃ 高温报警，延时 0~30s 停主泵 （4）主油泵启动 20s 后，主油路压力低，延迟 1~10s 报警，再延迟 0~10s 后如果压力仍低，自动启动备用泵。当备用泵启动后，如果：1）压力正常，延时 0~30s 停备用泵；2）压力还不正常，停止所有设备
2	循环泵	2	1 台循环泵工作，1 台循环泵备用。当其中一台循环泵出现故障时，自动切换到另外一台备用循环泵，继续工作	（5）主油泵启动 20s 后，主油路压力过低，表明压力管道破裂，延迟 0~10s 后，停止所有设备 （6）主油泵的截止阀未打开，不能启动相对应的主油泵电机；循环泵的截止阀未打开，不能启动相对应的循环泵电机
3	电磁溢流阀	3	3 个电磁溢流阀分别对应 3 台主油泵。主油泵启动后，延迟 0~10s 对应的电磁溢流阀得电加载；主油泵电机停止后，对应的电磁溢流阀延时 0~10s 断电卸载	（1）当主油泵启动后，延迟 0~10s 对应的电磁溢流阀得电加载； （2）主油泵电机停止后，对应的电磁溢流阀延时 0~10s 断电卸载
4	液位传感器	1	油位高，不得加油，报警； 油位低，主油泵电机不得启动，报警； 油位过低，停止泵电机和电加热器，液压系统故障，报警	
5	温度传感器	1	油温低于 15℃，低温报警，主油泵不能启动； 油温低于 20℃，加热器启动； 油温高于 40℃，加热器停止； 油温低于 35℃，冷却器启动； 油温高于 45℃，冷却器停止； 油温高于 60℃，高温报警，延时 0~30s 停主油泵，液压系统故障	
6	加热器	1	加热器受温度传感器的影响，自动的启动/停止	（1）油温低于 20℃，加热器启动； （2）油温高于 40℃，加热器停止
7	冷却器	1	冷却器受温度传感器的影响，自动的启动/停止	（1）油温低于 35℃，冷却器启动； （2）油温低于 35℃，冷却器启动
8	过滤器	7	2 个循环过滤器堵塞，报警； 2 个回油过滤器堵塞，报警； 3 个对应的主泵过滤器堵塞，报警	

续表9-2

序号	电气设备	数量	控制要求	联锁条件
9	压力传感器	1	（1）主油泵启动20s后，主油路压力低，延迟1~10s报警，再延迟0~10s后如果压力仍低，自动启动备用泵。当备用泵启动后，如果：1）压力正常，延时0~30s停备用泵；2）压力还不正常，停止所有设备。 （2）主油泵启动20s后，主油路压力过低，表明压力管道破裂，延迟0~10s后，停止所有设备	
10	截止阀	5	3台主油泵分别对应3个截止阀，如果截止阀未打开，不能启动相对应的主油泵电机； 2台循环泵分别对应2个截止阀，如果截止阀未打开，不能启动相对应的循环泵电机	

（2）控制方案设计。根据控制系统要求和实验条件，设计最佳的控制方案，进行PLC控制器（S7-200系列PLC，或者S7-300/400系列PLC等）、信号模板、通信模板、电源等硬件配置，对系统涉及到的电压元器件等装置进行选型，并根据实验条件，完成PLC控制系统的接线。

（3）I/O信号定义。根据控制要求，编制输入/输出编址表，如表9-3所示。

表9-3 I/O编址

输入信号（自行编址）		输出信号（自行编址）	
1#主油泵启动		1#主油泵启动	
2#主油泵启动		2#主油泵启动	
3#主油泵启动		3#主油泵启动	
1#主油泵停止		1#循环泵启动	
2#主油泵停止		2#循环泵启动	
3#主油泵停止		1#主油泵截止阀打开	
1#循环泵启动		2#主油泵截止阀打开	
2#循环泵启动		3#主油泵截止阀打开	
1#循环泵停止		1#循环泵截止阀打开	
2#循环泵停止		2#循环泵截止阀打开	
1#主油泵截止阀打开		1#溢流阀打开	
2#主油泵截止阀打开		2#溢流阀打开	
3#主油泵截止阀打开		3#溢流阀打开	
1#循环泵截止阀打开		1#过滤阀打开	
2#循环泵截止阀打开		2#过滤阀打开	
1#溢流阀打开		冷却阀打开	
2#溢流阀打开		加热器启动	
3#溢流阀打开		补油阀打开	
1#过滤阀报警		事故阀打开	
2#过滤阀报警		系统指示灯	

续表 9-3

输入信号（自行编址）		输出信号（自行编址）	
冷却阀打开		事故/报警指示灯	
冷却阀关闭			
加热器启动			
加热器停止			
补油阀打开			
补油阀关闭			
事故阀打开			
事故阀关闭			
本地/远程			
急停			

（4）电气原理图设计。电气原理图采用 A4 图纸设计，有电机主电路、电源电路、PLC 输入电路（8 点一张图）、PLC 输出电路（8 点一张图）、PLC 配置图、控制柜图、操作台图等。

（5）控制程序设计。

1）控制系统要求考虑自动模式和手动模式。

2）软件采用模块化或者结构化程序结构，有主程序和子程序，比如初始化子程序、主油泵控制子程序、循环泵控制子程序、加热器和冷却器控制子程序、阀组控制子程序、HMI 通信子程序等。

3）要求绘制各程序流程图，并对关键程序进行详细分析。

（6）组态 HMI 人机界面。组态 HMI 人机界面要求设计液压控制系统主画面、操作画面、报警画面、趋势画面等。图 9-4 和图 9-5 所示的 HMI 画面仅作参考。

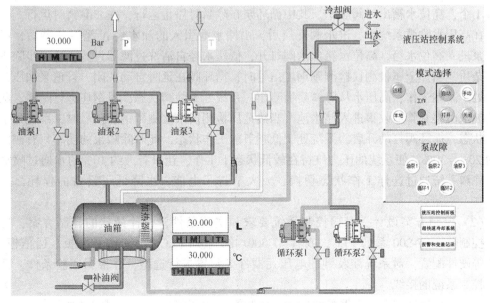

图 9-4　液压站控制系统主画面

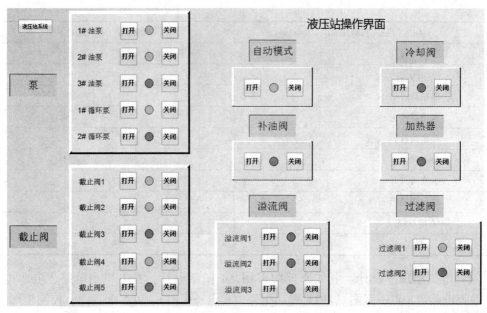

图 9-5　液压站控制系统操作画面

（7）控制程序下载和调试。根据实验条件，可分别采用仿真 PLC 和真实 PLC 进行程序下载，并结合 HMI 人机界面进行上位机和下位机联合调试，检查设计的 PLC 控制系统是否满足要求。要求有详细的调试过程。

9.3　高压水除鳞控制系统

（1）系统要求。高压水除鳞系统的控制对象主要有进水阀 1 个，Y 型过滤器 1 个，抽水泵 1 台，循环泵 1 台，管道泵 1 台，自清洗过滤器 1 台，除鳞泵 4 台，补水阀 1 个，集水阀 1 个，高位水箱出口阀 2 个。其中循环泵在除鳞时停止运行，在非除鳞时运行。

在高压水除鳞系统中，进水阀开启后，由储水池引入的浊水经 Y 型过滤器后，经由抽水泵进入高位水箱，高位水箱出水阀打开，低压水经自清洗过滤器过滤，进一步除去水中的杂质。当热金属检测仪检测到钢坯信号时，循环阀在延时自动关闭，管道泵加压，除鳞泵处于高频工作，高压水从除鳞喷嘴喷出，系统处于除鳞状态，对钢坯进行除鳞，除鳞后的浊水由集水管道收集进入储水池。当热金属检测仪未检测到钢坯信号时，系统处于不除鳞状态，循环阀自动开启，系统处于低频节能工作状态，此时除鳞泵的功率只有额定功率的 20%~30%，使系统的压力维持在较低状态下工作，让只有大约 10% 的水通过喷嘴流出。除鳞系统通过这样工作状态切换，大大节省了电能，也降低了设备的损耗，见图 9-6。

（2）控制方案设计。根据控制系统要求和实验条件，设计最佳的控制方案，进行 PLC 控制器（S7-200 系列 PLC，或者 S7-300/400 系列 PLC 等）、信号模板、通信模板、电源等硬件配置，对系统涉及到的电压元器件等装置进行选型，并根据实验条件，完成 PLC 控制系统的接线。

（3）I/O 信号定义。根据控制要求，编制输入/输出编址表，如表 9-4 所示。

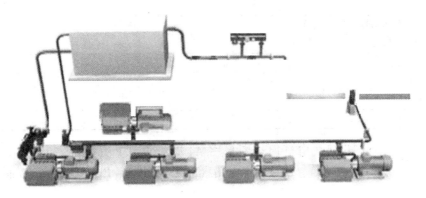

图 9-6　高压水除鳞系统

表 9-4　I/O 编址

输入信号（自行编址）		输出信号（自行编址）	
系统启动		除鳞系统运行指示灯	
系统停止		Y 型过滤器打开	
系统自动模式		自清洗过滤器打开	
系统手动模式		抽水泵启动	
Y 型过滤器打开		循环泵启动	
Y 型过滤器关闭		管道泵启动	
抽水泵启动		1#除鳞泵高频运行	
抽水泵停止		1#除鳞泵低频运行	
循环泵启动		2#除鳞泵高频运行	
循环泵停止		2#除鳞泵低频运行	
管道泵启动		3#除鳞泵高频运行	
管道泵停止		3#除鳞泵低频运行	
自清洗过滤器打开		4#除鳞泵高频运行	
自清洗过滤器关闭		4#除鳞泵低频运行	
1#除鳞泵启动		高位水箱进水阀打开	
1#除鳞泵停止		高位水箱出水阀打开	
2#除鳞泵启动		水箱液位低报警灯	
2#除鳞泵停止		水箱液位高报警灯	
3#除鳞泵启动		管道压力低指示灯	
3#除鳞泵停止		管道压力高指示灯	
4#除鳞泵启动		钢坯检测指示灯	
4#除鳞泵停止		水箱入口流量调节阀（模拟量）	
高位水箱进水阀打开		管道压力调节阀（模拟量）	
高位水箱进水阀关闭			
高位水箱出水阀打开			
高位水箱出水阀关闭			
1#热金属检测仪			

续表 9-4

输入信号（自行编址）		输出信号（自行编址）	
2#热金属检测仪			
辊道启动			
辊道停止			
高位水箱液位（模拟量）			
管道压力（模拟量）			

（4）电气原理图设计。电气原理图采用 A4 图纸设计，有电机主电路、电源电路、PLC 输入电路（8 点一张图）、PLC 输出电路（8 点一张图）、PLC 配置图、控制柜图、操作台图等。

（5）控制程序设计。

1）控制系统要求考虑自动模式和手动模式。

2）软件采用模块化或者结构化程序结构，有主程序和子程序，比如初始化子程序、自动控制子程序、手动控制子程序、水箱液位（管道压力）PID 控制子程序、报警子程序、HMI 通信子程序等。

3）要求绘制各程序流程图，并对关键程序进行详细分析。

（6）组态 HMI 人机界面。HMI 人机界面可以显示高压水除鳞系统工艺的流程，工作模式的选择，相关参数的监控与设置。HMI 界面包括除鳞泵、循环泵、抽水泵、Y 型过滤器、自清洗过滤器和各种阀，画面根据颜色的变化来表示设备的动作等。图 9-7 所示的 HMI 画面仅作参考。

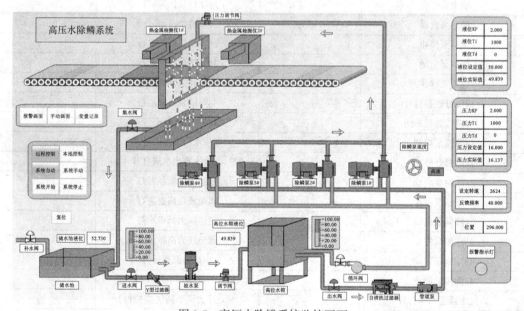

图 9-7 高压水除鳞系统监控画面

（7）控制程序下载和调试。根据实验条件，可分别采用仿真 PLC 和真实 PLC 进行程序下载，并结合 HMI 人机界面进行上位机和下位机联合调试，检查设计的 PLC 控制系统是否满足要求。要求有详细的调试过程。

参 考 文 献

[1] 郭利霞，李正中，陈龙灿. 电气控制与 PLC 应用技术 [M]. 重庆：重庆大学出版社，2015.

[2] 吴勤勤. 控制仪表及装置 [M]. 4 版. 北京：化学工业出版社，2013.

[3] 施仁. 自动化仪表与过程控制 [M]. 5 版. 北京：电子工业出版社，2011.

[4] 廖常初. S7-300/400 PLC 应用教程 [M]. 2 版. 北京：机械工业出版社，2015.

[5] 廖常初. S7-300/400 PLC 应用技术 [M]. 3 版. 北京：机械工业出版社，2012.

[6] 弭洪涛. PLC 技术实用教程——基于西门子 S7-300 [M]. 2 版. 北京：电子工业出版社，2017.

[7] 王华斌. 电气传动系统综合实训教程 [M]. 北京：冶金工业出版社，2017.

[8] 娄国焕. 电气传动技术原理与应用 [M]. 北京：中国电力出版社，2007.

[9] 任国梅. PLC 课程设计指导书 [M]. 内部资料，2008.

[10] 甄立东. 西门子 WinCC V7 基础与应用 [M]. 北京：机械工业出版社，2011.

[11] 刘华波. 组态软件 WINCC 及其应用 [M]. 北京：机械工业出版社，2016.

[12] 向晓汉. S7-200 PLC 基础及工程应用 [M]. 北京：机械工业出版社，2014.

[13] Siemens AG. PC Access 快速入门，2013.

[14] Siemens AG. STEP7 V5.5 编程手册，2010.

[15] Siemens AG. S7-PLCSIM 使用入门，2008.

[16] Siemens AG. S7-PLCSIM V5.4 操作手册，2011.

[17] Siemens AG. WinCC System Description，2008.

[18] Siemens AG. Configuring Hardware and Communication Connections STEP7 Manual，2006.

[19] Siemens AG. S7-200 可编程序控制器系统手册，2008.

[20] Siemens AG. S7-300 可编程序控制器，2016.

[21] Siemens AG. S7-300 和 S7-400 编程的梯形图（LAD）参考手册，2010.